Collection Géographie et cultures

2015

PENSER LE MONDE EN GÉOGRAPHE : SOIXANTE ANS DE RÉFLEXION

Paul CLAVAL

Préface d'Isabelle LEFORT

L'Harmattan

Colette Jourdain-Annequin et Guilherme Ribeiro, qui ont été mes étudiants et sont devenus des collègues et amis, ont relu ce texte. Je les remercie de leurs remarques et de leurs commentaires.

Photo de la couverture : Mappa mundi, in Jean Mansel, *La fleur des histoires*, 1459-1463. Bibliothèque royale de Belgique.

5-7, rue de l'École polytechnique, 75005 Paris

http://www.harmattan.fr
diffusion.harmattan@wanadoo.fr
harmattan1@wanadoo.fr

ISBN : 978-2-343-07046-9
EAN : 9782343070469

SOMMAIRE

PRÉFACE

UN TEMPÉRAMENT GÉOGRAPHIQUE

La curiosité est décidément un fort beau défaut, que vérifie cet ouvrage de Paul Claval, écrit après quelques décennies d'inlassables investigations pour toujours saisir au plus près ce que *Penser le Monde en géographe* signifie. C'est à la première personne qu'il livre ici un regard rétrospectif sur ce qu'a été son parcours de géographe et en Géographie. Parcours intellectuel, dont les deux casquettes d'enseignant et de chercheur sont naturellement jointes, à Besançon comme à Paris ou ailleurs, les différents lieux académiques ne comptant jamais pour rien dans l'impulsion et la réception des travaux et des jours disciplinaires.

On lira ici une ardente nécessité, toujours renouvelée, de penser ensemble les changements du monde et leurs écritures géographiques. Au long cours, Paul Claval s'est attelé à cette ambition exigeante, avec un appétit de compréhension qui l'a continûment conduit à défricher et à lancer des prises pour être au plus près de l'actualité du monde. Or, celle-ci, sur plus d'un demi-siècle, a aussi requis des actualisations et ajustements dont témoignent ici l'histoire des reprises, en forme de *making off*, d'un vaste *opus*, remis sur le métier, au gré des éditions successives des différents ouvrages, faites de compléments et de relectures, de remises en perspective aussi. Maturation progressive aidant, Paul Claval relit et relie ses publications dans leurs environnements successifs et leurs enchaînements, accordant les analyses aux moments de son cheminement, livrant ainsi les modalités de leur tempérament géographique. Le lecteur entendra évidemment derrière ces lignes tout ce que ce chemin a demandé d'insatiables lectures, le plus souvent dans les langues originales, devançant ainsi les lenteurs de la traduction scientifique. Parce qu'il a fallu lire, beaucoup, beaucoup entendre et écouter aussi, être en veille. D'ailleurs, l'attention que Paul Claval accorde à tous et chacun, sans distinction de statut, géographes confirmés ou jeunes pousses de la recherche, manifeste aussi, au delà d'une écoute généreuse et bienveillante, un intérêt constant pour le savoir de l'autre. « *Mon intérêt pour la géographie n'a jamais été limité aux travaux académiques : je me suis toujours soucié de l'ensemble des pratiques et des réflexions que les groupes humains ont consacrées, et consacrent, à l'espace* ».

Paul Claval est d'une génération pour laquelle l'héritage classique de la formation entravait une saisie géographique de la contemporanéité du monde et de ses bouleversements. Les habitudes disciplinaires, les catégories installées montraient leurs limites, comme un tissu dont la trame se dévoile. Comme et avec d'autres, il a cherché à faire bouger les lignes, à retisser autrement le texte géographie et dessiner de nouvelles géographies. C'était et c'est toujours là un objectif continué et au long cours que de structurer, rassembler, donner cohérence aux différents domaines de questionnements géographiques, pour que la géographie sorte des murs du seul champ des usages éducatifs. Faire des savoirs géographiques un outil d'intelligence du monde qui excède les murs académiques et les engage dans une circulation efficiente et partagée. De l'Économie à la Culture, les chemins débroussaillés et les territoires disciplinaires investis ont ainsi initié et/ou accompagné les tournants successifs de la Géographie, la rendant toujours plus poreuse aux échanges disciplinaires. C'est bien ce qu'ici cet ouvrage expose et ré-explore, revenant sur les ponts et passerelles jetés de la géographie vers d'autres horizons de savoirs. Mais l'étymologie de la curiosité reste forte : toujours avoir soin et souci de la discipline Géographie : « *j'ai constamment éprouvé le besoin de comprendre le monde où je vivais en appréhendant ses dimensions spatiales, les facteurs, les forces et les décisions qui les expliquent, et la manière dont l'étendue et la distance influencent les choix* ».

D'une certaine manière Paul Claval incarne toute la richesse d'un vieux mot de géographes – mais qui ne leur appartient pas en propre… – celui de « milieu ». Le milieu c'est à la fois le centre et l'entour. De son centre disciplinaire, Paul Claval a exploré et investi des contiguïtés de savoirs, favorisant des relations de voisinages, toujours investiguant aux limites, passant des lignes de démarcation pour mieux signifier l'inutile entravement des frontières, rapportant et acclimatant au centre le butin intellectuel des prises. Non pas pour faire de la géographie une discipline hégémonique, mais pour nourrir une perspective, un parti pris des choses, celui de leurs dimensions spatiales. Chez Paul Claval, le braconnage mitoyen est pratiqué comme un principe dynamique du travail de la pensée, mais un braconnage organisé, bibliographiquement impressionnant et en veille constante. Armé d'enthousiasme, il se met en campagne, défriche, et rapporte ces gains pour les faire fructifier dans le terroir géographique. Passeur libre de passions « autodidactes » pour reprendre son terme. Passeur a-t-on dit en effet, passeur reprend-il, mais pas seulement pour faire connaître aux autres. Aussi pour penser à nouveaux frais et toujours (re)mettre le projet géographique en mouvement.

Ce qui fait géographie donc. « *Motivant la démarche que je mets en œuvre, il y a la volonté de coller aux problèmes environnementaux, économiques, sociaux, politiques et culturels auxquels les hommes font face – ceux d'aujourd'hui en particulier* ». Il y a du mouvement dans le tempérament géographique clavalien, et ce présent ouvrage donne à lire la composition de la partition d'une vie de géographe tout entière. Avec sa ligne musicale, sa basse continue, et ses tempos. Au-delà des variations – historiques, économiques, sociologiques, anthropologiques,… – le motif s'entend toujours, il n'est jamais loin, comprendre géographiquement. Sans doute ainsi plus près du jazz que de la musique romantique, entre liberté personnelle et souci de jouer ensemble, et toujours avec le « *sentiment de la joie que l'on éprouve lorsqu'on découvre la logique qui (les) sous-tend* ».

L'appétit géographique de Paul Claval a été à la fois exigeant et ambitieux. Ancré dans une discipline que l'on avait postée à la croisée d'autres, il a pris au mot cette pluralité d'horizons et s'est mis en chemin pour les explorer dans un « *climat stimulant d'incertitude* ». Sur un demi-siècle, les environnements politiques, culturels, sociaux du monde ont continûment désaccordé et altéré les outils géographiques pour les saisir ; il fallait donc tout aussi continûment les remettre en accord. Cette tension-là est le ferment même de l'inachèvement de nos savoirs, sain et nécessaire principe pour l'esprit et l'intelligence des choses. Beau viatique. Et quand un jeune étudiant lui explique benoîtement que son nom ne lui dit rien, la distance à soi et la lucidité marquent tout à la fois une sagesse du temps qui passe et la conviction d'avoir fait son chemin.

Isabelle Lefort

INTRODUCTION

Penser le monde en géographe ? C'est pour moi une préoccupation récurrente depuis le temps de mes études, il y a soixante ans. Mon ambition était de comprendre comment la planète était organisée, les paysages ordonnés, les activités distribuées et les hommes installés à la surface de la terre ; elle était de reconstituer les dynamiques à l'œuvre dans la nature et dans les sociétés, et d'éclairer les problèmes qui s'y posaient. Il fallait pour cela disposer d'outils efficaces. Cela impliquait que l'on rende plus performantes la géographie en général et la géographie humaine en particulier.

AU DÉPART, UN CONSTAT : LA GÉOGRAPHIE HUMAINE EST INSUFFISAMMENT STRUCTURÉE

Au départ, une frustration : la géographie qu'on nous présentait était hétéroclite ; ses diverses parties étaient inégalement avancées. La géomorphologie reposait sur un corps théorique développé depuis Hutton et Playfair au tout début du XIXe siècle (1802). Elle avait trouvé une formulation classique avec William Morris Davis (1909). La géomorphologie climatique remettait en cause deux des postulats de l'approche davisienne, celui de l'échelle temporelle différente des phénomènes de surrection et d'érosion, et celui de l'universalité des processus de l'érosion normale. Le statut scientifique du domaine se trouvait conforté par cette révision. Ce qui manquait, c'était une prise en compte de l'écologie comme science du fonctionnement des milieux.

La géographie humaine apparaissait comme une collection de chapitres mal connectés. Elle juxtaposait : l'étude des établissement humains, essentiellement descriptive ; l'analyse des systèmes agraires, progressivement structurée en France à partir de 1930 et qui, pour beaucoup, constituait le cœur de la discipline ; une approche régionale qui éclairait mieux les milieux ruraux que les problèmes d'un monde de plus en plus urbanisé et industrialisé ; des études de populations, encore très simples, mais que la mise au point des procédures d'analyse longitudinale des données démographiques commençait à transformer ; dans le domaine économique, une énumération des activités productives et des grands flux de matières premières, de denrées alimentaires et de produits fabriqués ; la géographie politique avait disparu à la suite de la guerre et de la compromission de la géopolitique allemande avec le nazisme. Entre ces directions de recherche, aucun lien n'existait.

Pour structurer l'ensemble, il me semblait nécessaire de l'insérer dans un cadre théorique. Dans le même temps, les expériences que j'avais faites durant mes études m'avaient appris l'irremplaçable apport du contact avec le réel et avec les documents, et le sentiment de joie que l'on éprouve lorsqu'on découvre la logique qui les sous-tend.

UNE RÉFLEXION ÉTALÉE DANS LE TEMPS

Pour les géographes de ma génération, le plus urgent était de rendre la géographie applicable. Elle n'avait alors d'autre débouché que l'enseignement. La mode était à l'aménagement du territoire : dans ce domaine qui semblait fait pour les géographes, les économistes, dont la plupart n'avaient jamais travaillé sur l'organisation de l'espace, raflaient la mise. Dès 1955, sitôt l'agrégation passée, je me tournai vers l'économie – la discipline sociale qui avait le vent en poupe. J'essayai de repenser la géographie économique à partir des idées que je découvrais ainsi (chapitre 1).

Le besoin de renouveau était également pressant pour la géographie humaine dans son ensemble, mais avant de la repenser, il fallait mieux la connaître, c'est-à-dire faire un détour par son histoire. Je me lançai dans l'aventure à l'automne 1960. Il me fallut dix ans pour établir un diagnostic en domaine et pour proposer un schéma qui le réorganise. Je le fis en trois temps (chapitre 2) : (i) de 1970 à 1973, je m'intéressai à la composante purement sociale de la discipline (c'est là où les lacunes étaient les plus flagrantes) ; (ii) je me tournai ensuite vers la géographie humaine dans son ensemble (1973-1974) ; il me restait à explorer un champ laissé en friche par la plupart des collègues après la Seconde Guerre mondiale, celui de la géographie politique (chapitre 3).

Je complétai ce premier effort de reconstruction par un ouvrage sur la manière de penser la ville (*La logique des villes,* 1981) (chapitre 4) et au début de la décennie suivante, par une *Introduction à la géographie régionale* (1993) (chapitre 5).

Mon intérêt s'était cependant déplacé : en explorant les fondements de la géographie humaine et de ses composantes économique, sociale et politique, j'avais senti combien la mécanique des rôles, des positions et des statuts que j'avais mise en avant demandait à être repensée pour prendre en compte la dimension culturelle de l'homme social. Dans un premier temps (chapitre 6), à la fin des années 1970 et durant les années 1980, j'explorai certaines des perspectives qui s'ouvraient dans ce domaine, celles relatives aux mythes et idéologies en particulier (*Les mythes fondateurs des sciences sociales,* 1980). Avec *La géographie culturelle,* publiée en 1995, je proposai une synthèse des matériaux et des idées ainsi collectés (chapitre 7). Je profitai des deux rééditions de cet ouvrage, en 2003 et 2012, pour le mettre à jour et le moderniser.

Je prolongeai cet effort en reprenant des travaux antérieurs afin d'y mieux intégrer la perspective culturelle et pour proposer une *Géographie du XXIe siècle* (2003) (chapitre 8).

Cela faisait quarante ans que je m'intéressais à l'histoire de la géographie et suivais son évolution et ses rapports avec les autres sciences sociales. J'avais peu à peu découvert les diverses manières de la penser. La première partie (p. 1-103) de *Géographies et géographes* (2006) traitait de « comment penser l'histoire de la géographie ? ». Les enseignements de ce travail sont résumés au chapitre 9.

Le temps était venu d'aborder les mêmes problèmes sous l'angle de l'épistémologie (chapitre 10). Je m'y essayai d'abord dans un article publié en 1995. Mes idées se clarifièrent à l'occasion d'un cours donné à l'École Normale Supérieure de Lyon durant l'hiver 2000, et qui fut publié en 2003 (*La causalité en géographie).* Entre temps, j'avais achevé *L'épistémologie de la géographie,* sorti en 2001. J'ai assez largement remanié et complété l'ouvrage à l'occasion de ses seconde et troisième éditions, en 2007 et 2015.

Au cours des dernières années, Colette Jourdain-Annequin m'a révélé des aspects de la pensée – et de la géographie – grecques que j'ignorais. Elle m'a fait comprendre certaines positions des marxistes français, vis-à-vis desquels je suis devenu moins critique.

QUELQUES PRINCIPES

Le travail de réflexion ici relaté s'est largement étalé dans le temps : les préoccupations que j'avais au milieu des années 1950, lorsque je l'ai entrepris, diffèrent de celles qui sont les miennes aujourd'hui : j'ai toujours été ouvert au mouvement des idées. Quelques constantes sont cependant demeurées :

1- J'ai toujours eu le sentiment que la science était incapable d'appréhender l'essence des choses : elle n'a prise que sur les processus. Penser la géographie, c'est donc analyser les mécanismes qui façonnent l'espace. L'établissement de typologies n'est pas au cœur du travail.

2- J'ai constamment éprouvé le besoin de comprendre le monde où je vivais en appréhendant ses dimensions spatiales, les facteurs, les forces et les décisions qui les expliquent, et la manière dont l'étendue et la distance influencent les choix.

3- Motivant la démarche que je mets en œuvre, il y a la volonté de coller aux problèmes environnementaux, économiques, sociaux, politiques et culturels auxquels les hommes font face – ceux d'aujourd'hui en particulier. Mon intérêt pour la géographie n'a jamais été limité aux travaux académiques : je me suis toujours soucié de l'ensemble des pratiques et des réflexions que les groupes humains ont consacrées, et consacrent, à l'espace.

Pour ne pas perdre de vue le sens commun, j'ai eu la chance de mener de front enseignement et recherche : pour intéresser les étudiants, il faut être présent sur le front de la réflexion comme sur celui de l'actualité.

4- Le chercheur doit offrir les vues les plus larges sur le domaine qu'il aborde. Définir a priori le corpus de documents ou d'études sur lequel l'effort s'exercera me paraît dangereux ; dans une recherche, la porte doit toujours rester ouverte.

5- Le progrès de la connaissance implique que l'on tienne compte de tout ce qui a été écrit sur les problèmes abordés. C'est évidemment impossible, mais rien ne peut justifier l'ignorance de ce qui a été publié. J'ai toujours redouté d'être inégal à l'ambition qui me guidait et d'ignorer une partie de la documentation et du réel. Cela m'a fait vivre dans un climat stimulant d'incertitude.

6- Pour ne pas me laisser piéger par les thèmes qui circulaient en géographie, j'ai pris en compte les vues développées par les autres sciences de l'homme et de la société. D'abord mathématique, la formation que j'avais reçue m'avait fait découvrir l'histoire ainsi que la littérature et l'histoire littéraire ; je me tournai vers l'économie à partir de 1955 ; je me plongeai ensuite dans la sociologie, l'anthropologie et les sciences politiques ; j'abordai plus tard ce qui se rapportait à la culture, à l'histoire des idées et de plus en plus, à la réflexion épistémologique. L'intérêt que je portai à partir de 1980 à la manière dont la pensée occidentale traitait, et traite, des problèmes spatiaux me conduisit à lire davantage de philosophie – c'est là sans doute que j'ai le plus souffert de travailler en autodidacte.

7- Pour ne pas m'enfermer dans les idées qui circulaient en France, j'ai toujours réservé une place essentielle au dépouillement des travaux en langues étrangères. J'avais la chance de maîtriser l'anglais ; je me mis rapidement à lire les langues latines – italien, espagnol et portugais, avant d'apprendre cette dernière langue sur le tard, à 54 ans. Dans le secondaire, je n'avais pas fait assez d'allemand pour le lire facilement : c'est resté une de mes faiblesses.

LE SENS D'UNE DÉMARCHE

La démarche que j'ai adoptée dès le départ était large. À chaque étape elle visait l'essentiel ; les points de vue adoptés, les principes mobilisés et l'articulation des processus mis en évidence. Le but était d'abord de souligner la logique propre à chaque domaine. Il était ensuite de voir si cette ligne était parallèle à celles observées dans les secteurs précédemment analysés, ou prenait une orientation différente. À première vue, l'itinéraire que j'ai suivi ressemble à celui d'une abeille qui butine au hasard. C'est une image trompeuse : chaque pas appelait le suivant : pour aller au fond des choses, les questions démêlées dans un champ en posaient sur d'autres domaines.

Mon travail était semblable à celui d'un historien de l'architecture étudiant un bâtiment ancien : comment celui qui l'a créé a-t-il choisi des formes qui assurent la solidité de la construction et répondent aux vœux des commanditaires et aux besoins des usagers ? Comment a-t-il, dans le même temps, donné aux volumes qu'il créait beauté et signification ? De la même manière, mon propos était double : (i) mettre en évidence la structure de la démarche géographique, avec ses déterminations et ses impératifs fonctionnels et (ii) prendre en considération le sens que les hommes donnent au monde.

J'analysai tour à tour cinq cycles : (i) je commençai par celui de la Nouvelle Géographie ; ouvert dans les années 1950, c'était le premier à faire de la discipline une science de l'interaction sociale ; je parachevai son évolution en montrant comment il permettait aussi bien de renouveler la géographie sociale, la géographie politique et la géographie urbaine que la géographie économique, auquel on le limitait généralement. (ii) Je m'attachai alors au cycle ouvert dans les années 1970 par les premières manifestations du tournant culturel que motivait une écoute plus attentive des hommes ; je soulignai le renversement des perspectives auquel il conduisait. (iii) Je tentai d'éclairer rétrospectivement la logique de la géographie classique – la forme prise par la géographie humaine à la fin du XIXe siècle. (iv) Chemin faisant, je retraçai l'évolution des perspectives imaginées pour rendre compte du cours pris par la discipline. (v) Je reconstituai enfin le fil des réflexions épistémologiques sur l'étude de la terre.

On peut voir dans cet ouvrage une somme de résumés, ceux des livres que j'ai rédigés depuis cinquante ans. Nul doute qu'il sera utilisé à cette fin par ceux qui n'ont eu ni le temps, ni la curiosité de suivre mes nombreuses publications. Son propos est cependant plus ambitieux ; il est de montrer comment la géographie s'est articulée et s'articule. (i) Dans la géographie classique, l'analyse de situation, la description des paysages et l'étude régionale font système. (ii) Dans le cadre de la Nouvelle Géographie, les jeux de la distance éclairent la géographie économique, la géographie sociale, la géographie politique et la géographie urbaine. (iii) Avec le tournant culturel, la prise en compte directe de l'homme conduit à construire sur de nouvelles bases les approches sociales, économiques et politiques de notre discipline.

Hétérogénéité de ces développements ? Certes, mais aussi, approfondissement et dans une certaine mesure, continuité. (i) Comme le faisaient les autres sciences sociales à la fin du XIXe siècle, la géographie classique abordait l'homme social par les traces objectives de son activité – il s'agissait pour elle des établissements humains et des paysages humanisés, alors que les préhistoriens et les archéologues se penchaient sur les outils et autres artefacts, et que les historiens exploraient les archives... (ii) La Nouvelle Géographie ne se contente pas d'étudier les distributions matérielles : elle s'attache directement aux réalités sociales. (iii) Le tournant culturel va plus loin : c'est l'homme social qui constitue désormais le point de départ.

Partant des témoignages matériels de l'activité humaine, les sciences sociales ont d'abord grandi en s'ignorant mutuellement – alors même que toutes avaient pour but d'éclairer les dimensions collectives de l'existence. Il arrivait que leurs champs se recouvrent : chacune l'analysait alors selon ses perspectives propres et ignorait les travaux menés par les autres

Dans une seconde étape, la réalité sociale est abordée directement : on se penche sur les groupements humains, leur dynamisme démographique, la logique de leur fonctionnement et les structures que celui-ci appelle. Les sciences sociales se rapprochent : la vogue des recherches pluridisciplinaires se développe.

Dans une troisième phase, c'est à l'homme social que l'on s'attaque : (i) à la manière dont l'environnement le forme et dont les moyens de communication dont il dispose limitent ou ouvrent ses horizons ; (ii) à tout ce qu'il fait pour tirer parti du cadre où il vit ou pour le transformer ; (iii) à ses aspirations et à ses envies. On prête attention à son imaginaire, à la part qu'il accorde au rêve et aux symboles.

Un troisième niveau dans la réflexion sur l'homme social se trouve ainsi atteint : au lieu de l'aborder indirectement, à travers les traces de son activité présente ou passée, ou de mettre l'accent sur la réalité collective que constitue la société, c'est aux individus saisis dans leur diversité physique et culturelle que l'on s'attache. Les sciences sociales convergent vers ce qu'elles partagent depuis toujours, mais qu'elles n'arrivaient pas à traiter de front : l'analyse de l'homme en tant qu'être social. Elles atteignent le niveau *métadisciplinaire* que toutes cherchaient à éclairer à partir de la perspective qu'elles avaient retenue.

L'évolution de la géographie et des autres sciences de l'homme et de la société, que je suis passionnément depuis soixante ans, ouvre, me semble-t-il, des façons nouvelles de penser le monde – de le penser géographiquement, en particulier. C'est cette leçon que je voudrais partager.

PARTIE I

REPENSER LA GÉOGRAPHIE POUR LA RENDRE OPÉRATIONNELLE

L'EXPÉRIENCE DE LA NOUVELLE GÉOGRAPHIE

1. PENSER LA GÉOGRAPHIE ÉCONOMIQUE

L'ÉCONOMIE : UNE DISCIPLINE QUI AVAIT LE VENT EN POUPE

Dans les années d'après-guerre, l'économie était à la mode. En soulignant le rôle de la demande dans la croissance, John Maynard Keynes avait remis en cause la primauté de l'offre. La macroéconomie, appuyée sur les outils statistiques plus perfectionnés mis au point par l'économétrie, appréhendait la richesse des États – et dans une moindre mesure, celle des collectivités territoriales – et facilitait leur comparaison. D'un pays à l'autre, les revenus par tête allaient de un à cent. Cet écart faisait scandale : comment tirer du sous-développement les régions et les nations qui avaient pris du retard et leur assurer les bienfaits de la croissance ? L'économie séduisait par le rajeunissement des principes sur lesquels elle reposait, par le regard qu'elle portait sur le monde et par les actions correctives qu'elle suggérait.

Je décidai de me pencher sur un domaine qui paraissait si dynamique. L'agrégation passée, durant l'été 1955, je m'initiai à la discipline grâce aux ouvrages nouvellement publiés de Raymond Barre (1955-1956) et de Paul Samuelson (1957/1948). J'étudiai en 1956-1957 le manuel qu'avait rédigé le premier : il proposait une vue très à jour de la discipline, microéconomie aussi bien que macroéconomie. Je lus le livre de Paul Samuelson un peu plus tard, en 1958 : il offrait une analyse limpide des mécanismes de création monétaire.

Je découvris en novembre 1957 le parti que l'on pouvait tirer de l'économie spatiale, dont Claude Ponsard venait d'élaborer une synthèse (1955). Au mois de février 1958, je décidai de repenser la géographie économique en y intégrant les points de vue de l'économie moderne (analyse microéconomique et macroéconomique) et ceux de l'économie spatiale.

Je mis douze ans (de 1958 à 1970) à moderniser ainsi l'approche économique en géographie : cinq ans pour tirer parti des perspectives microéconomiques *(Géographie générale des marchés,* 1963), cinq ans pour exploiter les résultats de la macroéconomie *(Régions, nations, grands espaces,* 1968) et deux ans pour analyser les ressorts de l'économie internationale (*Les relations internationales*, 1970a). À la fin de ce long travail, les *Éléments de géographie économique* (1976) me permirent d'offrir une vue d'ensemble de la géographie économique.

LA *GÉOGRAPHIE GÉNÉRALE DES MARCHÉS* (1963)

Durant l'entre-deux-guerres, l'économie s'était trouvée face à des défis redoutables : ceux du retour à la paix dans un monde que la Première Guerre mondiale avait déstabilisé et ceux liés à la Grande Crise qui avait éclaté en

1929 et avait conduit à l'abandon de l'étalon de change-or et à l'éclatement des échanges internationaux.

Pouvait-on, comme les vainqueurs, la France en particulier, exiger des Allemands qu'ils paient pour tout ce qu'ils avaient détruit ? Non, répondait John Maynard Keynes : les transferts exigés auraient été si lourds qu'ils déséquilibreraient les échanges internationaux.

Face à la Grande Crise, la réaction des gouvernements, qui voyaient diminuer leurs recettes, fut de réduire les dépenses publiques, ce qui induisit une spirale déflationniste bien pire que le mal. Keynes prit encore une fois le contre-pied des positions dominantes : pour sortir de la crise, il convenait de relancer la demande.

La connaissance que l'on avait de l'économie progressait rapidement. On disposait désormais de moyens pour apprécier l'activité, les revenus et les dépenses des pays modernes. L'économétrie stimulait la recherche en ce domaine. Des chercheurs formés en URSS aux techniques de la comptabilité en nature d'une économie centralisée dressaient les comptabilités en argent des pays industrialisés d'Europe occidentale et d'Amérique du Nord. Les coefficients d'entrée et de sortie (on disait alors : d'*input/output*) qu'ils en tiraient permettaient de prévoir les retombées des équipements réalisés en un point donné et à un moment donné.

L'économie marginaliste, qui dominait depuis les années 1860 ou 1870, mettait l'accent sur les marchés, puisque les prix s'établissaient au niveau où la dernière unité produite trouvait preneur. Elle ne cherchait pas à appréhender globalement les activités d'un pays et les circulations qu'elles induisaient : les leçons du *Tableau économique* (1759) de Quesnay s'étaient perdues. La macroéconomie les redécouvrait.

(i) L'économie spatiale s'était développée avant cette modernisation de la pensée économique. Elle s'attachait à la localisation des activités agricoles, des industries ou des services, mais ne s'intéressait guère aux entités territoriales, qu'elles soient d'échelle urbaine, régionale ou nationale. (ii) La macroéconomie éclairait en revanche le dynamisme des économies nationales ou régionales en analysant les effets de l'investissement et du commerce extérieur. Il convenait de prendre en compte ces deux aspects.

L'analyse de la production dans la géographie économique classique

La géographie économique s'était développée en Allemagne (Karl Andrée, 1861-1874), en Grande-Bretagne (Chisholm, 1889) et en France (Dubois et Kergomard, 1897) entre 1860 et le début du XXe siècle. Elle répondait aux curiosités et aux préoccupations des hommes d'affaires, des industriels ou des commerçants de l'époque : (i) elle ne s'attachait qu'à la partie de l'économie qui était monétarisée et ignorait l'autoconsommation dont le rôle était pourtant dominant dans le monde paysan de beaucoup de sociétés ; (ii) elle ne mettait l'accent que sur deux des trois étapes du circuit économique : la production et la distribution des biens, et ignorait la consommation.

L'attention allait d'abord aux dotations naturelles : la houille était extraite là où avaient été fossilisées d'énormes quantités de bois. Avec l'utilisation croissante du pétrole, la géographie économique s'intéressait aux bassins sédimentaires où des restes organiques s'étaient transformés en huile ou en gaz et avaient été piégés, dans leur migration vers la surface, par les couches imperméables de certains anticlinaux ou par des angles de faille.

La localisation des productions agricoles était également dictée par la nature : pour le blé, il fallait des climats tempérés où l'été soit suffisamment sec pour que la pluie ne gâte pas les moissons ; la gamme allait du tempéré froid au tempéré chaud. Des façons culturales adéquates modifiaient les aires ainsi délimitées : dans les pays secs, des labours répétés accroissaient la quantité d'eau emmagasinée dans le sol et ralentissait son évaporation : le *dry farming,* élargissait ainsi les périmètres emblavés dans les régions semi-arides. L'attention était à ce point focalisée sur les conditions naturelles que la distance entre producteurs et consommateurs n'était pas systématiquement prise en compte.

Pour expliquer la localisation des activités industrielles, on invoquait des facteurs réels, mais secondaires ; dans l'industrie textile, l'humidité du climat rendait les fils moins cassants : le succès des filatures et des tissages du Lancashire en Grande-Bretagne ou des Vosges en France se serait expliqué ainsi. On ignorait l'impact de l'éloignement. On ne prenait qu'exceptionnellement en compte le coût de la main-d'œuvre ; on n'en parlait guère que dans le cas des États-Unis où les filatures et tissages de coton glissaient de Nouvelle-Angleterre vers le Sud, la Caroline du Nord en particulier : les ouvriers n'y étaient pas syndiqués et se contentaient de salaires plus faibles.

L'analyse de la distribution dans la géographie économique classique

La géographie économique classique s'attachait à la distribution des matières premières, des denrées alimentaires et des produits fabriqués. Elle attirait l'attention sur l'articulation des circuits autour des marchés où l'offre et la demande étaient confrontées, et où les producteurs (ou les intermédiaires qui commercialisaient leurs biens) rencontraient les consommateurs (ou les importateurs et grossistes en charge de la dernière phase de l'acheminement).

De grands marchés s'étaient ainsi formés (Maurette, 1921). Leur répartition était singulière : certains se trouvaient à proximité des régions productrices.

La majorité était installée dans les grands ports des régions industrielles où l'énergie était consommée et les matières premières transformées. C'était par là que transitaient le coton dont avaient besoin les usines textiles, les minerais destinés à la métallurgie, ou les céréales, la viande, le café, le thé, le cacao que réclamaient les énormes concentrations de population du monde industriel.

La conception de la *Géographie générale des marchés*

Comment moderniser la géographie économique ? En élargissant d'abord son champ : il n'y avait aucune raison de s'arrêter aux deux premières sections du circuit économique, la production et la distribution, et d'ignorer la troisième, la consommation – d'autant que c'était la demande qui commandait l'ensemble du processus. L'analyse spatiale devait ensuite prendre en considération une triple circulation : (i) celle des biens cheminant le long des voies de communication depuis les lieux où l'offre se formait jusqu'à ceux où la demande s'exprimait ; (ii) celle des paiements effectués en sens inverse ; (iii) celle des informations transitant des demandeurs vers ceux qui répondaient à leurs attentes, et en retour de ceux-ci aux consommateurs : les agents économiques avaient besoin d'y voir clair pour effectuer leurs choix.

Dans les économies libérales, le point autour duquel tout se jouait était le marché : c'est là que l'offre était confrontée à la demande. Dans les économies centralisées dont l'URSS fournissait l'exemple, la confrontation avait également lieu, mais la circulation des biens et celle des informations étaient dissociées : les informations relatives à la production et à la demande étaient destinées aux services du Plan, qui décidaient de qui alimenterait qui.

Qu'enseignait l'économie classique ? Elle s'attachait à l'inégale dotation en facteurs de production des ensembles territoriaux et analysait le fonctionnement des marchés. Afin que soient assurées l'unité de lieu, l'unité de temps et l'unité d'action nécessaires à la transparence de ceux-ci, l'ensemble des producteurs (ou offreurs) et des consommateurs (ou demandeurs) se réunissait en un point où les biens à commercialiser avaient aussi été acheminés : chacun pouvait ainsi apprécier la qualité des produits et disposait d'une information complète sur l'offre et la demande.

La négociation entre acheteurs et vendeurs se déroulait alors : les vendeurs réagissaient au prix offert par les acheteurs en proposant la quantité correspondant à leur courbe d'offre ; les acheteurs acceptaient d'acquérir cette quantité, mais à un prix correspondant à leur courbe de demande. Le jeu des rétroactions, des *feed backs,* se poursuivait jusqu'à ce que soit atteint le niveau où les quantités offertes et les quantités demandées coïncident. Le marché conduisait ainsi à la fixation d'un prix d'équilibre, le plus satisfaisant pour les deux parties.

Dans certaines circonstances, lorsqu'en particulier un décalage existait entre les différentes phases de la négociation, les écarts entre offres et demandes pouvaient s'accroître au lieu de se réduire – le marché cessait de fonctionner convenablement : au lieu d'amortir les oscillations de l'offre et de la demande, il les amplifiait.

Je m'intéressais à la cybernétique depuis le début des années 1950. Ce que disait la théorie classique des marchés ponctuels de concurrence pure et parfaite me parut essentiel : elle soulignait l'importance décisive des échanges d'information.

Le mécanisme était efficace, mais générait des coûts : les biens offerts supportaient des frais de transport jusqu'au marché, puis de celui-ci à leur destination finale, ce qui accroissait d'autant plus leur prix que s'allongeait le détour imposé par leur passage par le point où l'offre et la demande étaient matériellement présents. À cause de ce crochet, l'information dont disposaient certains protagonistes cessait d'être parfaite : beaucoup de producteurs s'en remettaient à des intermédiaires pour écouler les marchandises qu'ils fabriquaient ; beaucoup d'acheteurs en faisaient de même pour les biens qu'ils désiraient acquérir : seuls ceux qui se rencontraient sur la place de commerce disposaient d'une connaissance suffisante des quantités offertes et demandées. Ils en profitaient pour acheter à bas prix aux producteurs les denrées qu'ils négociaient, et pour les revendre aux consommateurs anormalement cher. Le marché devenait imparfait, vu que les intermédiaires disposaient d'une vue plus complète de la situation que les autres participants.

Le plan que je choisis pour la *Géographie générale des marchés* était simple. Après le rappel de quelques notions élémentaires d'économie (l'agent économique, la théorie de la valeur, l'offre, la demande), le marché était défini. On passait alors au fonctionnement des marchés ponctuels : on y voyait à quelles conditions y régnait une concurrence pure et parfaite et dans quel cas celle-ci devenait imparfaite. Le service de planification qui se substituait aux marchés dans les économies centralisées était alors évoqué et ses lourdeurs soulignées.

Les marchés étendus étaient nécessairement imparfaits en raison des coûts d'acheminement des biens et des informations. Au-delà d'un certain seuil, les biens ne pouvaient plus s'écouler car leur prix, transports compris, devenait trop élevé et la demande s'annulait. La notion de portée-limite constituait un acquis essentiel de l'économie spatiale : von Thünen (1826-1842-1852) l'avait mise en évidence en matière agricole ; Walter Christaller (1933) en avait fait le pivot de la théorie des lieux centraux ; plus récemment, William Alonso (1964) l'avait mobilisée pour expliquer la structuration annulaire des espaces urbains.

L'existence de portées-limites était à l'origine de la fragmentation spatiale des marchés : l'offre et la demande qui étaient confrontées en un lieu de transaction provenaient d'un cercle dont le rayon maximal était égal à la portée-limite du bien. La plupart des marchés s'organisaient donc en réseaux. D'un nœud à l'autre de ceux-ci, les prix variaient parce que le point d'équilibre de l'offre et de la demande changeait.

Dans nombre de cas, les marchés s'organisaient hiérarchiquement : ce qui limitait leur dimension, ce n'était plus la portée des biens, mais celle des informations qu'ils mobilisaient, les participants n'ayant pas le temps et les moyens de fréquenter des lieux trop distants. Des intermédiaires prenaient le relais, achetaient sur un marché local et revendaient sur un marché plus important, où ils rencontraient d'autres intermédiaires qui répercutaient de leur côté la demande venue de lieux plus éloignés. Ainsi pouvaient s'organiser des relations à longue distance.

C'est à ce problème qu'était consacrée la seconde partie de l'ouvrage : comment faire fonctionner efficacement ces marchés hiérarchisés et étendus ? La réalisation de la transparence coûtait cher car pour ne pas être floués, les partenaires devaient se rencontrer face-à-face, avec les biens proposés sous leurs yeux. L'élargissement des marchés s'était réalisé dans le courant du XIXe siècle : à la diminution des frais de transport, qui accroissait la portée-limite des biens, s'était ajoutée l'amélioration des communications. Des paramètres objectivement mesurables caractérisaient désormais les biens ; le télégraphe rendait possible la réalisation de transactions sur des biens dont la qualité était ainsi connue et dont l'existence était juridiquement garantie parce qu'ils étaient entreposés dans des magasins généraux ou chargés dans les soutes de navires. La localisation des grandes places près des zones productrices (au sommet de la hiérarchie des centres de collecte), ou près des foyers de transformation (au sommet de la hiérarchie des circuits de redistribution et de vente au détail) s'éclairait. Le temps des grands marchés de matières premières et de denrées alimentaires était venu : l'ouvrage que Dauphin-Meunier avait consacré, à la veille de la Seconde Guerre mondiale, à *La Cité de Londres*, et qui avait été réédité en 1954, m'avait beaucoup apporté.

J'abordai alors l'étude des marchés secteur par secteur. Les marchés de facteurs de production étaient difficiles à organiser : ceux de biens fonciers par suite de leur immobilité ; ceux de main-d'œuvre à cause des rigidités qu'y revêtaient l'offre (liée aux niveaux de production) et la demande (par suite des actions menées par les syndicats pour éviter la réduction des salaires). Tant que la monnaie était restée métallique, les marchés monétaires et financiers avaient souffert de l'inélasticité de l'offre. Les procédés de création de monnaie par le crédit avaient introduit plus de souplesse, mais le procédé était risqué : les progrès avaient été longs à s'affirmer.

C'est avec les marchés de services que la moisson se révélait la plus riche : le jeu des portées-limites expliquait le semis et la hiérarchie des villes et des aires de chalandise qu'elles dominaient : ainsi s'éclairait une large partie de l'organisation de l'espace.

Les situations de monopole ou d'oligopole en chaîne étaient fréquentes dans les marchés de transports – ceux qui se faisaient par fer en particulier : en position de force parce qu'ils possédaient les lignes, les opérateurs avaient été un temps libres de fixer des tarifs qui ne reflétaient pas les distances et les coûts réels. Un exemple : à la fin du XIXe siècle, aux États-Unis, les expéditeurs du Middle West bénéficiaient tous du même tarif pour l'ensemble des ports de la côte Nord-Est (Fair et Williams, 1959), ce qui avait favorisé la formation de la Megalopolis.

L'étude des marchés agricoles et industriels conduisait à des résultats plus classiques : on y retrouvait von Thünen et Alfred Weber (1909) ; on mesurait aussi les particularités que chaque bien devait à l'élasticité plus ou moins forte de son offre et de sa demande, et à la difficulté plus ou moins grande de le standardiser, de le définir et de le conserver. C'est dans le domaine des denrées alimentaires et des matières premières que les réseaux de marchés hiérarchisés dominés par quelques centres mondiaux se rencontraient essentiellement.

Pour les produits manufacturés, où la concurrence monopolistique s'était affirmée, chaque producteur fixait lui-même les prix et se protégeait des autres en singularisant ses articles par leur qualité et par leur image. La compétition ne disparaissait pas, mais elle était affaiblie. Dans un tel système, plus besoin de places centrales : chaque entreprise organisait son marché à partir de son lieu d'implantation.

La conclusion de l'ouvrage mettait l'accent sur la caractéristique essentielle des marchés :

> « Pour l'observateur superficiel, la diversité des lieux et des cadres dans lesquels se déroulent les transactions crée une impression de confusion. Mais la réflexion montre vite [...] l'unité profonde qui vient de la similitude des problèmes que cherchent à résoudre les marchés. Ceux-ci [...] ne sont pas seulement des lieux d'échange des marchandises ou des services, ils sont pour l'essentiel des centres d'échange de l'*information économique.* [...] Leur rôle commun est de permettre l'ajustement des décisions de production et de consommation » (Claval, 1963, p. 338).

Par l'attention qu'il accordait à l'information économique, le livre ouvrait une perspective qu'ignoraient aussi bien la géographie économique traditionnelle que l'économie spatiale. J'avais mis en exergue une citation de Pierre Teilhard de Chardin : « La pellicule des couleurs et des lieux m'ennuie à pleurer. Ce que j'aime ne se voit plus ». L'accent était ainsi placé sur les processus. Pour éclairer les décisions des acteurs économiques, les approches microéconomiques conduisaient aux jeux de l'information : résultat essentiel.

RÉGIONS, NATIONS, GRANDS ESPACES (1968)

Macroéconomie et appréhension globale des ensembles économiques

La seconde partie de la tâche que je m'étais assignée en février 1958 me demanda plus de temps. La géographie économique ignorait les acquis de la macroéconomie. L'économie spatiale ne faisait guère mieux : à la manière de Walras, l'ouvrage de Claude Ponsard était axé sur les équilibres qu'assuraient les mécanismes de marché. Il ne s'attachait pas au territoire comme totalité.

La macroéconomie mettait l'accent sur les conditions dans lesquelles les décisions d'épargner et d'investir étaient prises, et sur leurs effets sur les équilibres territoriaux. Au cours d'une période, les quantités dépensées ou épargnées dans un ensemble territorial (ses flux monétaires) étaient nécessairement identiques à celles qui y étaient produites, distribuées et consommées, ou investies en équipements (ses flux réels).

Les ensembles territoriaux : homogènes ou polarisés

Des ensembles territoriaux, des régions, se dessinaient à la surface de la terre ; les gens en avaient à ce point conscience qu'ils leur donnaient des noms. Ces ensembles étaient de petite (des villes), moyenne (des régions) ou grande dimension (des nations ou de grands espaces).

On savait que les ensembles régionaux étaient de deux types. Certains étaient homogènes, d'autres polarisés. Dans le premier cas, les acteurs d'un même ensemble étaient parfois confrontés aux mêmes problèmes et prenaient les mêmes décisions : la région était économiquement uniforme. Dans le second cas, les éléments qui composaient l'ensemble étaient divers, mais entretenaient entre eux des échanges réguliers : les personnes, les biens, les paiements et les informations circulaient d'un lieu à l'autre. Ce qui était gagné en un point était dépensé dans la ville voisine, dont les habitants consacraient à leur tour une partie de leurs gains à l'acquisition de ce qu'offraient les aires rurales alentour. La région existait parce que les flux y décrivaient des boucles, qui la structuraient. Elle était faite d'un écheveau de circuits, dont l'architecture créait des effets en retour. Si tous les flux passaient par un même point, par une même ville, on parlait de région à base urbaine ou de région polarisée. La hiérarchie des lieux centraux et des aires auxquelles ils assuraient des services était essentielle pour comprendre l'organisation de l'espace.

À l'échelle de la nation ou des grands espaces, le jeu des portées-limites intervenait aussi, mais l'existence de barrières douanières ou de prohibitions modifiait l'étendue de certains circuits. La présence d'un système monétaire national, avec les politiques des instituts d'émission et les problèmes de change qui en résultaient, pouvait accroître l'isolement de l'espace national ou le réduire.

L'ouverture des ensembles territoriaux

Il n'existait pas d'aires économiques au sein desquelles tous les circuits économiques se refermaient sur eux-mêmes. Certains flux de production, distribution et consommation se bouclaient au sein de l'espace étudié, d'autres s'étendaient au-delà. Les réactions d'un territoire dépendaient de sa plus ou moins grande ouverture.

Dans le monde contemporain, le rayon de vente de la plupart des denrées agricoles et des articles manufacturés était très grand – beaucoup s'écoulaient à l'échelle de la planète. La *portée* de la majorité des *services* restait en revanche *limitée.* C'étaient donc les *activités tertiaires* qui expliquaient la fermeture partielle de la plupart des ensembles à circuits économiques complexes – des *régions polarisées* en particulier.

La macroéconomie analysait les effets des choix effectués par les acteurs économiques : l'épargne réalisée au sein d'un ensemble territorial y finançait les investissements. Ceux-ci accroissaient la production à venir. Dans la mesure où une partie des équipements était réalisée sans épargne préalable, par création de monnaie au sein du système bancaire, elle générait de nouveaux revenus. Ceux-ci servaient à acquérir les biens supplémentaires que l'investissement total mettait à la disposition des consommateurs. La croissance était alors équilibrée ; dans le cas contraire, des tensions inflationnistes ou déflationnistes apparaissaient : résultat essentiel de la macroéconomie.

Dans une économie ouverte, l'accroissement autonome des exportations jouait un rôle similaire à celui de l'investissement financé à crédit : il créait de nouveaux revenus et stimulait la demande. On passait ainsi de l'appréhension de la dynamique des ensembles territoriaux fermés à celle des entités ouvertes sur l'extérieur.

Les dynamiques territoriales : fausses pistes et ouvertures

L'approche par les circuits que propose l'économie faisait sortir de la simple typologie. Elle montrait comment l'épargne et l'investissement conditionnaient la croissance. Les effets de celle-ci étaient déstabilisateurs, à moins qu'ils ne portent au même niveau la création de richesses due à l'ensemble de l'investissement, et la croissance des revenus qui résultait de la part autonome (financée à crédit) de ce dernier – ou de l'accroissement des exportations induit de l'extérieur.

Dès le début des années 1950, un certain nombre d'économistes tiraient parti de ces principes pour prévoir l'évolution future des ensembles territoriaux et pour la planifier. C'était une des pistes ouvertes par la *science régionale* lancée par Walter Isard (1956 ; 1960). L'analyse statistique des derniers investissements réalisés dans la sidérurgie montrait, par exemple, que pour produire une tonne d'acier, il fallait dépenser 2000 € dans la construction de hauts-fourneaux et de convertisseurs, 200 € dans celles des infrastructures de transport et 100 € dans des achats fonciers. La construction d'une usine fournissant 1 million de tonnes d'acier par an coûterait donc 2 300 millions d'euros.

On déduisait également des statistiques qu'une telle usine emploierait, par exemple, 2000 personnes. Celles-ci essaieraient de minimiser le temps et la fatigue de leur déplacement quotidien jusqu'à leur lieu de travail. Elles se logeraient à proximité de la nouvelle installation selon une distribution que les modèles de gravitation permettaient de prévoir : on saurait ainsi de combien la demande de logements augmenterait dans chaque anneau de distance autour du nouveau site.

Dans les années 1950 et 1960, c'était autour de ce noyau que se développait l'essentiel des recherches consacrées à la genèse de l'inégal développement et des politiques destinées à y mettre fin. Ces travaux étaient passionnants, mais se révélèrent moins utiles qu'on ne le pensait. Pourquoi ? Pour planifier les développements futurs, il ne suffisait pas de savoir quels équipements et quels facteurs de production les investisseurs achèteraient ; il convenait de préciser le lieu où ils effectueraient leurs achats. L'approche statistique sur laquelle reposait la démarche offrait une réponse satisfaisante à la première question, mais pas à la seconde : dans une économie libérale, les lieux où s'acquéraient les équipements et les composants nécessaires à une production variaient sans cesse ; ils dépendaient des prix offerts et de la concurrence des fournisseurs. Avec la diminution des coûts de transport et d'information, l'éventail des choix s'ouvrait. Dès le début des années 1960, on savait que l'instabilité géographique des achats limitait les possibilités de planification : les coefficients d'entrée et de sortie utilisés pour prévoir l'impact géographique des actions d'aménagement n'étaient pas stables.

La réflexion sur les dynamiques territoriales progressait rapidement, mais ses premiers résultats ne répondaient pas aux espoirs que les comptabilités territoriales avaient suscités. Il convenait donc de se tourner vers d'autres approches.

Les dynamiques territoriales : la critique de la théorie classique des échanges internationaux

Ceux que choquait le scandale de l'inégal développement (qu'il soit régional ou international) s'intéressaient à l'économie parce qu'ils espéraient y trouver les bases de politiques plus justes. C'est pour cela que la théorie classique des relations internationales paraissait décevante.

Le schéma proposé par David Ricardo (1817) était simple. À son époque, l'Angleterre était un pays peuplé et où les terres manquaient ; au Portugal, la densité était faible et les espaces à exploiter étaient vastes. Au départ, chacun des deux pays vivait en autarcie et produisait ce qui lui était nécessaire. Des échanges commerciaux s'étaient un jour établis. Les Portugais s'étaient spécialisés dans la production de la laine pour laquelle ils possédaient un avantage comparatif (par rapport au prix des produits fabriqués, la laine était bon marché dans ce pays car il disposait en abondance de pâturages où faire paître les troupeaux) ; les Anglais s'étaient orientés vers le domaine où ils jouissaient de l'avantage comparatif le plus grand, celui de la fabrication des tissus, car leur main-d'œuvre était surabondante. À travers la laine qu'ils exportaient, les Portugais vendaient à l'étranger une partie du facteur-terre qu'ils avaient en excès ; en écoulant à l'étranger leur production de drap, les Anglais exportaient du facteur main-d'œuvre. Au final, la rémunération du facteur-terre avait augmenté au Portugal, puisque les exportations avaient intensifié son utilisation ; il en allait de même en Angleterre pour le facteur-travail. La conclusion était simple : l'échange international était bénéfique à tous ceux qui y participaient. Il tendait à égaliser la rémunération des facteurs de production.

Les résultats de Ricardo avaient été repris et systématisés par une lignée d'économistes dont Bertil Ohlin (1933) entre les deux guerres mondiales et Paul Samuelson (1948) dans le second après-guerre. Quelles conclusions ressortaient de leurs travaux ? Que pour résorber les inégalités entre nations, il suffisait d'éliminer tous les obstacles au commerce international !

Le problème, c'est que cette théorie ne rendait pas compte de ce qui se passait : de la fin du XIXe siècle aux années 1950, la diffusion des formes modernes de développement industriel avait marqué le pas ; elle s'était limitée aux pays européens et à ceux dont le peuplement, d'origine européenne, s'était mis en place pour l'essentiel au cours du XIXe siècle (États-Unis et dominions britanniques) ainsi qu'au Japon. L'écart entre les revenus des pays les plus riches et les plus pauvres n'avait cessé de croître.

Les recherches empiriques allaient à l'encontre des conclusions proposées par la théorie classique : on pensait que les États-Unis, pays relativement jeune et peu peuplé, vendaient surtout des biens incorporant du facteur-terre. Erreur : les produits qu'exportaient les États-Unis venaient d'industries de pointe et impliquaient beaucoup de capital et beaucoup de travail – d'un travail qualifié et donc bien payé. C'était le paradoxe de Leontief (Léontief, 1953) !

François Perroux (1955) avait pris acte du décalage entre la théorie classique et les réalités observées : le développement ne faisait pas tache d'huile ; il se concentrait en certains points. Ne fallait-il pas élaborer une théorie qui rende compte de la croissance inégale ?

Perroux ouvrait ainsi une piste nouvelle à la recherche. Il parlait de théorie de la croissance polarisée ; au moment où il lançait l'expression, ce n'était encore qu'un espoir de théorie. Pour la développer, Jacques-R. Boudeville (1966 ; 1972) avait mobilisé tout ce que les approches macroéconomiques apportaient. Mais les progrès essentiels vinrent d'ailleurs.

On savait depuis la fin des années 1940, et grâce aux progrès des comptabilités nationales, que la croissance bénéficiait essentiellement aux pays industrialisés et qu'elle se développait autour de trois pôles : l'Europe du Nord-Ouest et du Centre, les États-Unis et le Japon. On savait également qu'au sein des nations, le dynamisme régional était inégal. Mais l'histoire complexe des économies de l'Europe du Nord-Ouest y avait créé des distributions dont l'interprétation était difficile.

Comme venait de le montrer Edward Ullman (1958), le cas nord-américain était plus simple : les États-Unis et le Canada juxtaposaient deux types d'espaces : (i) un noyau industriel à l'économie complexe, celui du Nord-Est des États-Unis et de l'axe qui courait de Windsor en Ontario à Québec au Canada ; (ii) une périphérie de régions spécialisées dans la production de denrées agricoles, d'énergie ou de produits miniers ; elle couvrait le reste de ces deux pays, à l'exception d'une portion de la côte Ouest, entre Los Angeles et San Francisco, dont l'économie était diversifiée et industrialisée.

L'opposition entre l'*Industrial Belt* situé au Nord-Est des États-Unis et le reste du pays était classique depuis les travaux du géographe suédois Sten de Geer (1927). Ce qu'ajoutait Ullman (1958), c'est que la structure des réseaux de transport et des flux de marchandises était fondamentalement différente dans l'*Industrial Belt* et à l'extérieur : d'un côté, des liaisons intenses et équilibrées entre des pôles multiples ; de l'autre, des voies qui convergeaient vers l'*Industrial Belt* et voyaient passer, dans un sens, denrées alimentaires, matières premières, minerais et énergie en direction du Nord-Est, et dans l'autre, les produits fabriqués que ce dernier élaborait et distribuait dans l'ensemble de l'espace nord-américain. L'opposition était donc entre des régions à économies complexes (l'*Industrial Belt)* et des espaces à économies spécialisées plus simples. La croissance avait surtout bénéficié au premier ensemble – et à l'annexe dont il s'était doté en Californie.

Peu de temps après les travaux d'Ullman, Jean Gottmann avait attiré l'attention sur la singularité de la Mégalopolis (1961) : ce chapelet de grands ports et de villes géantes (Boston, New York, Philadelphie, Baltimore, Washington) qui s'allongeait entre Portland dans le Maine et Newport News au débouché de la baie de Chesapeake, groupait un cinquième de la population des États-Unis et avait attiré une part très importante des activités de conception, de direction et d'animation de l'ensemble du pays.

Le problème était donc double : comment expliquer la concentration de l'essentiel des manufactures du pays dans l'*Industrial Belt* et des fonctions tertiaires de haut niveau dans la Mégalopolis ?

Les tarifs ferroviaires discriminatoires avaient joué un rôle dans le Nord-Est comme en Californie, mais ils avaient disparu avec la mise en place de la législation anti-trust, au début des années 1900 ; la concentration industrielle n'en avait pas été affectée et la croissance de la Mégalopolis ne s'était pas ralentie. D'autres facteurs avaient donc joué. Dans la mesure où la densité de la population était plus forte dans le Nord-Est, les usines avaient intérêt à s'y installer si elles voulaient pleinement bénéficier des *économies d'échelles* que les nouvelles techniques rendaient possibles. Comme la vie urbaine, avec les services complexes qu'elle offrait, était plus riche dans le Nord-Est et plus particulièrement dans la Mégalopolis, les entreprises y bénéficiaient plus facilement, et à un meilleur prix, des services des avocats, des juristes, des experts comptables ou des banques dont elles avaient besoin : c'était ce que l'on qualifiait d'*économies externes*.

Pour expliquer le développement d'une économie complexe en Californie, Ullman (1953) invoquait en outre le rôle des *aménités* : pour les industries pour lesquelles les coûts d'acheminement de l'énergie, des matières premières et les charges de distribution des produits fabriqués n'étaient pas trop lourds, il pouvait être avantageux de s'installer dans des milieux agréables : les employés en tiraient des satisfactions que l'entreprise n'avait pas à payer.

Pour rendre compte de ces situations, la théorie économique spatiale avait donc évolué :

> « [Les] théories classiques de la localisation et de la spécialisation des activités économiques […] considéraient que la main-d'œuvre, la terre, le capital, pouvaient être mis sur le même plan, et étaient également substituables les uns aux autres […]. Les analyses modernes […] ne voyaient plus dans les facteurs de production des données équivalentes et indifférenciées. Le capital résultait d'une accumulation, si bien que la dotation qui existait à un instant donné ne pouvait s'expliquer que par l'évolution passée. En faisant évoluer sans cesse la productivité du travail et de la terre, il introduisait une souplesse de

> transformation qu'ignorait la théorie purement statique de la localisation et de la spécialisation » (Claval, 1968a, p. 219).

Pour expliquer l'inégal développement, il convenait donc de pousser l'analyse des économies d'échelle et des économies externes, qu'ignorait la théorie classique de l'échange international (ou interterritorial). Les économies d'échelles s'étaient multipliées avec la révolution industrielle : la mobilisation des nouvelles sources d'énergie avait poussé à la mise au point de machines dont les rendements étaient croissants ou proportionnels jusqu'à un niveau élevé de production. L'industriel qui disposait de ces équipements éliminait les concurrents qui ne s'étaient pas dotés de ces nouveaux outillages. Il élargissait ainsi son marché, ce qui lui était nécessaire pour absorber ce qu'il fabriquait. La révolution des transports qui allait de pair avec la révolution industrielle facilitait heureusement l'extension des aires de vente.

On savait depuis Adam Smith (1776) que les économies d'échelles avaient une dimension spatiale (le second chapitre de *Richesse des nations* ne s'intitulait-il pas : « De la division du travail limitée par la taille du marché » ?). L'expression « économies externes » renvoyait à l'existence de biens ou de services qu'il était possible d'obtenir gratuitement ou à faible prix hors-marché. En dehors d'Alfred Marshall (1890), qui avait forgé et utilisé le terme pour expliquer la formation de districts industriels dans l'Angleterre de son temps, jamais on ne signalait leur rôle dans les processus d'organisation de l'espace. Je mis un certain temps à associer économies externes, configuration des réseaux d'information et compétitivité.

Les économies externes étaient liées au progrès, mais pas de la même manière que les économies d'échelles. Le fait d'être bien placé par rapport à l'ensemble des circuits économiques apportait à la fois des *avantages* à l'entreprise, et des *satisfactions* à ceux qu'elle employait. Pour un industriel, le fait d'avoir accès à des services commerciaux et techniques efficaces constituait un atout considérable. Une petite entreprise était incapable de créer en son sein tous les rouages dont elle avait besoin ; cela lui aurait coûté beaucoup plus cher que de s'adresser à un centre urbain déjà équipé. Toutes les firmes déjà installées dans celui-ci donnaient du travail aux bureaux qui s'y trouvaient situés : même si elles n'avaient aucun rapport direct entre elles, elles réalisaient ainsi des économies considérables. Pour les individus et les ménages, les conditions étaient analogues : ils trouvaient dans une ville importante plus d'occasions de se distraire, de s'instruire ou de s'approvisionner que dans un bourg ou à la campagne : là encore, les gens se rendaient service involontairement en permettant la mise en place de circuits de services trop coûteux pour être dispensés dans les mêmes conditions en tout point de l'espace.

Certains lieux bénéficiaient de savoir-faire rares, permettaient la mobilisation des connaissances émergentes et donnaient accès à des nouvelles dont la diffusion était limitée et inégale : les économies externes, qui naissaient ainsi, étaient obtenues gratuitement (on disait qu'elles étaient « dans l'air », car on les recueillait sans rien débourser) ou à coûts réduits (les demandes, en s'additionnant, faisaient vivre des spécialistes qui pour prospérer, n'avaient pas besoin de fixer trop haut leurs tarifs). Une conclusion s'imposait :

> « La théorie de la spécialisation et de l'organisation de la vie économique des ensembles territoriaux s'appuyait sur des données moins arbitraires que dans le passé. La réalité spatiale ne lui échappait pas, puisqu'elle reconnaissait que l'analyse devait s'appuyer sur la description des circuits économiques qui faisaient apparaître des unités à réaction originale et créaient des économies externes ; ils faisaient surgir des avantages d'agglomération, ou parfois aussi des désavantages. » (Claval, 1968a, p. 218.)

La théorie classique des échanges interterritoriaux ne parlait pas du rôle tenu par les économies d'échelles et les économies externes dans la dynamique territoriale parce qu'elle reposait sur une hypothèse non explicitée : celle de l'absence de progrès technique. Dès que l'on intégrait celui-ci, l'inégalité des dynamiques territoriales s'éclairait :

> « Les conditions de l'équilibre interterritorial et de la croissance se trouvaient totalement bouleversées lorsque le progrès technique accroissait la mobilité des biens et multipliait les économies externes et les économies d'échelles [...]. Les avantages de certaines zones s'accumulaient et cessaient de reposer sur la simple distribution de facteurs physiques. Le processus de concentration paraissait irréversible » (Claval, 1968a, p. 278).

Cette conclusion devait-elle conduire au pessimisme, à l'idée que l'inégalité de la croissance était inéluctable ? Je ne le pensais pas : la tendance à la concentration se trouvait « limitée par l'apparition de certaines déséconomies » et par le rôle nouveau des aménités (Claval, 1968a, p. 278-279).

La prise en compte de la dynamique économique conduisait à une conclusion générale :

> « Les forces qui divisaient le monde en secteurs développés et secteurs retardés n'étaient plus de l'ordre de la contingence physique, mais elles témoignaient du jeu de facteurs sociaux. L'économie n'était plus tant la science de la lutte contre la rareté que celle de la distribution de l'abondance » (Claval, 1968a, p. 811).

L'idée se trouvait déjà chez Montesquieu : « Les pays ne sont pas cultivés en fonction de leur fertilité, mais en raison de leur liberté » (*L'esprit des lois,* Livre XVIII, chap. III). J'avais placé cette citation en exergue de l'ouvrage.

LES RELATIONS INTERNATIONALES (1970)

La mise au clair des dimensions économiques des dynamiques territoriales n'avait pas été facile, tant le domaine était vaste et les connaissances qui le caractérisaient en voie de transformation incessante. J'avais exploré ces questions par des lectures. Des cours dispensés en 1962-1963, 1964-1965 et 1967 à la Faculté des Lettres de Besançon m'avaient permis de faire le point sur les approches géographiques. En 1964-1965 et 1966-1967, j'avais professé deux enseignements sur les relations économiques internationales dans le cadre de la Faculté libre de Droit et d'Économie de Besançon. Celle-ci dépendait de la Faculté de Droit et d'Économie de Dijon et permettait aux étudiants francs-comtois de préparer leur licence sans avoir à se déplacer. Cela me donna l'occasion de rencontrer Claude Ponsard qui pilotait l'opération depuis Dijon. Il me demanda de faire partie de jurys de maîtrises et de doctorats. Il y proposait souvent, en quelques minutes, des synthèses lumineuses de tel ou tel grand thème de l'économie : l'autodidacte que j'étais en tirait grand profit !

Claude Ponsard me demanda au printemps 1969 de rédiger la partie sur *Les relations internationales* du manuel d'économie destiné aux classes terminales dont il assurait la direction. L'ouvrage, rédigé en septembre-octobre 1969 – pour l'essentiel, en 10 jours –, parut en 1970. J'y dégageais mieux que je n'étais parvenu à le faire dans *Régions, nations et grands espaces,* les idées forces que la fréquentation de l'économie m'avait apportées.

La conception économique de l'environnement géographique était précisée par l'analyse des facteurs de production, la terre, la main-d'œuvre, les capitaux :

> « Entre nations [...], il y a une *relative immobilité des facteurs de production,* qui était sans doute plus marquée au moment où la théorie [de l'échange international] a été imaginée, mais qui a subsisté jusqu'à nos jours. Des obstacles sociologiques freinent les migrations de personnes, lorsqu'elles ne sont pas bridées par des règles institutionnelles. Les déplacements de capitaux [...] sont limités par les possibilités des marchés de change » (Claval, 1970a, p. 71).

La théorie de l'échange international avait été élaborée au début du XIXe siècle pour rendre compte des effets du commerce sur la rémunération des facteurs de production. Les économistes n'avaient pas encore vraiment conscience de la révolution industrielle en cours. Leurs conclusions ne valaient que pour les situations où les relations internationales se développaient avant que le progrès technique ne joue un rôle important :

> « Ainsi, *l'échange international entraînait des mouvements des prix des facteurs de production* qui tendaient à niveler les inégalités provoquées par les accidents géographiques de leur répartition. On

pouvait démontrer qu'à très long terme, le marché international [...] aboutirait à une égalisation parfaite du taux de rémunération des facteurs de production » (Claval, 1970a, p. 75).

Le progrès technique modifiait les conditions de l'échange. Il créait des économies d'échelles, dont les effets étaient considérables :

« L'augmentation des dimensions optimales des unités de fabrication [...] suffisait à créer les bases d'une division du travail qui ne devait plus rien aux dotations initiales, mais résultait de *choix* qui avaient fixé les grandes unités ici plutôt qu'ailleurs » (Claval, 1970a, p. 77).

Le rôle fondamental des économies d'échelles sur l'échange international et l'organisation spatiale était ainsi souligné dix ans avant que les économistes n'en fassent, avec Paul Krugman (1980 ; 1996), une des pièces essentielles de la nouvelle économie spatiale.

L'organisation de l'espace, et l'architecture des circuits économiques sur laquelle elle reposait, faisaient naître des économies externes, dont le rôle était tout aussi décisif que celui des économies d'échelles :

« Une économie territoriale n'était pas seulement un espace défini : c'était un espace *organisé* et constitué par un grand nombre de circuits partiels de biens, de services, d'informations, de paiements, qui s'articulaient en un ensemble dont les réactions étaient originales [...].
« Les économies externes naissaient de la structure des circuits économiques, de leur imbrication, de leurs rapports » (Claval, 1970a, p. 79).

Le rôle des économies externes était fondamental pour comprendre les formes que revêtait l'organisation de l'espace dans le monde moderne : elles étaient responsables de la tendance à l'agglomération des activités dans des districts industriels et de la transformation contemporaine des structures régionales.

Le progrès technique conduisait ainsi à l'accumulation des activités et à la multiplication des circulations au sein d'aires qui se caractérisaient désormais par leur complexité :

« Les économies externes naissaient là où se raccordaient des éléments de circuits. Leur importance dépendait donc de la *complexité des circulations.* Celle-ci avait évolué avec le temps : elle était faible dans les sociétés préindustrielles. Elle s'affirmait de plus en plus de nos jours » (Claval, 1970a, p. 80).

Les avantages qu'apportait la concentration, en termes d'économies d'échelles, d'économies externes et de complexité étaient tels que certains producteurs se trouvaient exclus du monde économique :

« Au fur et à mesure que les progrès se multipliaient, le nombre de produits ou de services dont la fabrication ou la prestation demandait ainsi des connaissances difficiles augmentait. Des travailleurs non

> qualifiés étaient incapables de les fournir : les avantages qui découlaient de la modernisation des procédés de fabrication étaient si grands qu'il n'était plus possible aux produits artisanaux de lutter avec eux » (Claval, 1970a, p. 84).

Exclusion des producteurs, mais exclusion des ensembles territoriaux aussi :

> « Les avantages qui naissaient de l'intégration et de la complexité des systèmes économiques territoriaux étaient donc tels qu'ils pouvaient faire disparaître le commerce international. [...] L'échange n'était actif qu'*entre nations développées,* susceptibles de fournir une gamme de production très riche, et pour laquelle les économies d'échelles favorisaient l'ouverture de l'espace » (Claval, 1970a, p. 85).

La dynamique des relations interterritoriales et internationales pouvait ainsi exclure de la circulation des richesses non seulement des personnes mais des aires. Ces résultats devançaient ceux des travaux de Saskia Sassen (2014). Je restais cependant optimiste :

> « Devait-on se montrer pessimiste quant à l'évolution future du commerce mondial ? La tendance à la contraction dans l'espace devait-elle se poursuivre ? À notre sens, non : les mutations sociales en cours dans le Tiers Monde réalisaient les conditions nécessaires à l'épanouissement d'économies complexes » (Claval, 1970a, p. 85).

Un résumé de ce que l'économie moderne apportait à la compréhension des distributions spatiales était ainsi proposé en quelques pages. Inséré dans un manuel d'enseignement secondaire, il resta largement ignoré – sauf de quelques professeurs d'économie des lycées, qui l'avaient trouvé stimulant.

UNE RÉFLEXION D'ENSEMBLE SUR LA NOUVELLE GÉOGRAPHIE ÉCONOMIQUE

Le temps était venu de dégager les leçons du long travail mené depuis 1957 : il était dorénavant possible de penser la géographie économique dans une perspective renouvelée.

Pour mener à bien cette tâche, je partais (i) de ce que m'avait apporté la rédaction de *La géographie générale des marchés,* de *Régions, nations et grands espaces* et des *Relations internationales*, (ii) de ce que m'apprenaient depuis 1966 la préparation annuelle d'une « Chronique de géographie économique » et (iii) de la partie consacrée à l'économie dans les *Principes de géographie sociale.*

Prendre en compte les spécificités de la pensée économique

Pour préciser la spécificité des approches économiques dans les *Principes de géographie sociale*, je m'inspirai des lectures que j'avais menées depuis la fin des années 1950 (celle de *The History of Economic Analysis* de

Schumpeter, 1954, en particulier), des informations amassées à l'occasion des « Chroniques de géographie économique » et des mises au point de Claude Ponsard.

Au départ, « les géographes de l'économie [...] avaient [surtout] le souci de suivre le déroulement du cycle qui permettait de tirer de la nature les richesses partagées par les hommes » (Claval, 1973a, p. 274). Les travaux d'anthropologie économique offraient des perspectives nouvelles sur cette façon de concevoir l'économie : j'avais lu avec intérêt les ouvrages de Paul Bohannan et de George Dalton (Bohannan et Dalton, 1962 ; Dalton, 1967). Grâce à eux, j'avais découvert les publications de Marcel Mauss (1923-1924) sur le don et celles de Polanyi sur la distinction entre les économies de marché, de don et de redistribution (1944), et sur le rôle des marchés dans les premiers empires (1957). J'en avais tiré une de mes chroniques de géographie économique (Claval, 1971/2005c). Dans les sociétés traditionnelles, l'économie ne se présentait pas de manière autonome : la production et l'échange reposaient sur des motivations qui étaient sociales ou culturelles dans leur dimension essentielle et n'étaient qu'accessoirement économiques.

D'autres outils étaient requis pour comprendre les économies contemporaines : les géographes de l'économie avaient « peu à peu appris à dépasser l'analyse des contingences et des limitations naturelles et [avaient] fait de l'étude des raretés leur objet fondamental » (Claval, 1973a, p. 274). Dans les économies modernes, la circulation des richesses se structurait autour du marché : celui-ci assurait le contact entre l'offre et la demande et conduisait à la formation des prix. L'économie s'affranchissait ainsi des autres relations sociales : elle n'était plus insérée dans un système familial, féodal ou dans un régime de castes qui la conditionnait. Elle était autonome. L'étudier, c'était se pencher sur les choix qu'effectuaient les sujets économiques ; l'accent n'était plus mis sur les efforts que les hommes déployaient pour tirer de la nature de quoi satisfaire leurs besoins ; les producteurs cherchaient à maximiser leurs gains et les consommateurs leur utilité (c'est-à-dire les jouissances qu'ils attendaient de la vie). Au fur et à mesure qu'une société concevait davantage l'activité économique comme une lutte contre la finitude et qu'elle apprenait à comparer toutes les raretés, l'analyse économique y trouvait un champ plus adéquat.

> « L'économie apparaissait alors, dans la famille des théories sociales [...], comme un état limite, celui qui devrait se trouver réalisé si les objectifs poursuivis par les acteurs étaient tous parfaitement clairs et si ceux-ci mettaient toujours toute leur énergie à la poursuite des fins ainsi fixées. » (Claval, 1973a, p. 275).

Comprendre cet état-limite me parût avoir d'autant plus de sens que l'économie modelait une part considérable des réalités humaines.

Je décidai donc de réfléchir à la manière de penser une géographie économique « pure ».

Les antécédents de langue anglaise

Pour me guider, je disposais, d'un certain nombre d'ouvrages de géographie économique de langue anglaise écrits dans l'optique de la Nouvelle Géographie des années 1960. Le premier publié avait été celui de McCarty et Lindberg (1966). Avaient suivi ceux de Richard Morrill (1970), Ron Abler *et al.* (1971) et de Michael Eliot Hurst (1972). Celui de Peter Haggett (1972) traitait de l'ensemble de la géographie humaine.

Ces travaux exposaient l'essentiel des résultats obtenus par l'économie spatiale. Ils mettaient l'accent sur l'organisation des espaces agricoles dans le sillage de von Thünen, et sur les localisations industrielles en partant d'Alfred Weber. Walter Christaller inspirait les développements sur les lieux centraux : la théorie qu'il en avait tirée rendait compte de la hiérarchie des villes. C'est à partir de là qu'étaient analysés les problèmes d'organisation de l'espace. Les fondements économiques du raisonnement n'étaient que brièvement passés en revue. Les apports de la macroéconomie n'étaient pas abordés. Seul l'ouvrage d'Abler, Adams et Gould traitait explicitement du rôle de l'information dans la structuration de l'espace :

> « La production, la collecte, le traitement et la diffusion de l'information sont les activités qui permettent aux sociétés modernes d'opérer. La ville est une machine à maximiser les transactions, et les flux de messages constituent les transactions qui donnent à la cité sa cohérence. [...] Les activités d'information, que Jean Gottmann a qualifiées de quaternaires, sont au fondement de la société urbaine moderne » (Abler, Adams et Gould, 1971, p. 199-200).

Les mêmes auteurs précisaient alors comment le poids croissant des composantes immatérielles de l'activité économique modifiait fondamentalement les rapports des villes à l'espace :

> « Dans les nations urbanisées tournées vers le commerce, l'industrie et les services, toutes les unités économiques, qu'il s'agisse de ménages, de firmes ou des services de décision et de contrôle des gouvernements, sont liées ensemble par (1) une interdépendance mutuelle des rôles de producteur et de consommateur ; (2) un déclin rapide de la proportion d'activités économiques de tout type qui utilisent des composants matériels localisés qu'on ne peut pas trouver dans une métropole. En d'autres termes, tous les éléments dans une métropole sont interdépendants entre eux ou avec d'autres métropoles, et sont de plus en plus indépendants des régions rurales [...]. Les industries sur lesquelles repose aujourd'hui la croissance urbaine, qu'il s'agisse de finance, de télécommunications, de la collecte des informations et de leur utilisation dans les processus de décision des gouvernements, de

l'assurance, de l'immobilier, etc., n'utilisent pas beaucoup de ressources matérielles. Des cerveaux humains entraînés et leur aptitude à penser et à communiquer constituent les ressources importantes d'aujourd'hui, de la même manière que le charbon, le pétrole, le minerai de fer, le bois et les sols fertiles étaient les éléments-clefs de la croissance dans le passé » (Abler, Adams et Gould, 1971, p. 303-304).

Plus que d'une conception et d'un plan d'ensemble qui ne me paraissaient pas très innovants, c'était de passages comme ceux-ci que je pouvais m'inspirer. Ils confortaient ce que j'avais écrit dans *La géographie générale des marchés* et *Régions, nations et grands espaces.*

PENSER LA GÉOGRAPHIE ÉCONOMIQUE : LES *ELÉMENTS DE GÉOGRAPHIE ÉCONOMIQUE* (1976a)

La rédaction des *Éléments de géographie humaine* et les articles que Larousse m'avait demandés pour sa *Grande encyclopédie* retardèrent la préparation des *Éléments de géographie économique.* Le cours public de géographie économique que je donnais à Paris-IV depuis 1973 m'offrait heureusement l'occasion de clarifier mes idées. Dans le courant de l'année 1975, je rédigeai l'ouvrage sur la géographie économique que j'avais peu à peu élaboré. Il parut en 1976. C'était un manuel, que j'avais voulu aussi simple et schématique que possible : j'avais mis en exergue une réflexion de Paul Valéry : « Tout ce qui est simple est faux. Tout ce qui ne l'est pas est inutilisable ».

Partir du circuit économique

Au lieu de partir de la nature, de son avarice et des ressources naturelles, l'ouvrage s'ouvrait par l'analyse du circuit économique. Celui-ci embrassait à la fois la production, la distribution et la consommation des biens rares, et les acteurs économiques, individus ou organisations qui prenaient des décisions en ce domaine. Leurs choix étaient supposés rationnels, c'est-à-dire dictés par le souci de maximiser les profits (pour les producteurs et les distributeurs) ou l'utilité, c'est-à-dire les jouissances à attendre de l'existence (pour les consommateurs).

Les acteurs se répartissaient entre le pôle de la production et celui de la consommation. Le circuit qui les liait mettait en mouvement des biens, des informations et des paiements. Dans les économies libérales, les biens cheminaient de la production à la consommation, les paiements en sens inverse et les informations dans les deux sens. Tous ces flux transitaient par des marchés, qui assuraient l'ajustement de l'offre et de la demande. Dans les économies centralisées de type soviétique, les flux d'information étaient dissociés des flux matériels et des flux monétaires. Les biens et les paiements étaient distribués par un organisme spécialisé, cependant que les informations convergeaient vers le système de planification qui assumait toutes les décisions et pilotait l'ensemble.

Les schémas que Jean-Marie Albertini (1960) avait proposés de l'économie nationale m'avaient inspiré. Leur présentation mettait à la fois en évidence le rôle des mécanismes microéconomiques (en soulignant le rôle du marché) et celui des mécanismes macroéconomiques (en rappelant l'identité en valeur des flux de biens et des flux monétaires). Elle révélait en quoi les économies libérales et les économies centralisées différaient (le marché s'opposait au plan, des informations circulant en réseau dans un cas, convergeant vers un centre unique dans l'autre). Elle mettait l'accent sur l'obstacle de la distance, qui pesait à la fois sur le transport des biens et sur l'acheminement des informations. L'analyse de la communication qu'avaient proposée Westly et MacLean (1957) faisait comprendre combien il était difficile d'assurer la transparence des transactions. Les frais de transport d'une part, et ceux d'acheminement des informations de l'autre, entrainaient l'existence de portées-limites.

Les principes de toute l'analyse spatiale de l'économie étaient ainsi posés en une quinzaine de pages. Un seul aspect manquait : le rôle des ressources naturelles, rejeté à la fin de l'ouvrage. Ce choix me paraissait justifié, puisque l'accent était mis sur les décisions prises par les acteurs et sur la manière dont elles étaient affectées par l'éloignement ; il apparaissait aussi comme une provocation, ce qui ne me déplaisait pas.

De la consommation à la production en passant par les marchés

Remonter le circuit économique de la consommation à la production, c'était mettre l'accent sur le rôle moteur de la demande, sur la poursuite de l'utilité qui guidait les décisions des consommateurs, sur la diversité de leurs préférences et sur l'ordre dans lesquels ils satisfaisaient généralement leurs aspirations lorsque leurs revenus augmentaient (lois d'Engel) ; c'était rappeler que les acteurs économiques ne pouvaient à la fois maximiser leurs revenus et les jouissances qu'ils attendaient de la vie, mais devaient arbitrer entre les deux ; c'était souligner que la demande portait à la fois sur des biens, sur des services et sur la consommation directe de lieux appréciés pour leur accessibilité ou leur aménité.

Les producteurs se montraient soucieux de maximiser leurs revenus. Pour y parvenir, des services spécialisés assuraient la direction, la recherche, le développement, les relations commerciales et les relations financières des entreprises importantes. Le niveau de production visé était celui où les profits étaient maximaux : celui où la recette résultant de la dernière unité vendue était égale au coût de production de cette même unité – la courbe de recette marginale passant alors au-dessous de celle de coût marginal.

L'exposé des résultats classiques de la théorie de la localisation était dès lors facile : anneaux de von Thünen pour les activités agricoles, points de maximisation des profits pour les fabrications industrielles, réseaux de lieux centraux pour les services. Les distributions observées dépendaient évidemment des coûts de transport des biens et d'acheminement des informations.

La répartition de la main-d'œuvre entre les secteurs primaire, secondaire et tertiaire reflétait à la fois l'élasticité de la demande en fonction des niveaux de revenus (la demande de services était d'autant plus forte que l'aisance de la population augmentait) et l'évolution de la productivité du travail (plus rapide dans l'agriculture et dans l'industrie que dans les services) : l'effet conjugué de ces deux facteurs conduisait à l'accumulation des emplois dans le tertiaire. Les résultats des travaux de Colin Clark (1940) et de Jean Fourastié (1947) étaient ainsi intégrés.

Dynamiques macroéconomiques et organisation de l'espace

Certaines décisions avaient des effets d'ensemble sur les économies territoriales. Celles qui portaient sur la tarification des transports et des communications donnaient une expression économique à la friction de la distance et pouvaient rapprocher ou éloigner les lieux. Celles qui concernaient les coûts des facteurs de production (à travers les impôts) et l'accès au crédit avaient des répercussions territoriales en favorisant la transparence, en modifiant les conditions du crédit et en multipliant les transferts qui modelaient la distribution spatiale des revenus et de la consommation.

Les décisions et les mécanismes macroéconomiques faisaient comprendre la croissance : rôle de l'ensemble de l'investissement dans l'augmentation de la production ; rôle de l'investissement autonome dans l'élévation des revenus en économie fermée, cependant qu'en économie ouverte, une poussée autonome des exportations aboutissait au même résultat.

La prise en compte du progrès technique expliquait dès lors les formes prises par l'organisation territoriale, à laquelle étaient consacrés deux chapitres, et où se retrouvaient les conclusions exposées dans *Régions, nations, grands espaces* et *Les relations internationales* : « Lorsque les externalités se joignaient aux économies externes la croissance prenait une allure de plus en plus cumulative. […] La concentration de la population et des moyens sur un petit nombre d'aires allait sans cesse en s'accentuant » (Claval, 1976a, p. 212).

La complexification des circuits pouvait contrebalancer au moins un temps l'effet des économies d'échelles. Dans une société où le progrès technique était rapide, où les économies d'échelles se multipliaient et où les équipements collectifs de transport, de communication et d'urbanisme créaient des avantages croissants, l'ouverture de l'espace n'était pas la seule voie vers le progrès : en favorisant la complexité des circuits économiques, une politique de protection douanière pouvait être plus efficace. Les différentes nations du monde occidental s'en étaient aperçues à la fin du XIXe siècle. Elles avaient renoncé les unes après les autres au libre-échange qui leur avait réussi un peu plus tôt. Elles avaient ainsi découvert les secrets de la croissance continue entretenue.

Mais la complexité ne contrebalance pas toujours les inconvénients de marchés trop étroits. Lorsque les économies externes se multiplient, il devient indispensable de rompre avec le rationalisme étriqué du XIXe siècle : on voit alors se multiplier les zones de libre-échange, les unions douanières ou les marchés communs.

À la suite de Leonid Kantorovitch (1963), beaucoup d'économistes professaient que le marché et le plan conduisaient à des résultats voisins : ils raisonnaient comme si le circuit économique ne se déployait pas dans l'espace, et comme si l'information à la disposition des agents économiques était parfaite et gratuite. La prise en compte des effets d'éloignement aboutissait à une autre conclusion : le marché assurait généralement une meilleure transparence parce que les informations n'y faisaient pas de détours inutiles et parce que les acteurs avaient un intérêt évident à vérifier les données dont ils disposaient. On comprenait alors pourquoi les économies planifiées s'étaient montrées dynamiques dans leur phase de démarrage, mais rencontraient de plus en plus de difficultés lorsque leur production devenait plus complexe : la mauvaise qualité de l'information limitait alors les performances du système.

Une partie historique évoquait alors l'évolution de l'organisation territoriale à toutes les échelles, et les dynamiques inégalitaires qui s'y étaient développées depuis les Grandes Découvertes, mais plus particulièrement, depuis que la révolution industrielle avait multiplié économies d'échelles et économies externes. L'évolution s'était récemment accélérée :

> « Alors que depuis vingt-cinq ans, la population du monde pauvre croissait plus vite que celle du monde développé, la part de celui-ci dans le commerce mondial s'était réduite de 30 à 20 %. Comme l'indiquait la théorie du commerce extérieur en situation de progrès technique, les pays qui n'avaient pas réussi à s'assurer dès le départ des avantages décisifs en matière d'externalités et de complexité étaient rejetés de l'échange international. » (Claval, 1976a, p. 304)

Une telle situation n'était que transitoire : la multiplication des nuisances et des pollutions dans le monde industriel devait stimuler la croissance des pays en voie de développement, cependant que le pouvoir d'épargner et d'investir passait aux détenteurs de pétrole. Cela marquait peut-être la fin de l'économisme.

L'économisme était entendu au sens de système dans lequel l'action n'était guidée que par le souci des producteurs de maximiser leurs revenus et par celui des consommateurs de maximiser leur utilité (les jouissances qu'ils attendaient de l'existence). Ce que la hausse du prix du pétrole signifiait, c'était que les capacités de la terre étaient limitées, ce qui introduisait d'autres préoccupations.

Il était temps de revenir à l'étendue conçue comme support et facteur de production, et non plus simplement comme obstacle aux échanges. L'idée que les ressources mobilisables sur la terre étaient limitées et que le progrès mettait en danger les équilibres écologiques s'était progressivement imposée dans le courant des années 1950 et 1960. La population croissait ; la pression sur les terres s'accentuait d'autant plus que les niveaux de consommation augmentaient parallèlement ; la demande d'énergie et de matières premières se développait à un rythme exponentiel. Cela avait deux conséquences également dramatiques : (i) les ressources, celles représentées par les combustibles fossiles en particulier, étaient menacées d'épuisement alors que leur rôle était essentiel dans toute la dynamique de la croissance (Meadows, 1973) ; (ii) aussi bien à l'échelle locale qu'à l'échelle régionale ou à l'échelle globale, les écosystèmes étaient l'objet d'atteintes toujours plus graves et cessaient d'être résilients, ce qui menaçait, à terme, l'habitabilité de la planète.

L'économisme pur aboutissait ainsi à une impasse. Pour en sortir, il fallait revoir les principes sur lesquels reposait la vie économique : c'est ce que la Commission Brundlandt exprima quelques années plus tard, en 1989, en soulignant que le développement devait être durable.

La géographie économique telle que je l'avais conçue remplissait ainsi son rôle : elle définissait « les configurations limites vers lesquelles tendrait l'humanité si les comportements spatiaux étaient aussi rationnels que les choix économiques » et montrait pourquoi, à partir d'un certain niveau, cette évolution devenait irréalisable et dangereuse.

Après 1976, je ne consacrai plus autant de temps et d'énergie à explorer les dimensions économiques de la géographie. Je me contentai (i) de préciser certains aspects de la théorie spatiale restés jusque-là dans l'ombre, (ii) de suivre l'impact des révolutions technologiques en cours sur les équilibres spatiaux et (iii) de comprendre le cheminement de la réflexion économique confrontée au problème des limites de la planète. Nous retrouverons ces développements plus tard.

En pensant la géographie économique, j'avais mis l'accent sur le rôle de la rationalité économique dans la maximisation des revenus et des satisfactions tirées de la consommation. D'autres approches pouvaient être choisies, mais elles n'étaient pas strictement économiques, si bien que c'est dans un autre cadre qu'elles devaient être abordées – celui plus général de la géographie humaine.

UNE PISTE SUIVIE PUIS ABANDONNÉE : LES MÉTHODES QUANTITATIVES

Dans la forme qu'elle prenait aux États-Unis aux alentours de 1960, la Nouvelle Géographie était à la fois théorique (grâce aux emprunts qu'elle faisait à l'économie spatiale) et quantitative (par la place qu'elle accordait aux procédures statistiques) – les deux éléments étant logiquement liés : la théorie proposait des explications, que les méthodes quantitatives permettaient de valider. Je me tins au courant du développement de ces nouvelles orientations mais considérai qu'il était plus urgent d'approfondir la théorie spatiale.

Les outils que proposaient les mathématiques et la statistique évoluaient rapidement. À la statistique descriptive, aux coefficients de corrélation, aux modèles de gravitation, s'étaient très vite ajoutées d'autres démarches : simulation à partir de la méthode de Monte Carlo (Hägerstrand, 1968/1953), analyse factorielle, théorie des sous-ensembles flous, etc. Mes souvenirs de la classe de Math-Sup m'aidaient à comprendre certains de ces développements, mais d'autres m'échappaient, l'analyse factorielle en particulier, que les statisticiens français fréquentaient peu avant Jean-Pierre Benzecri (1976).

Pour mettre en œuvre ces méthodes, il fallait disposer de moyens de calculs puissants. Les ordinateurs étaient encore des équipements lourds. À Besançon, seuls les laboratoires de la Faculté des Sciences en étaient équipés. Je passai une partie de mai 1968 à négocier avec un collègue mathématicien l'accès à ces moyens de calcul.

À partir de 1964, je donnai certaines années un enseignement (élémentaire) de statistiques à l'usage des géographes. J'hésitais à me lancer plus complètement dans cette voie. Les conditions devinrent plus faciles à partir de 1968 : un mathématicien nouvellement nommé à la Faculté des Sciences, Philippe Massonie était prêt à nous aider. Mon collègue Jean-Claude Wieber en profita. Pour me joindre à lui, il m'aurait fallu disposer de plus de temps.

J'en savais assez pour mesurer les avantages des méthodes quantitatives ; je constatais aussi que la plupart amélioraient les procédures que nous pratiquions bien plutôt qu'elles ne les révolutionnaient. À Paris, je continuai à suivre ce qui se publiait sur les méthodes quantitatives jusqu'au milieu des années 1970, puis y renonçai.

2. *PENSER LA GÉOGRAPHIE HUMAINE*

L'*Essai sur l'évolution de la géographie humaine* s'ouvrait ainsi : « Il existe un malaise de la géographie ». J'aurais dû préciser : « plus particulièrement de la géographie humaine ». Nombre de géographes de ma génération partageaient ce sentiment. Il convenait donc de refonder la discipline. Pour aborder le travail, le détour par la géographie économique m'avait permis de m'appuyer sur la plus dynamique des sciences sociales d'alors. Pour m'attaquer directement au problème, mieux connaître la géographie humaine était indispensable. Dans ce domaine, on ne disposait en français que du volumineux travail de Max. Sorre (1942-1953) et des ouvrages anciens de Paul Vidal de la Blache (1921), de Lucien Febvre (1922), de Camille Vallaux (1926) et d'un recueil posthume d'articles d'Albert Demangeon (1943). Les ressources en langue anglaise étaient elles aussi limitées, mais Richard Hartshorne (1939) offrait une perspective à la fois historique et épistémologique sur la discipline. Walter Freeman (1961) soulignait la part jouée par l'évolutionnisme dans la naissance de la géographie humaine.

Quelle approche choisir ? Analyser l'histoire de la géographie ou me pencher sur ses fondements épistémologiques ? J'optai pour l'histoire de la discipline.

LE DÉTOUR PAR L'HISTOIRE DE LA GÉOGRAPHIE (1958-1964)

Je m'interrogeai sur ce qu'était la géographie humaine. Des lectures que je multipliai sur ce thème, et d'où naquit l'*Essai sur l'évolution de la géographie humaine* (1964), je tirai quelques idées simples. (i) La géographie humaine s'était formée sous l'impact de l'évolutionnisme et cherchait à mesurer l'influence de l'environnement sur la genèse et le destin de l'humanité. (ii) Une première forme de la discipline, que je qualifiai de classique, était née de ce questionnement. Elle mettait au premier plan l'étude des relations de l'homme et de l'environnement et prenait souvent une forme régionale. (iii) Cette géographie était incapable de rendre compte des progrès de l'industrialisation et de l'urbanisation. Une analyse critique des fondements de la géographie classique – de la notion de genre de vie en particulier – avait commencé. (iv) Un nouveau courant s'inspirait de l'économie spatiale ; il visait à rendre la géographie applicable.

Les ouvrages lus pour préparer cet *Essai* m'aidèrent à préciser des points essentiels. Pour Christian van Paasen (1957), la géographie humaine s'attachait à deux problèmes : celui des liens « *verticaux* » que les hommes tissaient avec leur milieu et celui des relations « *horizontales* » qu'ils développaient entre eux. Un peu plus tard, je découvris qu'Edward Ullman (1954) avait un point de vue similaire sur la discipline : pour lui, la géographie classique mettait à la fois l'accent sur les rapports hommes/ milieu et sur ceux que les individus nouaient entre eux – sur la circulation. La discipline avait malheureusement négligé le second aspect. Il convenait de s'y consacrer. La Nouvelle Géographie apparaissait ainsi comme l'accomplissement des promesses non tenues de la géographie classique.

Les deux thèmes des relations hommes/milieux et de la circulation étaient présents chez Ratzel et chez Vidal. Je compris – mais plus tard (Claval, 1981a) – que cela tenait à l'influence que Carl Ritter avait exercée sur eux. C'est également plus tard que je découvris que Jean Gottmann avait, entre 1947 et 1961, jeté les bases du renouveau de la géographie humaine en repensant ses deux pivots (Muscara, 2005 ; 2006) ; il analysait les rapports hommes/milieu en termes de représentations (d'iconographie) et non plus d'écologie (Gottmann, 1947 ; 1952) ; dans *Megalopolis,* il expliquait le chapelet des grands ports égrenés le long de la côte Nord-Est des États-Unis par leur rôle de charnière des transports et des communications entre l'espace nord-américain et le reste du monde : l'accent était mis sur les problèmes d'information (Gottmann, 1961).

Le *Geographical Journal* me demanda en 1967 d'écrire un texte sur « Qu'est-ce que la géographie ? ». Je partis de la définition de Hartshorne (1939 : une science de la différenciation régionale de l'écorce terrestre), de celle de Cholley (1951 : une science des combinaisons), et soulignai l'intérêt d'une définition minimale (la science de tout ce qui est cartographiable). J'ajoutai que pour comprendre notre discipline, une double perspective s'imposait, celle qui délimitait le domaine déjà acquis et celle qui traduisait le projet du chercheur :

> « Faire de la géographie une science de l'espace, c'est la définir dans son projet, dans le mouvement qui la porte à saisir sans cesse de nouveaux rapports. La définir comme la science de la surface terrestre, c'est décrire son contenu. Les deux formules ne s'opposent que d'un point de vue superficiel. Lorsqu'on médite un peu, on voit combien elles se complètent et sont nécessaires l'une et l'autre » (Claval, 1967a, p. 39).

C'est ainsi que je voyais les rapports des deux conceptions de la discipline que j'avais mises en évidence dans l'*Essai sur l'évolution de la géographie humaine.*

DE LA MODERNISATION DE LA GÉOGRAPHIE ÉCONOMIQUE À CELLE DE LA GÉOGRAPHIE HUMAINE (1965-1970)

J'étais alors plongé dans une étude économique de la Franche-Comté : je cherchais à y mettre en œuvre les concepts de la nouvelle géographie économique. Cela marchait dans certains cas, mais se révélait insuffisant pour nombre des distributions. Au XIXe siècle, la localisation des activités sidérurgiques répondait au schéma d'Alfred Weber, mais les industries mécaniques, qui leur avaient succédé, étaient soumises à une logique de diffusion de l'innovation – problème social tout autant qu'économique. Pour moderniser la géographie humaine, il ne suffisait pas de rebâtir son versant économique ; il fallait la repenser en totalité. C'est ce que j'exprimai dans « Géographie et profondeur sociale », rédigé en juillet 1966 et publié par les *Annales E. S. C.* en 1967.

À la recherche de fondements théoriques

Pour mener à bien cette nouvelle aventure, il me fallait de nouvelles bases théoriques. Je me tournai vers la sociologie et l'ethnologie. La sociologie durkheimienne et les travaux de Gurvitch ne m'apportèrent pas grand-chose (hormis les réflexions de Durkheim et Mauss sur la morphologie sociale). Talcott Parsons et Robert K. Merton me parurent plus innovants, le second en particulier. Mais je fus surtout séduit par l'anthropologie/ethnologie : Elkin (1967/1938) sur les aborigènes australiens, Evans-Pritchard sur les Nuer (1968/1938), Malinowski (1963/1924) sur les Argonautes du Pacifique occidental. Je pris peu à peu connaissance de l'arrière-plan théorique de ces recherches.

Un livre me marqua plus particulièrement : *De l'homme* de Ralph Linton (1968/1936). Pour expliquer le fonctionnement des sociétés d'ethnologues, il partait de l'idée de modèle de comportements réciproques et de l'analyse des rôles et des statuts :

> « Le fonctionnement de la société dépend de la présence de modèles de comportements réciproques entre les individus ou les groupes d'individus. Dans les modèles de comportements réciproques, les pôles opposés sont appelés *statuts* » (Linton, 1968, p. 137).

Linton continuait :

> « Un *rôle* représente l'aspect dynamique du statut. L'individu est socialement assigné à un statut, lui-même lié à d'autres statuts. Quand il met en œuvre les droits et les devoirs qui constituent le statut, il remplit un *rôle* [...]. Chaque individu possède une série de rôles découlant des modèles [de comportements réciproques] différents desquels il dépend » (Linton, 1968, p. 138).

Il concluait :

> « Le système social sert de guide pour façonner les individus et les disposer à entretenir certaines relations entre eux ; la combinaison de ces deux éléments permet aux individus adaptés les uns aux autres de coopérer entre eux » (Linton, 1968, p. 129-130).

Linton proposait ainsi un modèle de l'homme social et un modèle de la société. La formation mettait en place une mécanique qui liait l'activité humaine (les rôles joués par chacun) à un système de reconnaissance et d'incitations (les statuts).

Cette conception insistait sur la complémentarité des actions menées par les individus, mais n'ignorait pas les conflits qui pouvaient surgir entre eux. La première perspective éclairait le fonctionnement de la société à un instant donné, la seconde soulignait les tensions qui la conduisaient à évoluer. Je m'inspirai de ce modèle pour repenser la géographie humaine.

L'espace comme étendue et l'espace comme distance

Comment mettre en évidence la place qui revenait à l'espace dans la vie sociale ? En insistant sur les rapports que les hommes entretenaient avec les milieux qui les faisaient vivre et dans lesquels ils résidaient, la géographie humaine classique soulignait les fonctions de l'*étendue* : 1- facteur de production, l'espace rentrait dans les combinaisons productives que les individus et les groupes mettaient en œuvre pour assurer leur alimentation et se doter d'un univers instrumental ; 2- l'espace servait de support aux activités de transformation ; 3- il fournissait aux individus et aux groupes des environnements où jouer, se distraire, se reposer, vivre seul ou en famille ; 4- à travers les paysages, il contribuait à la construction du sens que les hommes donnaient à leur vie sur terre. Je soulignais ailleurs ce dernier rôle : « l'espace social ne doit pas être analysé seulement comme un réseau de relations, un support d'activités : il est porteur de messages » (Claval, 1970b, p. 118-119)

La Nouvelle Géographie se distinguait de la géographie classique par l'attention qu'elle accordait à la *circulation*. L'espace était pour elle obstacle au transport et à la communication, *distance* donc, avec ses aspects positifs (s'isoler pour raison de sécurité ou pour affirmer son originalité) et ses aspects négatifs (les coûts de transport et de communication). La géographie humaine devait les prendre en compte.

Les leçons de la théorie de la communication et de la théorie des lieux centraux

Depuis le début des années 1950, j'éprouvais une grande curiosité pour les mécanismes de rétroaction et avais souligné leur rôle dans le fonctionnement des marchés (1963). Dès qu'ils étaient étendus, ceux-ci devenaient imparfaits parce que nombre d'acteurs n'y disposaient pas des informations indispensables à la prise de décisions rationnelles.

La théorie de la communication était alors en plein essor. Je découvris en 1972 les travaux de Westly et M. McLean (1957) : les coûts de transfert des informations se décomposaient (i) en charges de codage et coûts d'émission au départ, (ii) pertes en ligne et (iii) coûts de réception et de décodage à l'arrivée. La part des coûts de départ et d'arrivée et celle des coûts d'acheminement variaient considérablement d'un mode de transmission à l'autre : la communication directe, par la parole et par le geste, minimisait les coûts de départ et d'arrivée (le contenu des messages était préservé), mais n'avait qu'une très faible portée. La communication écrite n'acheminait pas avec une même efficacité toutes les informations ; elle était assez lente, mais la distance ne l'altérait guère. Les médias électroniques modernes étaient peu filtrants, rapides et de très longue portée. Ces observations éclairaient les différences qui existaient entre les cultures de l'oralité, celles de l'écrit et celles des médias modernes.

La géographie économique mettait en évidence les avantages de la centralité et son rôle dans la naissance des centres urbains et dans la hiérarchisation de leurs réseaux. La ville ne constituait-elle pas une organisation de l'espace destinée à maximiser les relations sociales (Claval, 1968b) ?

La Nouvelle Géographie économique soulignait le rôle de la portée-limite des biens et des services dans la structuration de l'espace économique. Pourquoi ne pas appliquer la même idée aux aspects sociaux, politiques ou culturels de la vie des collectivités humaines ? Des chercheurs américains comme Edward Soja s'y étaient appliqués – sans succès. Pour faire mieux, il fallait admettre que la vie sociale et politique impliquait des échanges plus complexes que ceux à l'œuvre dans le domaine économique.

L'ÉLABORATION *DES PRINCIPES DE GÉOGRAPHIE SOCIALE* (1970-1973)

Je disposais dès 1970 d'un schéma général d'interprétation : une société n'était pas faite d'un agrégat d'individus indifférenciés, mais comportait une série de structures qui canalisaient l'action et assuraient une juste rétribution à ceux qui la menaient :

> « Les individus [...] étaient intégrés dans un système de parenté qui définissait les règles d'échange et la hiérarchie des personnes au sein des lignées, dans un système social qui fixait les positions des personnes et des groupes et mettait en place des incitations et des récompenses qui contribuaient au maintien de l'équilibre d'ensemble ; ils faisaient partie d'un système politique qui expliquait l'autorité dont l'action modelait l'évolution générale ; ils participaient à un système d'échanges économiques qui embrassaient le domaine des biens matériels, et débordaient sur celui des valeurs sociales » (Claval, 1970b, p. 121).

La nouvelle géographie économique avait mis en évidence les logiques spatiales à l'œuvre dans la production, la distribution et la consommation des biens et des services. Le même travail restait à effectuer dans le domaine social. Je le fis en trois étapes : logique des relations proprement sociales (1973), prise en compte simultanée des rapports que les groupes humains entretenaient avec leur environnement et de ceux qu'ils nouaient entre eux (1974), et analyse des systèmes politiques (1978).

La modernisation de l'idée de genre de vie : budgets temps/espace, agendas et rôles

Pour penser géographiquement les relations sociales, trois points me parurent nécessaires : (i) trouver un substitut adapté au monde moderne de la notion de genre de vie, (ii) préciser ce que l'on entendait par classe sociale, (iii) recenser et analyser les formes de relations qui permettaient aux groupes humains de se structurer.

L'idée de genre de vie avait fourni à la géographie classique un outil efficace d'analyse des activités humaines : en observant le calendrier des travaux effectués par un agriculteur dans une société rurale, on saisissait l'ensemble des opérations qui lui permettaient de tirer parti de l'environnement et de nouer des relations sociales. Dans la mesure où tous les cultivateurs se consacraient au même moment à des tâches identiques, la description de l'agenda d'un seul rendait compte de celui de tous.

Les sociétés industrialisées et urbanisées s'organisaient selon des modalités différentes. On pouvait décrire l'existence des citadins chez eux, à leurs moments de loisir, de repos et de sommeil comme on le faisait pour le genre de vie des ruraux, car beaucoup se retrouvaient en famille et mangeaient à peu près aux mêmes heures, regardaient les mêmes programmes à la télévision, se couchaient et se réveillaient aux mêmes moments. Mais quelle diversité d'occupations durant la journée de travail ! C'était ce qui motivait les critiques que Max. Sorre (1948 ; 1953) et Pierre George (1950b) avaient adressées à la notion de genre de vie. Le premier y était resté attaché, mais s'intéressait désormais à des catégories précises – le genre de vie des employés des chemins de fer, par exemple. Le second lui avait substitué l'usage des catégories statistiques définies par l'INSEE.

Ce qu'il était important de préserver, c'était l'approche par l'agenda, par la description de l'emploi du temps de chacun. Dans une société où s'affirmait la division du travail, la difficulté venait de la multitude des situations dans lesquelles les hommes et les femmes se trouvaient impliqués : il fallait recourir à des unités de temps plus petites et distinguer les rôles successivement assumés chaque jour par chacun. Un homme était successivement père de famille, usager des transports en commun, ouvrier (ou commerçant, employé, ingénieur, etc.) ; en fin d'après-midi ou en soirée, il pratiquait un sport, assistait à une pièce de théâtre ou à un film, se retrouvait dans une association ou militait dans un parti. Les tâches que chacun menait et les attitudes qu'il prenait en tant que père de famille, qu'ouvrier, que joueur de football ou que catholique étaient à peu près les mêmes : leurs horaires l'étaient aussi. La nouveauté venait de ce que la combinaison des activités variait d'une personne à l'autre.

Je remplaçai donc l'analyse des genres de vie par celle des budgets espace/temps des acteurs sociaux. Grâce à Pierre Lantz, un de mes collègues de Besançon, je suivais les recherches alors menées en ce domaine en Amérique du Nord, en Europe de l'Ouest comme en Europe de l'Est (c'était un des rares thèmes également étudiés dans les pays libéraux et dans le monde socialiste). Les enquêtes de circulation reposaient sur l'analyse détaillée des déplacements effectués par les différentes catégories sociales et professionnelles. Les travaux en cours étaient donc nombreux. Il s'agissait de les mobiliser. La *Time Geography* de Torsten Hägerstrand s'y employait depuis 1970. Je ne compris que plus tard la parenté entre les analyses qu'elle inspirait et l'effort que je menais pour substituer à l'analyse des genres de vie une étude détaillée des agendas – une étude que je combinais avec l'idée de rôle, empruntée à Linton.

Une perspective géographique sur les collectivités et sur les classes

La prise en compte des rôles que l'étude des budgets temps/espace mettait en évidence montrait ce qui structurait et divisait à la fois la société : tous ceux qui tenaient le même rôle dans une même situation devaient faire face à des problèmes communs ; ils formaient une « collectivité ».

Pour qu'une prise de conscience naisse de cette communauté d'intérêts, il fallait que les membres de la collectivité entrent en contact les uns avec les autres. La collectivité se transformait alors en classe. Le passage de l'une à l'autre avait une dimension géographique : il ne pouvait s'effectuer que si les membres du groupe potentiel avaient la possibilité de se parler ou de correspondre. Karl Marx distinguait de la sorte la classe en soi et la classe pour soi. Comme il le montrait dans *Le 18 Brumaire de Louis-Napoléon Bonaparte,* la paysannerie française du milieu du XIXe siècle ne constituait pas une classe malgré les difficultés que partageaient tous ses membres : ceux-ci étaient en effet incapables de communiquer :

> « Ainsi la grande masse de la nation française est constituée par une simple addition de grandeurs de même nom, à peu près de la même façon qu'un sac rempli de pommes de terre forme un sac de pommes de terre. Dans la mesure où des millions de familles paysannes vivent dans des conditions économiques qui les séparent les unes des autres et opposent leur genre de vie, leurs intérêts et leur culture à ceux des autres classes de la société, elles constituent une classe. Mais elles ne constituent pas une classe dans la mesure où il n'existe entre les paysans parcellaires qu'un lien local et où la similitude de leurs intérêts ne crée entre eux aucune communauté, aucune liaison nationale ni aucune organisation politique. » (Marx, 1969/1952, p. 127).

La plupart des travaux de géographie sociale ignoraient cette distinction – pourtant essentielle : pourquoi, à certains moments, les collectivités étaient-elles incapables de se transformer en classes – où ne le faisaient-elles que localement – alors qu'à d'autres, elles y parvenaient sans peine ? Qu'est-ce qui avait changé, entre le monde de l'artisanat, avec ses patrons, ses compagnons et ses apprentis, et celui de l'industrie, avec ses industriels et ses ouvriers ? Le premier était pulvérisé ; né de la révolution industrielle, le second concentrait ses masses laborieuses dans des aires étroites, où elles découvraient facilement ce qu'elles avaient en commun et se battaient pour défendre leurs intérêts.

Réseaux sociaux et organisation de l'espace : les classes

La vie sociale était organisée : les relations y étaient institutionnalisées ; elles reposaient sur des « modèles de comportements réciproques ». Les individus qui y participaient y jouaient des rôles, ce qui leur assurait un certain statut, c'est-à-dire une certaine reconnaissance collective et des avantages qui lui étaient liés. L'établissement des budgets temps/espace permettait d'en dresser l'inventaire.

La prise en considération des relations institutionnalisées faisait comprendre comment la société fonctionnait : le père et la mère s'occupaient de leurs enfants, les nourrissaient, les éduquaient et leur demandaient, à partir d'un certain âge, de participer aux tâches communes ; en fin de vie, c'était aux enfants de pourvoir aux besoins de leurs parents devenus dépendants. La reproduction biologique et culturelle était assurée, ainsi que l'essentiel des tâches économiques des sociétés rurales. Dans une entreprise, le patron et l'état-major qui l'entourait prospectaient les marchés et élaboraient de nouveaux produits pour satisfaire la demande ainsi détectée ; ingénieurs et techniciens concevaient les fabrications et les machines qui leur étaient nécessaires ; les ouvriers produisaient ce qui avait été ainsi conçu et mis au point.

Les positions – et les rôles qui leur étaient liés – permettaient à la société de fonctionner. Dans le même temps, et même si tous avaient intérêt à ce que la relation institutionnalisée à laquelle ils participaient soit efficace, leurs ambitions et leurs projets personnels s'opposaient sur certains points : dans une entreprise, c'était en tout premier lieu sur le partage des bénéfices. C'était ainsi qu'apparaissaient des collectivités d'intérêt et les classes.

Toutes les positions et tous les rôles qu'occupaient successivement les individus n'avaient pas, à leurs yeux, la même importance : ils s'investissaient plus ou moins dans les activités qu'ils menaient et ne se sentaient pleinement impliqués que par certaines. Selon les circonstances, les catégories considérées comme significatives pouvaient changer : à tel moment, c'était l'appartenance à une église ; à tel autre, c'était la classe économique et les affiliations syndicales ou politiques qui lui étaient liées.

Réseaux sociaux et organisation de l'espace : les relations institutionnalisées

Comme types de relations institutionnalisées, je n'évoquais en 1970 que la famille d'une part et le système social dans son ensemble de l'autre. Il convenait de détailler les aspects de celui-ci. J'avais eu l'occasion de réfléchir à ce problème à la fin de mon service militaire, alors que je travaillais dans une des bibliothèques de l'École Militaire, à Paris, où j'avais découvert l'énorme littérature concernant l'organisation militaire, son évolution, sa complexité croissante et la naissance des fonctions d'état-major. J'avais retrouvé des problèmes voisins en 1967, lorsqu'on m'avait demandé de préparer les programmes d'un IUT à vocation tertiaire qui devait voir le jour à Belfort (le projet avait par la suite avorté). J'étais ainsi passé de l'organisation militaire à l'organisation des entreprises. *Modern Organizations*, un petit ouvrage publié en 1964 par Amitai Etzioni, m'avait orienté vers Max Weber et fait découvrir les multiples travaux consacrés aux bureaucraties. Au cours de la rédaction des *Principes de géographie sociale,* je lus l'ouvrage que le même Etzioni avait consacré en 1968 à *The Active Society.*

Jacques Maquet, un ethnologue belge, avait publié en 1970 un merveilleux petit ouvrage sur *Pouvoir et société en Afrique.* Il y résumait vingt ans de recherches anthropologiques sur les sociétés africaines et exposait très clairement les principes sur lesquels reposait leur organisation. Chaque fois qu'une relation impliquait pouvoir, argent, statut ou influence, elle était codifiée. Pour s'organiser, les sociétés disposaient ainsi d'une grammaire plus ou moins large de relations institutionnalisées : au plus bas degré, elles s'appuyaient sur le langage des rapports familiaux (avec les deux relations qu'ils combinaient, filiation et alliance), sur celui de l'association et sur celui de l'échange. Les faits de pouvoir et de domination pouvaient s'exprimer à travers la grammaire des relations familiales élargies à l'échelle du clan et de la tribu. L'inégalité systématique qui présidait aux relations d'un individu à un autre était au centre des systèmes féodaux ou de clientèle. Celle qui instituait des rapports dissymétriques entre des groupes était codifiée par les systèmes de castes.

Là où le système politique s'autonomisait, Jacques Maquet opposait le jeu du pouvoir pur à celui de l'autorité légitime et montrait comment le fonctionnement du système politique impliquait la mobilisation d'autres formes d'organisation : la famille dans les systèmes primitifs, l'organisation bureaucratique à partir d'un certain moment.

La démarche de Jacques Maquet était proche de celle de Max Weber dans la mesure où elle reposait sur la définition de types idéaux : ceux-ci partaient de l'observation, soulignaient les propriétés structurales et les mécanismes qui y étaient en œuvre et débouchaient sur une construction théorique qui ne reposait pas sur des *a priori* abstraits. J'étais à la recherche d'une démarche qui soit fidèle au réel et offre en même temps des vues explicatives. Ce souci était présent dans la géographie classique. Weber et Maquet me permettaient de moderniser cet aspect de la discipline.

L'architecture des sociétés

La géographie sociale alors pratiquée ne s'intéressait qu'aux appartenances de classes. Elle se contentait de cartographier la répartition des catégories socio-professionnelles à leur domicile ; elle appréhendait l'humanité durant ses heures de sommeil. Elle ne disait rien de son fonctionnement effectif.

La géographie sociale que je proposais analysait les structures à l'œuvre dans la vie sociale et interprétait leur fonctionnement. Elle s'attachait aux bases de la vie sociale, aux tâches accomplies pour assurer la reproduction du groupe, la formation des jeunes et la production des biens matériels et symboliques dont le besoin se faisait sentir. Elle mettait en évidence l'architecture des groupes qui reposait (i) sur l'existence de relations institutionnalisées qui guidaient et canalisaient l'action sociale, et (ii) sur celle de collectivités de rôles, qui se transformaient, sous certaines conditions, en classes agissantes.

La dimension spatiale des faits sociaux

Dans l'univers social, la communication s'effectuait au sein des réseaux de relations institutionnalisées ; la distance physique la rendait plus difficile ; les résultats dépendaient aussi de la nature des rapports entretenus. Dans certains cas, les partenaires se connaissaient mal ; leurs valeurs et leurs intérêts divergeaient. La défiance était alors de mise : la relation n'était possible que s'ils pouvaient s'observer et se surveiller. La portée de la relation était minimale. Là où la confiance régnait, en revanche, les acteurs n'avaient pas besoin d'être en contact direct et permanent : il suffisait que des informations circulent entre eux.

Le jeu de la distance était ainsi introduit dans l'analyse de l'architecture des constructions sociales. Chaque type de relations institutionnalisées donnait naissance à des réseaux qui se caractérisaient par (i) le nombre de personnes susceptibles d'y participer et (ii) les formes que devaient y revêtir les échanges (de personnes, de biens et – ou – d'informations). C'était le long de ces réseaux que les effets d'escompte spatial devaient être mesurés ; ils dépendaient à la fois des moyens de communication et de transport disponibles et des conditions de confiance ou de défiance que créait le système institutionnalisé.

La distance pesait également sur les collectivités : ceux qui en faisaient partie remplissaient les mêmes rôles et étaient objectivement placés dans les mêmes conditions. Partageant les mêmes intérêts, un climat de confiance s'installait facilement parmi eux. Pour qu'ils prennent conscience de ce qu'ils partageaient, encore fallait-il qu'ils puissent communiquer ! La naissance de la classe ouvrière résultait de la transformation des artisans en ouvriers de manufactures et de leur concentration en certains lieux. La prise de conscience par les femmes des intérêts qu'elles partageaient était liée au progrès des systèmes de communication et à l'évolution des médias ; grâce à eux, une population structurellement dispersée avait découvert ce qu'elle avait à défendre.

La dimension culturelle ? Impliquée, mais pas explorée

J'ai toujours considéré que l'approche culturelle était indispensable en géographie. Je lui avais consacré un chapitre dans l'*Essai sur l'évolution de la géographie humaine,* ce qui était exceptionnel à l'époque. Avec le positivisme alors dominant dans la géographie classique, pas question cependant d'étudier les mentalités ou les croyances. Pour les géographes, la culture ne s'appréhendait qu'à travers les artefacts et les paysages créés par ceux qui en étaient porteurs. Au cours de mes études, j'avais accepté cette conception de la culture.

Je commençai, aux alentours de 1970, à voir se multiplier, dans les revues de langue anglaise, des articles sur le paysage et sur l'amour des lieux (la topophilie de Yi-fu Tuan, 1974). Je pris tout à fait conscience de la mutation que traduisaient ces publications à l'occasion du Congrès International de l'UGI, à Montréal, en août 1972.

J'essayai de prendre en compte cette nouvelle approche. La gamme des systèmes de relations institutionnalisées connues et mobilisables variait d'une société à l'autre ; elle tenait à l'équipement mental de leurs membres : ici, on ne connaissait que la grammaire élémentaire des relations familiales, alors qu'ailleurs, on savait codifier des relations féodales ou de castes et créer de véritables systèmes politiques. L'ouvrage de Jacques Maquet soulignait à merveille la dimension culturelle des systèmes sociaux africains. Je ne cherchai pas, au début des années 1970, à explorer plus profondément ce champ.

Impact et limites des *Principes de géographie sociale*

Les *Principes de géographie sociale* ne se contentaient pas d'appliquer au domaine spatial les conceptions élaborées par des sociologues, des ethnologues, des historiens ou des politologues. La société y était analysée dans ses dimensions spatiales. La plupart des perspectives alors ouvertes me paraissent toujours valables ; certains passages ont cependant vieilli.

Un des chapitres de l'ouvrage était consacré à la territorialité. L'intérêt que la notion suscitait alors venait de l'éthologie (Tinbergen, 1967 ; Lorenz, 1970). C'est de leurs conceptions que je m'inspirais ; elles diffèrent de celles qui prévalent aujourd'hui, et que Bonnemaison résume admirablement :

> « Le territoire peut être défini comme l'envers de l'espace. Il est idéel et même souvent idéal, alors que l'espace est matériel. Il est une vision du monde avant d'être une organisation ; il ressort plus de la représentation que de la fonction, mais cela ne signifie pas qu'il soit pour autant démuni de structures et de réalité » (Bonnemaison, 2000, p. 130).

Mon livre échappait aux vues trop schématiques de certains marxistes, mais acceptait les simplifications que Ralph Linton proposait de l'homme et de la société. Il ne laissait guère de place à l'imagination et à l'inventivité des acteurs sociaux.

PENSER LA GÉOGRAPHIE HUMAINE : LES *ELÉMENTS DE GÉOGRAPHIE HUMAINE* (1974)

La géographie humaine classique souffrait de ne pas s'être suffisamment penchée sur les relations que les individus et les groupes tissaient entre eux. La lacune était d'autant plus grave que la modernisation, l'industrialisation et l'urbanisation des sociétés en rendaient l'architecture plus complexe. Les *Principes de géographie sociale* proposaient une approche qui comblait cette lacune. Penser l'ensemble de la géographie humaine devenait possible. Cela impliquait d'intégrer dans un même ensemble (i) les dimensions écologiques et biologiques de la discipline, (ii) les structures sociales et leur fonctionnement, et (iii) l'approche culturelle. C'est ce à quoi je m'employai dans les *Éléments de géographie humaine,* que je rédigeai durant l'hiver 1973-1974 et publiai en 1974.

J'introduisais ainsi les problèmes à traiter :

> « La géographie humaine décrit la répartition des sociétés humaines à la surface de la terre et les marques qu'elles ont imprimées au paysage. Le tableau qu'elle dresse ainsi est le point de départ de sa réflexion : il pose le problème de l'origine des formations de densité, des configurations de l'habitat, des utilisations du sol, du dynamisme du peuplement, comme celui des modalités de l'action humaine et des composantes culturelles des comportements » (Claval, 1974a, p. 17).

Les formations de densité, les configurations de l'habitat et des utilisations du sol renvoyaient surtout aux relations « *verticales* » des hommes et de l'environnement. Le dynamisme du peuplement les reflétait aussi, mais dépendait également des caractères biologiques de l'espèce humaine. L'action sociale s'inscrivait dans le cadre des systèmes de relations institutionnalisées (les rapports « *horizontaux* » que les individus développent entre eux). Elle tirait ses motivations de la dimension culturelle des comportements.

Une géographie de l'homme biologique : Max. Sorre et Theodosius Dobzhansky

Sous l'influence de Max. Sorre (1942), la géographie classique avait pris en compte les dimensions biologiques de la géographie humaine. Elle l'avait fait en explorant la dynamique du corps humain de la naissance à la mort. Depuis Claude Bernard, on savait que celui-ci était un homéostat qui pour maintenir son équilibre interne et pour agir dans un environnement changeant, avait besoin d'absorber chaque jour une certaine masse d'eau, un certain volume d'oxygène puisé dans l'air et une certaine quantité d'énergie sous forme d'aliments. Ceux-ci devaient comporter des glucides, des lipides et des protéines, les deux premières catégories ayant une fonction essentiellement énergétique et la dernière fournissant les molécules indispensables à la synthèse et à l'entretien des tissus. À cela s'ajoutaient des vitamines qui jouaient un rôle essentiel dans le contrôle d'un certain nombre de fonctions.

Cet organisme était soumis à des atteintes, dont les plus graves étaient liées à l'action de micro-organismes, bactéries et virus. Il s'en prémunissait grâce aux défenses immunitaires dont il était doté, mais cette protection se révélait dans bien des cas insuffisante : l'individu tombait malade.

Max. Sorre avait parfaitement assimilé ces aspects de la biologie et de la médecine. Il avait fait de l'étude des maladies, endémies et pandémies, et de celle des réservoirs et des vecteurs responsables de leur diffusion, un chapitre essentiel de la discipline : la géographie médicale.

Les conceptions que l'on se faisait de l'évolution avaient considérablement changé après-guerre. Dobzhansky (1966) venait de mettre les traits essentiels de cet *aggiornamento* à la portée du grand public. La pression qu'exerçait le milieu sur les individus ne résultait pas seulement d'une lutte pour la vie axée sur la compétition pour les ressources alimentaires. Elle provenait dans une large mesure des atteintes microbiennes ou virales auxquelles les hommes étaient soumis, et à l'immunité face à telle ou telle maladie que leur assurait leur patrimoine génétique.

Un exemple : une mutation était à l'origine d'une anémie caractérisée par la forme en faucille que prenaient les hématies (on parle d'hématies falciformes). Ceux qui en étaient atteints se révélaient plus fragiles, mouraient souvent jeunes, mais ils se révélaient plus résistants à la malaria que les gens sains : dans les régions infestées par le plasmode, ils possédaient un avantage comparatif sur le reste de la population, si bien que leur pourcentage dans les effectifs totaux augmentait, comme on l'observait dans certaines régions africaines.

Les fondements biologiques de la géographie humaine devaient donc prendre à la fois en compte les leçons de la médecine pastorienne et les approches génétiques qui s'étaient imposées plus récemment.

Analyser les rapports des hommes à l'environnement : l'apport de l'écologie à base énergétique de Odum

Les concepts fondamentaux de l'écologie ne s'étaient précisés que dans les premières décennies du XXe siècle. Tansley avait introduit la notion d'écosystème en 1935. Raymond Lindeman (1942) avait rappelé que toute l'énergie mise en œuvre par les êtres vivants provenait du soleil : directement par la photosynthèse réalisée par les plantes ; à travers la consommation de végétaux par les animaux végétariens ; grâce à la chair de ceux-ci par les carnivores ; à travers la décomposition des tissus morts pour des organismes nécrophages. La notion centrale était celle de chaîne trophique : l'écosystème devait être appréhendé à travers les flux d'énergie qui l'animaient, et à travers les flux de matière que ceux-ci commandaient.

Gabriel Rougerie m'avait fait connaître ce tournant décisif de l'écologie en 1961. J'avais lu avec passion l'ouvrage qui synthétisait ce courant de recherche : *Fundamentals of Ecology* de Eugen P. Odum (1953). Étudier les rapports de l'homme et du milieu d'un point de vue écologique, c'était voir la place qu'il occupait dans les chaînes trophiques selon qu'il se nourrissait de produits végétaux ou animaux. Tel était le b.a.-ba de l'écologie à fondement énergétique.

Dans certains cas, les pyramides sur lesquelles reposait l'alimentation des groupes étaient locales : les rapports avec l'environnement étaient vraiment « verticaux ». Dans d'autres circonstances, seul l'air respiré était trouvé sur place : l'eau et les produits alimentaires venaient de loin. Les rapports écologiques apparaissaient comme *horizontaux*. La situation de nombreux groupes était intermédiaire : leur base écologique était à la fois locale et plus ou moins lointaine ; je proposai de qualifier leur support territorial d'*oblique*.

Ce que la géographie agricole apprenait sur l'épuisement des sols pouvait facilement se greffer sur l'approche écologique. Pour restaurer la fertilité des terres, le plus simple était de les abandonner après deux ou trois ans de culture afin de laisser la végétation naturelle reprendre ses droits et les éléments nutritifs s'accumuler à nouveau : cela impliquait de très longues jachères, dix, vingt ou trente ans. La fumure des terres rendue possible par l'association de l'élevage et de la culture raccourcissait les périodes de repos : un an de jachère sur deux dans le système biennal, un an sur trois dans le système triennal. L'introduction dans l'assolement de légumineuses fourragères, qui fixaient l'azote de l'air, et de plantes sarclées, dont les façons éliminaient les plantes parasites, conduisait enfin à des systèmes de culture continue, avant que l'utilisation d'engrais chimiques, l'emploi d'herbicides pour éliminer les plantes concurrentes et de pesticides pour prévenir les attaques des insectes, n'amènent une augmentation spectaculaire des rendements. Dans le même temps, la pratique de la sélection améliorait la résistance des bêtes et la productivité de l'élevage.

La part de l'alimentation faite aux produits végétaux et celle réservée aux produits animaux pouvaient varier considérablement. Cela modifiait l'étendue des supports écologiques dont avaient besoin les groupes humains – une calorie d'origine animale nécessitant, en moyenne, cinq fois plus d'espace qu'une calorie végétale.

La prise en compte des données biologiques à la manière de Max. Sorre et de Theodosius Dobzhansky, et l'analyse des pyramides écologiques prônée par Eugen P. Odum, donnaient donc une base plus précise à l'étude des rapports des groupes humains à l'environnement, comme le montrait la seconde partie des *Éléments de géographie humaine*.

L'étude des rapports hommes/environnement ne pouvait se réduire à ces aspects biologiques et écologiques. L'utilisation du sol mettait en concurrence les individus et les familles : elle était institutionnalisée, mais pouvait l'être sous des formes très diverses. Dans certains cas, le droit d'utiliser un territoire était attribué à la totalité du groupe : la propriété était collective. Ailleurs régnait la propriété privée ; elle prenait des visages différents selon qu'elle était répartie entre tous les chefs de ménage ou réservée à une minorité. La solution collective réduisait les inégalités sociales, mais offrait un inconvénient majeur : ceux qui, par un usage irrationnel des ressources, alourdissaient la pesée sur l'environnement et réduisaient en conséquence sa productivité, ne supportaient qu'une si petite partie des dommages collectifs qu'ils causaient qu'ils n'avaient aucun intérêt à adopter de meilleures pratiques.

Les apports de la démographie longitudinale

L'analyse des rapports que les hommes tissaient avec leur environnement ayant ainsi été menée à bien, il convenait de s'attacher à la dynamique des groupes humains eux-mêmes.

L'étude de la répartition de la population constituait un des chapitres essentiels de la géographie classique : depuis Émile Levasseur (1889) et Paul Vidal de la Blache (1921), l'analyse partait de la cartographie des formations de densité : n'était-ce pas la façon la plus simple d'appréhender le rapport des groupes à leur environnement ? Cette perspective ne convenait-elle pas parfaitement à des sociétés dont les bases demeuraient essentiellement agricoles ? Comment rendre compte autrement de l'accumulation humaine dans les deltas de l'Asie de l'Est, du Sud-Est et du Sud ?

Les populations sont des ensembles renouvelés : en l'absence de migrations, les naissances accroissent leurs effectifs, les décès les diminuent. Pour qu'une population se maintienne, son taux de natalité doit excéder son taux de mortalité. Sa croissance est d'autant plus rapide que l'excédent naturel (différence entre le nombre des naissances et celui des décès) est plus élevé. Comme le taux de croissance porte chaque année sur un ensemble plus nombreux, l'augmentation se fait de manière exponentielle.

La géographie classique n'allait pas au-delà de l'exploitation de ces données simples : elle reposait sur une approche transversale : pour prévoir ce que l'ensemble d'une population deviendrait dans l'avenir, elle la saisissait une certaine année et la comparait à ce qu'elle était deux ans, dix ans ou vingt ans avant, puis prolongeait la tendance.

La recherche démographique était en train d'évoluer. Tirant parti des travaux mathématiques déjà anciens de Lotka (1925), elle devenait longitudinale : au lieu de saisir l'ensemble d'une population à un instant donné, elle s'attachait aux cohortes nées une certaine année et suivait leur évolution dans le temps. Cela conduisait à une explication plus fine du dynamisme démographique : la variable essentielle devenait le taux de fécondité – le nombre d'enfants que cent femmes nées la même année avaient au cours de leur vie : pour que les générations se reproduisent, il fallait qu'elles aient au moins 100 filles, soit 205 enfants (puisque pour 100 filles naissaient 105 garçons) : le taux de fécondité devait être égal à 2,05.

Les approches longitudinales mettaient en évidence les effets à moyen terme – dix, vingt ou trente ans – de l'explosion démographique entraînée par la fécondité demeurée élevée de pays où la mortalité commençait à baisser : elles soulignaient les conséquences du vieillissement qui frapperait sous peu les pays développés.

À cela s'ajoutaient les dynamiques plus classiques des migrations et de l'urbanisation.

Les dimensions biologiques et écologiques de la géographie humaine et les rapports « verticaux » que les hommes tissaient avec leur environnement étaient désormais assez clairs pour qu'on puisse aborder la seconde composante du champ disciplinaire : l'analyse des liens qui unissaient les hommes entre eux.

Les relations sociales : des budgets espace/temps aux rôles, aux collectivités et aux classes

La troisième partie de l'ouvrage était consacrée aux fondements sociaux de la géographie humaine. J'y reprenais l'analyse des budgets temps-espaces et des rôles joués par les individus, la prise en compte des réseaux de relations institutionnalisés grâce auxquelles fonctionnaient les sociétés ; j'insistais sur la formation de collectivités et sur leur transformation en classes lorsque les conditions de communication le permettaient.

Le fonctionnement des systèmes de relations institutionnalisées supposait que l'obstacle de l'éloignement et de la distance soit maîtrisé. C'était à la fois une question de techniques de transport et de communication, et un problème d'organisation sociale.

Les volumes d'information à transmettre étaient d'autant plus importants que la confiance faisait défaut entre ceux qui étaient en relation. À l'inverse, lorsque les partenaires se jugeaient fiables, ils pouvaient réduire considérablement le nombre et la longueur des messages qu'ils échangeaient. La disposition spatiale des réseaux de relations institutionnalisées reflétait ces conditions.

La prise en compte du progrès : le schéma de Fourastié généralisé : de la révolution néolithique aux révolutions techniques du XXe siècle

Les systèmes de relations institutionnalisées évoluaient. La géographie des groupes humains dépendait donc des techniques qu'ils maîtrisaient : certaines accroissaient l'efficacité de l'action humaine sur l'environnement (les rapports « verticaux » avec le milieu) grâce à l'utilisation d'outillages plus perfectionnés et aux recours à des formes concentrées d'énergie ; d'autres réduisaient l'obstacle de la distance, facilitaient l'extension des réseaux sociaux et élargissaient l'emprise de tous les types de relations.

Les travaux de Colin Clark (1940), repris et systématisés en France par Jean Fourastié (1947), rendaient compte des transformations subies par les sociétés occidentales depuis la révolution industrielle : les progrès de l'industrie avaient diversifié la gamme des articles offerts et augmenté leur production ; la main-d'œuvre libérée par l'efficacité accrue du travail agricole avait été recrutée par les nouvelles fabrications industrielles ; la distribution des produits, qui avait longtemps échappé au progrès technique, requérait des effectifs plus nombreux. Le passage du monde traditionnel, où les villes ne comptaient jamais plus de 20 % de la population, au monde industrialisé et urbanisé moderne, s'éclairait de la sorte.

Pourquoi ne pas employer la même démarche pour retracer l'ensemble de l'évolution de l'humanité ? Au départ, les hommes, qui ne savaient pratiquer que la cueillette, la chasse et la pêche avaient besoin de très larges supports écologiques pour se nourrir. La révolution néolithique, qui avait vu naître l'agriculture et l'élevage, avait si considérablement amélioré le niveau de production que les densités s'étaient élevées et que des excédents alimentaires étaient apparus : ils avaient permis de nourrir ceux qui prenaient en main les fabrications artisanales, assuraient la défense des groupes ou les gouvernaient. Comme ces activités demandaient des contacts, ceux qui les pratiquaient quotidiennement avaient créé des villes.

De la révolution néolithique à la révolution industrielle, les progrès dans la productivité des terres n'avaient guère multiplié les excédents mobilisables pour nourrir ceux qui n'étaient ni agriculteurs, ni éleveurs : la proportion de la population qui pouvait résider en ville était demeurée minoritaire, généralement inférieure à 20 %.

Dans les sociétés traditionnelles, la mortalité était élevée, si bien que le remplacement des générations n'était possible que si les femmes avaient beaucoup d'enfants.

Les révolutions techniques et médicales des XIXe et XXe siècles avaient assuré une alimentation plus équilibrée, amélioré l'hygiène et éliminé la plupart des maladies infectieuses. La mortalité avait baissé alors que la natalité se maintenait : une explosion démographique en avait résulté ; elle prenait fin lorsque les couples comprenaient qu'il n'était plus nécessaire de procréer six, huit ou dix enfants pour en mener deux à l'âge adulte. La transition démographique s'effectuait ainsi.

Villes et campagnes

La généralisation du modèle de Fourastié éclairait ainsi le devenir humain dans son ensemble : le passage des bandes homogènes du Paléolithique aux structures très inégalitaires des sociétés historiques, puis l'uniformisation résultant de la modernisation et de l'industrialisation. L'apparition des villes, leur rôle essentiel mais limité dans les sociétés historiques et l'urbanisation de plus en plus complète du monde moderne reflétaient l'élévation de la productivité du travail ; celle-ci s'était effectuée à des rythmes inégaux dans le domaine agricole, dans les activités de transformation et dans le tertiaire. Le besoin de contacts, qu'exigeait ce dernier secteur, rendait compte de l'émergence des villes. Avec les progrès contemporains des transports et des télécommunications, les zones de faible densité bénéficiaient de facilités de relations que ne connaissaient jusqu'alors que les centres urbains : il n'était plus nécessaire de s'entasser dans des aires étroites pour accéder aux avantages, ou à certains des avantages, qui étaient jusqu'alors réservés aux villes. La tendance à la suburbanisation ou à la rurbanisation se généralisait.

La dualité des villes et des campagnes et le déclin de ces dernières étaient longtemps apparus comme un problème-clef de la géographie humaine. L'évolution perdait maintenant son mystère : ce n'était pas parce que la ville attirait les jeunes ruraux par les plaisirs fallacieux qu'elle offrait que la population urbaine avait constamment augmenté depuis les débuts de la révolution industrielle. C'était parce que la demande glissait du secteur primaire au secteur secondaire puis au secteur tertiaire, et que la productivité du travail n'évoluait pas au même rythme dans les différents secteurs d'activité.

Organisation de l'espace et structures régionales

En mettant en œuvre le schéma de Fourastié généralisé, on abordait déjà le domaine de l'organisation régionale de l'espace, dont l'opposition villes/campagnes avait longtemps constitué un chapitre privilégié.

Les sociétés rurales avaient organisé leur relation à l'étendue en définissant des droits de propriété en accord avec les modes d'assolement qui assuraient le maintien de la fertilité des terres (Meynier, 1958). Ainsi étaient nées les campagnes ou *openfields* au sein desquelles chaque village disposait d'un terroir ; les bois et les landes y restaient souvent d'appartenance collective, cependant que la terre des soles était de propriété privée, mais soumise à une discipline de culture et de récolte fixée par le conseil du village. À l'inverse, dans les bocages, les agriculteurs, généralement dispersés en fermes isolées ou en hameaux, clôturaient leurs terres pour les protéger des divagations des troupeaux, ce qui leur donnait la liberté de les exploiter à leur guise. Dans les systèmes à *infield/outfield,* qui avaient souvent précédé les bocages sur les marges occidentales de l'Europe, un terroir étroit de champs ouverts, mais protégé de l'extérieur par une haie ou une muraille commune, était cultivé en permanence grâce aux fumures que produisait l'élevage mené sur les immenses landes alentour. Sous d'autres cieux, d'autres systèmes agraires avaient vu le jour, ceux que marquait l'itinérance des cultures dans les milieux tropicaux en particulier.

L'organisation de l'espace ne se lisait pas seulement à ce que révélaient les terroirs occupés par les diverses communautés. Elle résultait du rôle des bourgs et des villes, où se tenaient les marchés, où résidaient souvent les grands propriétaires terriens, où l'on trouvait des artisans et où étaient localisées les institutions religieuses, administratives et politiques qui contrôlaient et dirigeaient la vie alentour. Comme l'enseignait la théorie des lieux centraux, ces noyaux urbains étaient dispersés en fonction de la portée des services qu'ils rendaient. Une hiérarchie s'établissait au bénéfice des centres dont les fonctions étaient les plus rares. Lorsque des terroirs différents entraient en contact, les noyaux urbains avaient tendance à s'installer à leur limite, puisque les échanges étaient plus forts entre des ensembles complémentaires.

À échelle moyenne, deux types de divisions pouvaient se lire (Claval, 1968a) : (i) des ensembles homogènes reflétant la nature du sous-sol, l'empreinte d'un même climat ou la dominance d'un même système d'habitat et de structure agraire, et (ii) des régions gravitant autour de noyaux urbains. La géographie classique avait plutôt insisté sur les aires homogènes. Les travaux récents s'attachaient aux régions polarisées.

À l'échelle des nations, les espaces centraux à économie complexe s'opposaient aux régions périphériques à économie spécialisée.

L'approche culturelle : un premier bilan

Les *Éléments de géographie humaine* insistaient tour à tour sur les relations verticales que les hommes nouaient avec l'environnement et sur les réseaux qui unissaient les groupes et structuraient l'espace.

Pour compléter cette approche assez mécaniste, la dernière partie de l'ouvrage s'attachait aux pratiques, aux connaissances et aux croyances qui caractérisaient les sociétés humaines. Ce qu'elles partageaient dépendaient des modes de communication dominants : aux cultures orales des sociétés archaïques s'était substitué le duo cultures populaires de l'oral/cultures élitaires de l'écrit des sociétés historiques. En schématisant beaucoup, les sociétés contemporaines opposaient des cultures techniques et scientifiques reposant sur l'écrit et l'ordinateur, et des cultures de masse diffusées par la radio, la télévision, la musique enregistrée et internet.

Le tournant culturel de la discipline commençait à peine. Ma conception de la culture s'attachait davantage à ses aspects matériels, outillages, artefacts, constructions, qu'aux représentations, à la communication et à la dimension symbolique des messages.

Les *Éléments de géographie humaine* proposaient une manière cohérente de penser la discipline. Alors que dans le monde anglophone, l'*aggiornamento* ne concernait d'habitude que la géographie économique, l'ouvrage l'étendait à l'ensemble du domaine. Les ponts n'étaient pas coupés avec la géographie classique, dont on gardait les deux versants, l'étude des relations « verticales » des hommes et de l'environnement, et celle des rapports que les hommes établissaient « horizontalement » entre eux – champ qui recevait une attention accrue. L'utilisation, comme outil d'analyse, des budgets espace/temps et des rôles qu'ils permettaient à chacun de jouer tour à tour, se substituait à l'approche par les genres de vie en la modernisant.

Beaucoup de collègues français utilisèrent le manuel ; certains me dirent l'apprécier surtout pour les indications qu'il donnait sur la biologie humaine, pour l'emploi qu'il faisait de la notion de pyramide écologique ou pour sa partie culturelle. Les passages où je traitais des relations institutionnalisées, des réseaux et de l'architecture sociale et spatiale des groupes me paraissaient essentiels. Ils furent moins bien reçus. Un collègue me conseilla gentiment de les supprimer des rééditions à venir…

3. PENSER LA GÉOGRAPHIE POLITIQUE

LE POINT DE DÉPART

Grandeur et décadence de la géographie politique et de la géopolitique classiques

Un chapitre des *Principes de géographie sociale* était consacré aux « dimensions politiques de la vie sociale » (1973a, p. 282-289). J'y faisais le point sur la géographie politique telle qu'elle s'était développée à l'initiative de Friedrich Ratzel : pour celui-ci, les peuples de culture se différenciaient des peuples de nature par leur capacité à créer des États ; celle-ci leur assurait la maîtrise de l'espace et la capacité de l'organiser efficacement.

Dans la mesure où cette géographie politique parlait de *Raumsinn,* d'aptitude à penser l'espace, elle appelait une géopolitique : lancée par le Suédois Rudolf Kjellen, celle-ci analysait les stratégies imaginées et mises en œuvre par les gouvernants, les diplomates et les militaires pour défendre leur pays, le structurer et l'agrandir. Le rejet par beaucoup d'Allemands des conditions imposées à leur pays par le traité de Versailles avait favorisé le succès de cette nouvelle discipline qu'illustrait Karl Haushofer (1928/1986).

La géographie politique et la géopolitique avaient mal traversé la Seconde Guerre mondiale. Dans les années 1950, ces disciplines avaient pratiquement disparu en Europe ; leur image avait été ternie par les compromissions de certains de ceux qui les pratiquaient avec le nazisme. Elles avaient également souffert de ne s'être intéressées qu'à l'État moderne et à ses frontières, et d'avoir ignoré les autres formes d'organisation politique.

L'apport très riche de l'anthropologie politique

J'avais découvert d'autres perspectives dans les travaux que les anthropologues de langue anglaise consacraient alors à des régimes radicalement différents de ceux qui nous étaient familiers, à ces *Tribes without Rulers,* par exemple, dont Evans-Pritchard avait étudié le fonctionnement et le dynamisme chez les *Nuer* (1938) du Soudan. John Middleton et David Tait (1958) les avaient passés en revue dans l'Afrique sub-saharienne. Aux régimes tribaux, avec ou sans chefferies, s'ajoutaient des royautés sacrées. Meyer Fortes et E. Evans-Pritchard (1940), Lucy Mair (1962), Michael Banton (1965) et Morton Fried (1967), soulignaient la diversité de ces constructions politiques. En langue française, Henri Labouret (1931) s'était penché sur les tribus sans chefs du rameau Lobi, à la limite de la Côte-d'Ivoire et du Burkina Faso ; les anthropologues belges avaient souligné la complexité des systèmes politiques de l'Afrique inter-lacustre, dont Jacques

Maquet (1970) venait d'explorer les ressorts. Travaillant dans le contexte sud-américain, Pierre Clastres (1974) était arrivé à la conclusion que nombre de sociétés amérindiennes manquaient de structures politiques complexes parce qu'elles s'étaient opposées à leur apparition : c'était des *Sociétés contre l'État.* La littérature sur les systèmes de pouvoir du monde asiatique était également riche. Il n'était plus possible d'ignorer l'extraordinaire variété des constructions politiques.

L'apport des sciences politiques

Les sciences politiques avaient commencé à se structurer durant l'entre-deux-guerres ; les progrès s'étaient accélérés après 1945. Maurice Duverger s'était intéressé aux fondements sociaux des démocraties représentatives ; François Goguel avait systématisé les analyses électorales initiées par André Siegfried. La sociologie politique américaine était séduisante : la gauche française raffolait des travaux de Wright Mills (1956) sur les élites dominantes. Robert Dahl (1963) soulignait l'omniprésence des manifestations du pouvoir dans les polyarchies contemporaines (terme qui lui paraissait mieux correspondre aux réalités observables que celui de démocratie) ; Karl Deutsch (1963) mettait l'accent sur le rôle de la communication ; Charles Lindblom (1965) se penchait sur l'art du compromis sur lequel reposait le fonctionnement de tels systèmes. Avec Edward Soja (1971), la géographie politique américaine tirait parti des travaux sur la communication ; Roger Kasperson et Julian Minghi (1969) exploraient les processus politiques. Saul B. Cohen (1963) modernisait les approches traditionnelles en portant l'attention sur les zones de friction, les *shatterbelts,* de la vie internationale contemporaine.

L'apport de la philosophie politique : de Machiavel à John Rawls

Depuis Machiavel, Thomas Hobbes, John Locke, Jean-Jacques Rousseau ou dans un autre style Montesquieu, une longue tradition de philosophie politique s'était développée en Europe occidentale. Avec Pierre Mesnard (1969) en France et Macpherson (1961) en Grande-Bretagne, ces études s'attachaient aux conflits entrainés par la Réforme : la réflexion moderne sur la légitimité du Prince était née de la révolte des protestants contre des souverains qui leur interdisaient de pratiquer leur foi.

Ces lectures m'avaient convaincu que « la géographie politique étudiait, au sein des configurations sociales, ce qui avait trait à l'exercice du pouvoir et à l'acceptation de l'autorité » (Claval, 1973a, p. 285). Elle ne pouvait ignorer le mélange de violence et de légalité qu'implique tout système de gouvernement.

J'avais en mémoire ce que Philippe Wolff, qui enseignait l'histoire médiévale à Toulouse, nous avait appris sur les rapports entre la *potestas* et l'*auctoritas* dans la pensée politique médiévale. La Réforme avait introduit comme troisième terme la liberté.

Il convenait donc d'explorer les dimensions légales, sociales et économiques de la liberté et de la justice. L'ouvrage de John Rawls, *A Theory of Justice* (1971), faisait grand bruit. Il traitait du problème de la justice dans les démocraties modernes, mais pour Rawls, le premier bien public qu'un gouvernement devait assurer à ses citoyens, c'était leur liberté – celle de mouvement d'abord.

Plus que tout autre, Thomas Jefferson avait mis l'accent sur les fondements économiques de la liberté : pour lui, les États-Unis ne s'affirmeraient comme pays démocratique que si leurs citoyens disposaient de ressources suffisantes pour être indépendants : la République avait sombré à Rome avec la disparition de la petite propriété paysanne. L'Amérique avait la chance de pouvoir s'étendre vers l'Ouest : en vendant bon marché ou en distribuant gratuitement des terres aux jeunes Américains, on rendrait ceux-ci maîtres de leurs choix.

Dans la construction d'une géographie politique moderne, il me parut donc essentiel d'insister sur le thème de la liberté et sur les conditions de son épanouissement. Celles-ci dépendaient de la distribution des hommes et de leur plus ou moins grande densité. Lorsque le peuplement était diffus, l'isolement était aisé et la surveillance mutuelle difficile, ce qui assurait à tous une large autonomie. Lorsque les groupes devenaient plus nombreux, les espaces interstitiels disparaissaient : impossible d'agir sans être vu par ses voisins ; impossible d'échapper à leurs jugements. Lévi-Strauss insistait sur ce rôle des densités dans le contrôle collectif.

Passé un certain seuil, la situation s'inversait :

> « Le contrôle social s'affaiblissait lorsque la densité augmentait, que la foule devenait anonyme et qu'on était toujours seul parce qu'inconnu de tous. L'accumulation cessait d'être menaçante : elle libérait du contrôle collectif [...]. Elle était gage de choix plus informés [...]. Le facteur stratégique, dans un monde où tout changeait et où l'on devait se tenir au courant de tout, [...] c'était d'abord l'accès à l'information adéquate » (Claval, 1973a, p. 286).

Ce qui fondait la liberté dans les sociétés rurales n'était plus valable dans les sociétés urbaines et industrielles qui s'étaient mises en place depuis le XIXe siècle : le salariat assurait une certaine autonomie à l'individu, mais celle-ci était d'autant plus limitée que les salaires étaient faibles et le marché de l'emploi encombré. Dans des sociétés que les progrès de l'industrie transformaient en sociétés de masse, le danger était grand de voir les plus riches mobiliser les nouveaux médias et s'imposer par des moyens démagogiques : Hitler n'était-il pas devenu chancelier à la suite d'élections libres ?

L'élargissement des approches traditionnelles : l'exemple des frontières

Il convenait de repenser toutes les catégories sur lesquelles reposait la géographie politique traditionnelle. Un domaine continuait à susciter nombre de publications : l'étude des frontières.

Ces limites auraient dû faire fuir les hommes, puisque le risque d'y être victime de conflits internationaux y était maximum. Certaines régions frontalières étaient effectivement peu peuplées, mais d'autres attiraient les populations : c'était le cas de la frontière franco-belge depuis plus de deux siècles.

Comment évoluaient les aires frontalières après la Seconde Guerre mondiale ? Les marges du territoire national étaient attirantes lorsqu'elles permettaient à ceux qui vivaient à proximité – à un, deux, cinq ou dix kilomètres, guère plus dans le monde traditionnel où l'on se déplaçait à pied – d'acheter meilleur marché au-delà des postes de douane, de faire de la contrebande ou de trouver un travail mieux rémunéré ou plus gratifiant dans le pays étranger.

Avec l'automobile, le phénomène changeait d'échelle : ce n'était plus dans une bande étroite de un, deux ou cinq kilomètres que se recrutaient les travailleurs frontaliers, mais jusqu'à vingt, trente et parfois cinquante kilomètres ; ce n'était plus d'une zone à peine plus large que venaient les acheteurs soucieux de profiter de meilleurs prix ou d'un choix différent d'articles : c'était de cinquante ou de cent kilomètres.

Les zones frontalières avaient cessé de ne couvrir qu'une portion négligeable du territoire national. Pour de petits pays comme la Suisse ou la Belgique, elles constituaient désormais une part essentielle de l'espace où s'exerçait leur souveraineté ; celle-ci se trouvait de ce fait limitée. Dans certains cas, l'attraction frontalière était plus large encore : c'était dans un rayon de deux cent ou trois cent kilomètres que les petits commerçants allemands, belges, néerlandais ou français allaient déposer leurs gains dans les banques luxembourgeoises.

En 1974, je consacrai un article paru dans les *Cahiers de géographie de Québec* à ces évolutions.

La surveillance selon Michel Foucault : une théorie de l'action administrative

L'espace jouait un rôle essentiel dans *Surveiller et punir* (1975) où Michel Foucault racontait le passage d'un mode d'exercice du pouvoir à un autre : celui, largement appuyé sur des pratiques symboliques, qui avait prévalu jusqu'à la fin du XVIIIe siècle ; celui qu'annonçait l'organisation de l'espace dans les premières usines modernes, celle construite en 1776 par Jedidah Strutt sur la Derwent Water dans le Comté de Derby en particulier. Cette manufacture était conçue selon un plan circulaire : l'énergie fournie par la chute d'eau entraînait un arbre vertical qui la transmettait aux métiers disposés en couronne alentour. Un siège tournant était placé au dessus du mécanisme répartiteur. Le contremaître qui y était installé surveillait en permanence les métiers et les hommes (Hoskins, 1955, p. 220).

Quelques années plus tard, cette procédure de contrôle avait été reprise et systématisée par Jeremy Bentham (1791) dans le *Panopticon.* Le propos de celui-ci était d'amender le système carcéral. Conformément au sensualisme qui dominait alors la philosophie anglaise, Bentham proposait de placer les individus déviants dans un milieu qui ne serait plus criminogène, parce que la communication entre les détenus y serait en permanence surveillée.

La genèse et les formes de ce type de contrôle social étaient au cœur du propos de Michel Foucault. Pour un géographe, *Surveiller et punir* offrait une véritable théorie de la surveillance. Celle-ci reposait sur le regard. Pour que celui-ci soit efficace, l'espace devait être aménagé et circonscrit : (i) aménagé de manière à ce que rien n'échappe à l'observateur : un poste de guet et alentour, des vues dégagées en permanence dans toutes les directions ; (ii) circonscrit, car la surveillance aurait été impossible si l'étendue à contrôler avait été trop vaste. Dernier trait, (iii) la surveillance était d'autant plus efficace que les individus se croyaient observés en permanence – d'où le rôle de la paroi semi-transparente qui séparait les gardiens des détenus : ceux-ci étaient contraints à se comporter comme si on les épiait de manière permanente, puisqu'il leur était impossible de savoir à quels moments les gardes relâchaient leur attention.

C'était là le paradigme de tout système de contrôle : il valait dans le domaine pénitentiaire comme pour le suivi des malades dans les hôpitaux ; il expliquait le fonctionnement des systèmes administratifs : la tour centrale où se tenaient les gardiens dans le *Panopticon* était remplacée par la ville où était installée l'administration. La circonscription alentour correspondait à l'espace carcéral. Le système était efficace dans la mesure où les fonctionnaires observaient ce qui se passait autour d'eux ou en étaient informés par des agents ou des mouchards. La plupart des citoyens étaient respectueux de la *loi* ; ils l'étaient d'autant plus qu'ils se savaient parfois observés (le rôle des radars dans le contrôle du comportement des automobilistes le montre admirablement) ; la surveillance n'avait besoin d'être permanente que pour ceux qui ne suivaient que leurs impulsions et leur bon plaisir. Ainsi allégé, le contrôle pouvait s'exercer sur un espace relativement étendu.

D'autres perspectives sur la surveillance

Les grandes villes du monde moderne étaient confrontées à l'insécurité. Le contrôle des comportements déviants y prenait des dimensions nouvelles : la logique de la surveillance y rencontrait des limites. Dès 1961, Jane Jacobs avait attiré l'attention sur le danger que cela faisait peser sur les grandes villes américaines. Tant que les maisons demeuraient basses, alignées le long des rues et que les densités étaient modérées, il était possible de connaître ses voisins ; les enfants jouaient avec ceux de familles qu'on fréquentait ; il n'était guère pour eux d'espaces qui échappent à la surveillance des adultes. Avec la construction en hauteur, la suppression de la rue, la multiplication des espaces verts et des grands dégagements, tout cela disparaissait. Dans les immeubles, les gens ne se rencontraient plus que dans l'escalier ou dans l'ascenseur : ils restaient étrangers les uns aux autres. Les espaces où l'on échappait à tout regard inquisiteur étaient partout : dans les sous-sols, dans les parkings, dans les corridors déserts. Les possibilités matérielles de l'autocontrôle s'étaient évanouies (Claval, 1978, p. 154-155).

Oscar Newman (1973) venait de tirer les conclusions des observations de Jane Jacobs : pour rendre les villes plus sûres, pour créer un *defensible space,* il convenait de revoir le dessin des quartiers, de clore les espaces verts, de supprimer les angles morts et de recréer ainsi des possibilités de contrôle collectif.

D'autres perspectives sur les problèmes de l'administration

Il convenait également d'éclairer les problèmes d'administration qui n'étaient pas liés à la logique de la surveillance. On déplorait alors en France les blocages du système administratif et certains effets pervers de la centralisation.

La société bloquée (1979) de Michel Crozier avait ouvert la voie : la modernisation du service téléphonique français était retardée par la conjonction d'un encadrement d'ingénieurs compétents, mais surtout soucieux de défendre leur pré carré, et de syndicats hostiles à tout ce qui menaçait les avantages acquis de leurs adhérents. Nombre d'organisations bureaucratiques, oublieuses de la mission qui leur était confiée, ne s'attachaient qu'à la défense d'intérêts corporatifs.

Le pouvoir périphérique (1976) de Pierre Grémion abordait, dans un esprit voisin, certaines particularités de la société française. Depuis Richelieu, la Convention et Napoléon, le principe qui dominait la vie administrative du pays était celui de la centralisation. Il aurait dû donner aux fonctionnaires un rôle prépondérant dans la vie locale. Les situations observées étaient différentes : face aux fonctionnaires se dressaient des notables.

Pour renseigner le pouvoir central sur leurs circonscriptions, les fonctionnaires d'autorité ne pouvaient faire autrement que de consulter les élus locaux ou les organismes représentatifs de la vie économique : Chambres de commerce, Chambres des métiers, Chambre de l'agriculture, syndicats, etc. Ils contribuaient ainsi à donner de l'importance et de la visibilité aux notables qui y siégeaient.

Pour mettre en œuvre les décisions venues de Paris, les fonctionnaires ajoutaient à la force légale des textes qu'ils appliquaient la connaissance qu'ils avaient des intentions réelles ou supposées des décideurs de la capitale. Ils en jouaient pour imposer aux notables les vues officielles. Pour défendre leurs positions, ces derniers cherchaient donc à s'informer de ce qui se passait en haut lieu : ils étaient en excellente position pour le faire s'ils possédaient à la fois un mandat local (maire, conseiller général et aujourd'hui, conseiller régional) et un mandat national (député ou sénateur) : c'était dans la capitale qu'on pouvait approcher les hommes qui gouvernaient, leur expliquer ses problèmes, les convaincre et obtenir, dans l'application de lois qui se voulaient rigides, les accommodements qui facilitaient la vie et donnaient le sentiment voluptueux d'accéder à des privilèges (Claval, 1978, p. 288).

Les pouvoirs locaux développés à l'ombre d'un système très centralisé expliquaient le fonctionnement réel des institutions françaises et le fait qu'elles aient, dans bien des cas, conduit à la persistance des particularités régionales qu'elles auraient dû effacer depuis longtemps (Crozier et Friedberg, 1977).

Un nouveau départ de la géographie politique et de la géopolitique

Dans les années 1970 et après la phase d'effacement qu'elles avaient traversée depuis la guerre, la géographie politique et la géopolitique recommençaient à susciter les travaux des chercheurs et l'intérêt du public. Aux États-Unis, où ces disciplines n'avaient jamais connu la même défaveur qu'en Europe, le mouvement, déjà sensible dans les années 1960, s'était accéléré. André-Louis Sanguin (1977), qui enseignait alors au Québec, mettait à la portée du public francophone les approches récemment développées par les géographes de langue anglaise.

L'entrée en lice d'Yves Lacoste eut un plus large impact. Remarqué par les travaux très politiques qu'il avait consacrés au Tiers Monde, son analyse des bombardements pratiqués par l'aviation américaine dans le delta du Fleuve Rouge, au Tonkin, avait attiré l'attention de la presse. Et voici qu'en 1976 il publiait un livre-brûlot, *La géographie, ça sert, surtout, à faire la guerre* et lançait chez Maspéro une revue de géopolitique, *Hérodote* ! Le tabou qui frappait le développement de la géographie politique et de la géopolitique était levé par quelqu'un qui était passé par le Parti communiste : le chemin parcouru en quelques années était considérable !

The Significance of Territory, publié Jean Gottmann en 1973, analysait des travaux où philosophes et politologues abordaient, depuis la Renaissance, le rôle de la souveraineté dans le façonnement de l'espace. Il révélait aux géographes une tradition d'analyse territoriale qu'ils ignoraient jusqu'alors. À Genève, Claude Raffestin travaillait également sur la géographie politique. L'ouvrage de géographie politique qui vit le jour en 1980 mobilisait certains des thèmes de la linguistique moderne.

Le moment était venu de tirer parti de la réflexion sur la géographie politique que je menais depuis quelques années.

COMMENT STRUCTURER LA GÉOGRAPHIE POLITIQUE ?

La rédaction d'*Espace et pouvoir* prit du retard : l'ouvrage ne sortit qu'en 1978.

Les bases dont je disposais

La géographie politique et la géopolitique de la première moitié du XXe siècle souffraient de lacunes. Quelques points permettraient de les éviter :

(i) Les sociétés n'étaient pas faites d'une simple juxtaposition d'individus. Les rapports qu'ils entretenaient s'inscrivaient dans des cadres institutionnalisés. Des jeux d'influence, de domination et de pouvoir se développaient en leur sein. La géographie politique ne pouvait se restreindre à l'étude des espaces nationaux et de ceux qui les gouvernaient. Elle devait déborder de la sphère politique, explorer la manière dont elle s'articulait sur la société civile et préciser le partage des pouvoirs qui s'effectuait entre ces deux ensembles. Ces questions sont aujourd'hui essentielles, comme l'indique la faveur dont jouit la notion de gouvernance : la gestion optimale de l'espace implique une division des responsabilités et des initiatives entre le pouvoir politique et la société civile, entre jeux de pouvoir et pratiques de management.

(ii) L'exercice du pouvoir nécessitait un double flux d'informations : diffusion des lois, des règlements, des circulaires émanant du gouvernement dans un sens ; collecte et centralisation de toutes les indications nécessaires à la préparation des décisions politiques dans l'autre. Ce jeu de rétroactions, de *feed-backs*, permettait de prévenir les conflits ou de leur trouver une solution.

(iii) Michel Foucault avait attiré l'attention sur le rôle des bureaucraties dans le contrôle et l'uniformisation de l'espace. Ses interprétations devaient se combiner avec ce qu'apportait par ailleurs la théorie des lieux centraux. Les systèmes administratifs reposaient sur la mise en place de hiérarchies de circonscriptions structurées autour d'un chef-lieu. Celui-ci recueillait les informations concernant l'espace alentour et assurait la mise en œuvre de la politique de l'État.

Le modèle gottmannien et le modèle wébérien

Pour structurer ces acquis, deux modèles d'analyse du monde politique et de ses dimensions spatiales s'offraient alors : celui proposé par Jean Gottmann en 1952 et celui que Max Weber avait élaboré trente auparavant.

Jean Gottmann reprenait une idée centrale aussi bien chez Ratzel que chez Vidal de la Blache : la distribution des groupes humains était soumise à deux forces contradictoires ; la première les poussait à l'enracinement et à la différenciation ; la seconde, la circulation, tendait à les uniformiser. Ce qui était neuf, c'est que Gottmann ne concevait plus l'enracinement dans une perspective écologique, mais comme résultant du symbolisme (de « l'iconographie ») dont les hommes chargeaient les lieux et les territoires où ils étaient installés.

Ce schéma était essentiel pour comprendre la géographie humaine : il en faisait une science sociale (circulation et représentations symboliques s'inscrivaient dans la nature, mais n'en découlaient pas). La distinction entre ces deux facteurs me semblait en revanche trop générale pour éclairer de manière satisfaisante le déploiement spatial des jeux du pouvoir.

C'est chez Max Weber que je trouvai la solution. J'adoptai la conception du pouvoir retenue dans la traduction française, publiée en 1971, de *Wirtschaft und Gesellschaft,* initialement parue en 1921[1].

LES BASES CONCEPTUELLES DE L'OUVRAGE

Je m'appuyais sur l'analyse wébérienne des types-idéaux du pouvoir. Celui-ci résultait de l'existence d'asymétries dans les relations humaines. Ces dernières connaissaient plusieurs niveaux : 1- la situation la plus simple était celle du *pouvoir pur* : la relation était parfaitement dissymétrique ; celui qui commandait ne devait rien à ceux qu'il dirigeait ; il les utilisait comme moyens pour parvenir aux fins qu'il s'était assignées ; il donnait des ordres et les faisait appliquer sans défaillance ; 2- l'exercice du pouvoir était facilité lorsque les assujettis acceptaient la situation comme allant de soi et

---

[1] L'édition critique de l'ensemble de l'œuvre de Weber a depuis montré que les conceptions de l'auteur avaient évolué et que ce qu'il appelait *Herrschaft,* la domination, en 1911 (*La domination,* 2013) était plus tard devenu *Macht,* le pouvoir.

reconnaissaient la *nature légitime* de l'*autorité* ; 3- une asymétrie plus faible encore apparaissait dans des relations où chacun donnait et chacun recevait, mais de manière inégale : on avait affaire à des jeux d'*influence* ; 4- il était enfin des cas où le déséquilibre n'était pas perçu par les acteurs de la relation ; on parlait alors d'effet de *domination* (Claval, 1978, p. 11-12).

L'espace affectait de trois manières les faits de pouvoir : 1- il était support de la vie et de l'activité et intervenait alors par l'étendue nourrisseuse d'hommes et pourvoyeuses de ressources ; 2- il était obstacle à la vie de relation et jouait par la distance ; 3- il servait de support à l'activité symbolique, une forme économe de la communication (Claval, 1978, p. 15). Il devenait ainsi possible de préciser les caractéristiques spatiales de chacun des types-idéaux du pouvoir que nous venions de reconnaître : le fonctionnement du pouvoir pur, fondé sur la seule violence différait de celui du pouvoir légitime, basé sur le respect de l'autorité.

La relation de pouvoir pur

La relation de pouvoir pur prenait place entre un tyran qui imposait sa volonté par la violence et ceux qui lui étaient soumis. Ces derniers n'obéissaient aux ordres que par peur. Dès que le maître perdait l'usage de la force, personne ne se pliait plus à ses mandements. Le pouvoir pur n'était donc effectif que s'il s'accompagnait d'un contrôle permanent et suscitait un sentiment de crainte qui multipliait l'efficacité de la surveillance.

L'exercice du pouvoir pur nécessitait des transferts incessants d'informations : les injonctions cheminaient du haut en bas de la hiérarchie de commandement ; les renseignements sur l'exécution des tâches prescrites circulaient de la base au sommet. Lorsque le maître déléguait la surveillance à des subordonnés, rien ne lui garantissait une information fiable : les agents qu'il avait désignés gardaient pour eux une partie de ce qu'ils apprenaient, ce qui leur donnait un réel pouvoir. L'absolutisme trouvait ainsi une limite à la fois économique et spatiale : le despote devait faire espionner ceux qu'il avait commis à la surveillance ; le coût des opérations en était accru sans en garantir la qualité. Le pouvoir s'essoufflait dès qu'on s'éloignait de son siège (*ibid.*, p. 26-27).

La relation d'autorité

Un maître détenteur de l'autorité légitime n'avait pas besoin de tout contrôler : tous intériorisaient les normes qu'il instituait ; chacun exécutait les ordres sans qu'il soit indispensable de le surveiller, de le menacer et de le contraindre par la force. La relation de pouvoir était allégée au maximum (*ibid.*, p. 27).

La portée-limite de l'exercice du commandement s'allongeait : une liaison efficace était possible entre des partenaires éloignés : il suffisait qu'ils puissent communiquer quelques messages – ce qui ne coûtait guère (*ibid.*, p. 28). Mais il y avait un *hic* : il convenait d'obtenir l'accord préalable des consciences. La phase où les ordres et les informations circulaient aisément était nécessairement préparée par un travail patient de légitimation (*ibid.*, p. 28).

La géographie de l'autorité différait donc profondément de celle du pouvoir pur : elle ne mettait pas directement en jeu le principe territorial : pas de contrôle permanent nécessaire, pas de quadrillage administratif. Mais la confiance faite aux gouvernants ne pouvait généralement se développer que dans un espace où tous partageaient les mêmes valeurs (*ibid.*, p. 32). Les cadres géographiques où s'insérait l'autorité n'étaient pas identiques selon que celle-ci était traditionnelle, rationnelle ou charismatique.

L'autorité traditionnelle supposait que tous aient adhéré aux mêmes valeurs parce que formés selon les mêmes normes – ce que l'on observait au sein des aires culturelles (*ibid.*, p. 31).

L'autorité rationnelle se transmettait mieux : elle naissait de démonstrations que l'on pouvait effectuer ici et répéter là jusqu'à obtenir l'assentiment de tous. S'agissant de preuves rationnelles, l'écrit les véhiculait aussi efficacement que la parole ; l'instruction généralisée en facilitait la diffusion. Rien ne limitait les possibilités de conversion au système proposé : les régimes à autorité rationnelle avaient souvent une vocation universaliste (*ibid.*, p. 31).

L'autorité charismatique naissait du contact que le leader établissait avec les masses. La relation devait être directe ; on considérait naguère qu'elle était liée aux cultures de l'oralité et donc passée de mode. Les mass media avaient bouleversé la situation : grâce à la radio et à la télévision, un lien émotif puissant pouvait s'établir entre un chef charismatique et une population dispersée.

L'influence idéologique

L'influence idéologique résultait de l'inégale distribution parmi les hommes de la faculté de juger. Tous n'avaient pas la même aptitude à manier le verbe, à vendre une idée, à plaider une cause et à convaincre. Dans les sociétés qui privilégiaient la tradition, l'inégalité en ce domaine reflétait les différences d'âge : les anciens, qui devaient leur savoir à une expérience plus longue, étaient respectés et écoutés.

Dans les groupes ouverts à la rationalité, certains manifestaient plus d'aptitudes que d'autres à formuler des idées nouvelles, à construire des philosophies, à faire accepter des croyances : l'influence idéologique devenait ainsi le monopole de sorciers, de prêtres ou de théoriciens de l'ordre social, politique ou économique. Nos sociétés avaient inventé une catégorie commode pour caractériser cette classe : les *intellectuels* ne pesaient pas dans la vie publique par leurs savoirs techniques, mais par le monopole qu'ils revendiquaient de dire le bien et le mal (*ibid.*, p. 34).

La domination économique

On ne peut vivre sans ressources. Dans les économies traditionnelles, le jeu de la domination trouvait son origine dans le contrôle des facteurs de production, de la terre pour des agriculteurs, du cheptel pour les éleveurs et de la main-d'œuvre là où elle manquait.

Dans une société industrielle, (i) les ouvriers n'avaient pas les moyens d'acquérir les outils de production sans lesquels il leur était impossible travailler : les détenteurs de biens capitaux avaient barre sur eux ; (ii) sur un marché, ceux qui disposaient d'une information plus précise et plus complète s'assuraient souvent de la totalité de l'avantage qui résultait des transactions.

Le pouvoir économique présentait un autre visage : il naissait aussi – et surtout – de l'aptitude à créer et à innover. La puissance de l'entrepreneur venait de sa capacité à combiner de façon inédite les facteurs de production qu'il utilisait en imaginant de nouvelles méthodes de production, de nouveaux moyens de promotion, de nouveaux types d'organisation (*ibid.*, 1978, p. 38).

LA MISE EN ŒUVRE DE CES OUTILS CONCEPTUELS

La logique des systèmes politiques

1- L'organisation spatiale des systèmes politiques reflétait à la fois le jeu du pouvoir pur et celui de l'autorité. Le premier reposait sur l'usage de la violence et impliquait la surveillance permanente des populations, ce qui nécessitait la présence de services de police et une division administrative au sein d'un territoire clairement délimité : même en temps de paix, la mise en œuvre d'une surveillance efficace coûtait cher.

2- Les caractéristiques spatiales de l'autorité étaient différentes : susciter la confiance n'impliquait que des frais minimes là où la population partageait les mêmes normes. C'était le cas de toutes les aires où les mêmes convictions avaient été diffusées par la tradition, par une éducation éclairée ou par l'enthousiasme pour une foi nouvelle.

3- Dans l'un et l'autre cas, il convenait d'assurer la sécurité extérieure : l'État devait se doter d'une armée, recruter des hommes, les équiper, les former, les nourrir, les loger et dans la plupart des cas, les payer. En cas de conflit, le déploiement des armées nécessitait des routes pour la manœuvre et le ravitaillement, et des communications efficaces pour acheminer les ordres du commandement et pour l'informer des manœuvres de l'ennemi. Cela coûtait cher.

L'articulation du système politique à la société civile reposait sur l'exercice de la violence, l'acceptation de l'autorité et sur le prélèvement des ressources nécessaires à son fonctionnement. L'influence et la domination intervenaient surtout dans la vie de la société civile, mais la première jouait un rôle essentiel dans les processus de légitimation de la sphère politique.

Grammaire des relations institutionnalisées et architecture du pouvoir

Les relations institutionnalisées au sein desquelles s'inscrivaient les jeux de pouvoir, et qui étaient présentes aussi bien dans la société civile que dans le système politique, reposaient sur un petit nombre de grammaires, qui faisaient partie de la culture des groupes : celles de la famille, alliance et descendance ; celles, horizontales, de l'association ou de l'échange ; celles de l'inégalité généralisée, castes ou classes ; celles de la hiérarchie, féodalité, organisation bureaucratique ou pouvoir. À chaque grammaire était associée une géométrie particulière, qui faisait que la relation était limitée à un nombre déterminé de personnes ou pouvait s'étendre indéfiniment ; des effets de portée-limite entraient en jeu.

Quelques facteurs éclairaient ainsi les dimensions géographiques des faits de pouvoir : ils étaient techniques en ce qui concerne la production, le transport, la communication ou l'art de la guerre ; ils étaient culturels lorsqu'il s'agissait des religions ou des idéologies qui façonnaient les convictions et les comportements ; ils étaient économiques dans le cas de la monétarisation. La liste qu'énumérait *Espace et pouvoir* était voisine de celle qu'allait proposer, huit ans plus tard, Michael Mann (1986). La manière dont ils se combinaient changeait, mais dans la mesure où les techniques, l'art de la guerre et la monétarisation étaient soumis à une logique de progrès, l'évolution se déroulait selon un certain ordre.

Les systèmes politiques des peuples premiers et des sociétés traditionnelles

La grammaire des relations maîtrisées par les peuples premiers était limitée : elle n'allait guère au-delà de celle de la famille, élargie de manière souvent fictive au clan et à la tribu. Le fréquent souci de limiter les inégalités y freinait l'autonomisation du politique : la faiblesse des structures hiérarchiques exprimait tout autant un refus du pouvoir qu'un retard d'évolution.

L'élargissement et la complexification des systèmes politiques résultaient des mutations de l'art de la guerre et de l'évolution des représentations collectives : lorsque les religions avaient cessé d'invoquer des forces immanentes spécifiques aux lieux et s'étaient mises à parler de divinités transcendantes, le partage des valeurs était devenu plus facile. Des monarchies sacrées s'étaient formées. L'autorité dont bénéficiaient les rois-prêtres structurait de manière lâche des espaces déjà relativement étendus.

Plusieurs familles de constructions politiques s'étaient par la suite affirmées dans des sociétés dont les techniques s'amélioraient, mais dont la monétarisation demeurait limitée. On trouvait ainsi des *royaumes* dirigés par des monarques dont l'autorité était symboliquement reconnue par de larges groupes, mais dont le pouvoir réel était en permanence menacé de fragmentation et de féodalisation. Il y avait des *empires*, qui devaient aux principes universels qui fondaient leur légitimité leur capacité à englober de larges étendues ; leur taille leur permettait de mobiliser de puissantes armées, mais ils n'arrivaient pas toujours à contrôler les structures locales qu'ils intégraient. Les territoires des *cités-États* étaient beaucoup plus restreints, mais leur construction était plus solide : leurs populations (ou une partie d'entre elles) partageaient les mêmes valeurs ; leurs économies étaient souvent monétarisées ; elles étaient dotées de structures administratives déjà modernes.

La source de l'autorité était généralement religieuse : le roi ou l'empereur se trouvait divinisé ou recevait sa légitimité de l'Église. Cette dernière avait la tentation de le dominer et d'encadrer son action : au Moyen Âge, cela avait provoqué d'innombrables conflits entre empire et papauté.

Les systèmes politiques du monde moderne

Trois mutations étaient alors intervenues, qui avaient conféré d'autres caractéristiques aux systèmes politiques du monde moderne. 1- L'art de la guerre s'était transformé avec l'usage des armes à feu. 2- La monétarisation de l'économie s'était affirmée, ce qui avait facilité les prélèvements fiscaux et leur centralisation ; en conséquence, la féodalité avait reculé. 3- Les représentations avaient évolué : aux religions qui donnaient jusque-là un sens à la vie individuelle et collective s'étaient ajoutées des idéologies, qui insistaient davantage sur les dimensions sociales, économiques et politiques de l'existence et proposaient de les réformer.

Les progrès de la monétarisation donnaient à l'État la possibilité d'un contrôle plus ferme de l'espace sur lequel il exerçait sa souveraineté : on pouvait désormais doter les grands espaces de systèmes administratifs aussi performants que ceux des cités-États.

Dans un premier temps, les rapports autorité/pouvoir ne changèrent pas. Dans le monde chrétien, le Prince était toujours considéré comme un lieutenant du Seigneur : sa légitimité venait de l'au-delà. Son pouvoir était absolu dans la mesure où rien ne pouvait s'opposer à ce qui venait de Dieu.

La Réforme avait remis en question cette situation. Le principe de droit divin avait fini par céder. Le pouvoir tirait désormais sa justification des idéologies qui avaient pris forme dans le courant des XVIIe et XVIIIe siècles : la souveraineté provenait des citoyens, qui la déléguaient à l'État. Une double pyramide se trouvait mobilisée pour gouverner un pays : celle des représentants du peuple, porteurs de la légitimité ; celle de l'administration, qui assurait à l'exécutif son emprise sur l'espace, lui permettait de prévenir les déviances et de mettre en œuvre ses politiques. Le passage des régimes autoritaires aux régimes modernes s'était effectué à partir de la fin du XVIIe siècle en Angleterre et du XVIIIe siècle ailleurs.

Dans les systèmes modernes, les rapports de l'autorité et du pouvoir n'avaient pas tardé à prendre deux formes : dans les pays libéraux, la légitimation résultait de la réflexion menée en marge du pouvoir par des essayistes, des chercheurs, des philosophes ; elle s'exprimait à travers ce que l'on appelait désormais l'opinion publique. La chaîne représentative résultait alors de consultations électorales.

Dans l'autre famille de régimes, la légitimation apparaissait comme un monopole du gouvernement, qui empêchait la formation d'une opinion publique, fabriquait l'idéologie dont il se réclamait et mettait en place un parti unique, émanation symbolique du peuple en marche vers le futur.

L'État totalitaire était brièvement apparu au cours de la Révolution française ; au XIXe siècle, les tensions s'étaient surtout développées entre les pays qui demeuraient fidèles à l'Ancien Régime et les nations libérales. Le XXe siècle avait été dominé par l'opposition entre régimes libéraux et régimes totalitaires.

LA SCÈNE INTERNATIONALE

Restait un dernier domaine : celui de la vie internationale. On pouvait l'aborder de deux façons : 1- en analysant les relations, les tensions et les systèmes de régulation qui la caractérisaient : 2- en prenant la voie de la géopolitique, qui s'attachait aux acteurs, aux représentations qu'ils se faisaient de la scène mondiale et régionale, et aux stratégies qu'ils mettaient en œuvre pour sauvegarder leurs intérêts, maintenir la paix ou accroître leur puissance.

J'optai pour la première solution et puisai mon inspiration dans le droit international et la sociologie des relations internationales. L'ouvrage de Marcel Merle (1976) me fut très utile.

Une juxtaposition de souverainetés, des relations multiples et la création de réseaux de coopération

Je partis de la conception de l'État qui était alors acceptée et que l'on qualifia quelques années plus tard de westphalienne : un ensemble territorial délimité par des frontières linéaires et où le gouvernement exerçait une souveraineté totale. Si la frontière était terrestre, une autre souveraineté était à l'œuvre au-delà de la limite ; si elle était maritime, on entrait dans une étendue qui échappait à toute mainmise.

Les relations ne s'arrêtaient pas pour autant aux postes de douane : elles étaient économiques et résultaient des avantages que procuraient la division du travail et l'inégale répartition des facteurs de production. Aux rapports commerciaux et financiers s'ajoutaient des échanges culturels. Ceux-ci prenaient des formes variées et se développaient grâce aux voyages ou à l'envoi de livres et plus tard, de films et de programmes de radio ou de télévision.

Les échanges nés de l'initiative de personnes privées ou d'entreprises comportaient plus de risques lorsqu'ils se déroulaient hors des espaces nationaux. Les États ne pouvaient se désintéresser du sort de leurs citoyens, des activités qu'ils menaient hors des frontières de leur pays et des transactions qu'ils y nouaient. Les gouvernements assuraient cette assistance en entretenant à l'étranger des services diplomatiques, ambassades et consulats. Des conventions bilatérales ou multilatérales, évitaient les conflits ou facilitaient leur résolution. Restait le problème des espaces maritimes : échappant à la souveraineté des pays, l'usage était de déléguer aux capitaines des bateaux les droits souverains de l'État sous le pavillon duquel ils naviguaient.

Conflits, effets de dissuasion et équilibres internationaux

Un État s'arrêtait là où cessait sa souveraineté et où une autre commençait. Rien ne l'obligeait à reconnaître comme légitime le pouvoir en place au-delà de la frontière : situation analogue à celle de l'état de nature de Hobbes : chaque entité (un individu chez Hobbes, un État ici) avait des intérêts qui s'opposaient à ceux des autres. Dans le contrat social, les hommes, soucieux de sortir d'un monde où chacun était un loup pour l'autre, tenaient un *Covenant* où chacun acceptait de se défaire du droit d'agir et de se défendre à sa guise au profit d'une autorité supérieure, le Léviathan. La société se trouvait pacifiée.

Les États n'avaient pas signé de contrat. Entre eux, l'état de guerre aurait dû être permanent. S'il n'en allait pas ainsi, c'est qu'entrer en guerre avec un autre pays pouvait enrichir l'agresseur, mais risquait aussi de le ruiner, ce qui avait un effet dissuasif.

La scène internationale mettait donc en jeu des processus différents de ceux que l'on observait au sein des Etats. Il n'existait pas de superpuissance qui dispose du monopole légal du recours à la violence et l'utilise pour dissuader les autres pays de se lancer dans des aventures militaires.

Ce qui était en œuvre ressemblait à ce qu'Evans-Pritchard (1938) et Fortes et Evans-Pritchard (1940) décrivaient dans les sociétés segmentaires qu'ils avaient analysées en Afrique : comme chaque individu était pris dans une structure familiale et clanique très forte, tout vol, tout meurtre risquait de provoquer une déflagration générale, puisque chacun devait se ranger du côté de l'un ou de l'autre des protagonistes. Pour éviter une telle catastrophe, des intermédiaires reconnus, les hommes-léopards, intervenaient pour résoudre le conflit.

Le monde international était également régi par des équilibres de dissuasion. Durant d'assez longues périodes, un État que l'on qualifiait d'hégémonique apparaissait comme plus puissant que les autres ; il nouait des alliances ; des coalitions rivales se formaient, mais n'osaient pas l'attaquer car il semblait impossible de le défaire. Qu'à la suite d'une catastrophe naturelle ou d'agitations internes, la prédominance de la puissance hégémonique faiblisse, et l'on entrait dans une période de conflits : les pays qui longtemps n'avaient joué qu'un rôle effacé tentaient de s'imposer.

Espace et pouvoir offrait ainsi une vue d'ensemble des processus politiques. Ceux qui étaient à l'œuvre au sein des États faisaient l'objet d'une analyse assez détaillée. La scène internationale était plus brièvement traitée.

Distinguant à l'instar de Weber plusieurs formes de pouvoir, mettant l'accent sur les mécanismes qui leur étaient liés, le travail s'inscrivait en faux contre une tendance alors fréquente dans les sciences sociales : celle qui faisait du Pouvoir une entité vague, à laquelle était attribuée la responsabilité de tout ce qui se passait dans le monde.

L'autre tentation était de ne voir dans la géographie politique que le reflet des transformations économiques que le monde connaissait depuis les Grandes Découvertes. À quoi bon s'attarder sur les dimensions politiques de l'impérialisme si celui-ci était commandé par les appétits des Européens, explorateurs, armateurs, négociants puis industriels ? *Espace et pouvoir* évitait ces schémas simplificateurs.

Les processus à l'œuvre dans les relations où se manifestaient des effets de pouvoir étaient divers : 1- la violence physique y tenait une place importante, mais la menace de l'utiliser ou le recours à des actes terroristes isolés, mais spectaculaires, comptaient souvent autant que la force elle-même ; 2- l'obstacle que la distance opposait aux transports pesait sur l'accès aux ressources, sur la mobilité des armées et sur le transfert des prélèvements ; la gêne qu'elle apportait à l'acheminement des informations était plus essentielle encore, puisqu'elle rendait compte des portées-limites observables dans l'exercice du pouvoir pur ; 3- dans la mesure où la vie politique reposait sur l'acceptation d'une autorité légitime, c'était du côté de la culture qu'il fallait regarder. On prenait en compte la communication dans une perspective qui faisait plus de place aux contenus et au symbolisme qu'à la simple physique de la transmission.

L'ouvrage appelait des prolongements. Je les mis en œuvre en consacrant en 1992 et 1994 un ouvrage à *Géopolitique et géostratégie.*

GÉOPOLITIQUE ET GÉOSTRATÉGIE (1992 ; 1994). LA PENSÉE POLITIQUE, L'ESPACE ET LE TERRITOIRE AU XXe SIÈCLE

En 1983, John House m'avait invité à participer à Oxford à la réunion qu'il organisait en vue de la création d'une Commission de géographie politique dans le cadre de l'UGI. Malade et ne pouvant en prendre la tête, il désirait que j'en assume la présidence. Faute de moyens pour exercer une telle responsabilité, je refusai. La Commission internationale vit le jour en 1984, au Congrès que tint l'UGI à Paris. Le Comité national français de Géographie créa dans la foulée une commission nationale ayant la même finalité. Je me sentis obligé d'en accepter la présidence, que j'assumai huit ans, jusqu'en 1992.

Cela me força à lire, à écrire et à organiser des conférences. Je continuai à m'intéresser aux conditions de la liberté. En liaison avec Hervé Théry, je me penchai sur l'organisation politique et administrative des espaces nationaux.

Je désirais surtout conduire, en géopolitique, un travail de clarification analogue à celui que j'avais mené en géographie politique. Quelques cours et séminaires me donnèrent l'occasion de préciser mes idées. Je rédigeai l'ouvrage à la fin de 1991. Il fut publié en 1992. Une réédition enrichie vit le jour en 1994.

Les spécificités de la pensée géopolitique

Penser la géopolitique posait des problèmes que je n'avais pas rencontrés en géographie économique, en géographie humaine ou en géographie politique. La géopolitique n'était devenue une discipline académique qu'assez tard, mais les responsables politiques, les militaires et les diplomates avaient depuis toujours réfléchi aux problèmes que posait l'action politique sur les scènes nationale et internationale ; ils en avaient tiré un ensemble de principes et de règles qui se transmettaient parmi les hommes d'État, les parlementaires, les diplomates ou les officiers d'État-Major. Les *Mémoires* rédigés à la fin de leur carrière par d'anciens présidents, ministres, diplomates ou généraux témoignaient de la richesse et de la complexité de ces savoirs. Dès l'Antiquité, des ouvrages avaient cherché à les codifier. Ils s'étaient multipliés à partir de la fin du XVIIIe siècle.

Le problème était d'abord de comprendre pourquoi et comment on était passé de pratiques et de savoir-faire réservés à quelques milieux professionnels à des connaissances académiques. L'évolution était à mettre en relation avec la naissance de sociétés démocratiques : le peuple avait cessé d'être composé de sujets que le pouvoir guidait, mais auquel il n'avait pas à expliquer ses choix. Il émanait maintenant de citoyens dont le vote donnait sa légitimité à l'action collective : ils éprouvaient le besoin de comprendre les grands problèmes nationaux et internationaux pour savoir à quels programmes et à qui accorder leur confiance. Les conversations de café de commerce s'étaient mises à traiter des affaires de l'État. Une opinion publique s'était formée ; elle embrassait tous les problèmes que posait la gestion de la cité. C'est dans ce cadre que la géopolitique des journalistes et des professeurs était née ; elle n'avait pas supplanté celle des hommes politiques, des diplomates et des militaires, mais les échanges étaient constants d'un compartiment à l'autre.

La géopolitique qu'élaboraient les uns et les autres constituait une forme assez particulière de savoir. Elle s'appuyait sur la connaissance de l'espace et des jeux de pouvoir qui le façonnaient telle que l'avaient développée la géographie, l'histoire ou les sciences politiques, mais son but n'était pas le même. Il n'était pas de décrire et d'expliquer d'un point de vue général les situations observées, mais de comprendre comment les acteurs de la vie politique percevaient le contexte où ils agissaient ; il était de savoir à partir de quels faits ils établissaient leur diagnostic. Une fois celui-ci établi, le propos était de suivre l'élaboration des stratégies imaginées pour résoudre les problèmes décelés ; il était de voir comment les moyens mis en œuvre étaient déployés. Dernier point, mais capital : alors que le chercheur suspendait son jugement aussi longtemps qu'il ne disposait pas d'une information suffisante, l'urgence conduisait l'homme politique à opérer des choix alors même que la connaissance qu'il avait de l'environnement demeurait incomplète ; elle l'était d'autant plus que chacun cachait son jeu ; la géopolitique apparaissait comme un savoir pratique élaboré dans un cadre nécessairement incertain.

Les journalistes et les professeurs qui s'intéressaient au domaine géopolitique ne participaient pas directement à l'action : ce domaine les attirait pour deux motifs : 1- informer et former l'opinion publique ; 2- fournir au Prince, aux généraux ou aux diplomates des analyses et leur suggérer des solutions, comme l'avaient toujours fait les conseillers du pouvoir.

La géopolitique des chercheurs était moins contrainte par les calendriers de l'action que celle des hommes politiques ; elle se rapprochait en cela des disciplines académiques – mais sa spécificité demeurait : elle était faite pour informer et guider l'action.

La complexité de la réflexion géopolitique développée au XXe siècle était grande. Quels axes éclairaient son évolution et ses tenants et aboutissants ?

D'une conception déterministe à l'analyse des représentations

Dans une première phase, la géopolitique avait été fortement marquée par l'environnementalisme : comme l'indiquait le *Dictionnaire de la géographie* de Pierre George (1970), elle « [étudiait] les rapports entre les facteurs géographiques et les actions ou situations géographiques ». Et le texte précisait : la géopolitique allemande « était conçue sous une forme déterministe ». Une génération plus tard, le *Dictionnaire de la géographie et de l'espace des sociétés* de Jacques Lévy et Michel Lussault (2003) juxtaposait deux définitions qui donnaient la mesure du chemin parcouru. Pour eux, la géopolitique se présentait comme : « (i) la dimension spatiale de la relation entre États, dont l'enjeu était l'appropriation et le contrôle du territoire et dont le mode d'action fondamental était l'usage [...] de la violence organisée, et (ii) l'ensemble de discours associant, dans des proportions variables, connaissance de la géopolitique (i), ingénierie de l'action interétatique et idéologies nationalistes ou impérialistes ».

Cette vision était critique et introduisait deux éléments nouveaux : (i) la géopolitique était une théorie de l'action ; (ii) celle-ci était guidée par des représentations. Lacoste insistait sur ce dernier point :

> « La spécificité de multiples phénomènes géopolitiques [vient de ce] qu'il s'agit de représentations qui s'opposent de façon plus ou moins antagoniste et qui ont trait à des problèmes de pouvoir-territoire » (Lacoste, *Dictionnaire de géopolitique,* 1993, p. 27).

Selon *The Dictionary of Human Geography,* la géopolitique, devenue critique, « examinait la manière selon laquelle une large gamme de géographies imaginaires modelaient activement la politique mondiale » (Gregory *et al.,* 2009).

La géopolitique avait donc évolué parallèlement à l'ensemble de la discipline : très axée au départ sur les contraintes que le milieu exerçait sur l'action humaine, elle avait cessé vers 1970 de les concevoir sur le mode déterministe et insistait désormais sur les représentations que les hommes s'en faisaient et qui guidaient leur action.

Des géopolitiques de puissance aux géopolitiques d'équilibre et de paix

La géopolitique que développaient les professeurs et les chercheurs était conçue pour éclairer les hommes politiques, les diplomates et les militaires. Elle allait à la rencontre de leurs préoccupations. À sa naissance, à la jointure du XIXe et du XXe siècles, ceux qui la pratiquaient se donnaient pour mission de développer la puissance de leur pays. C'était vrai de Ratzel (1897) puis de Haushofer (1928/1986) et de toute la géopolitique que celui-ci avait inspirée en Allemagne, de Mackinder (1904) en Grande-Bretagne ou de l'Amiral Mahan (1890/1899) aux États-Unis.

Cette inspiration avait dominé dans certains pays jusqu'aux années 1980. Ailleurs, une nouvelle conception était apparue. Nombre de géographes français avaient tiré de la Première Guerre mondiale l'idée que leur pays n'était plus qu'une puissance moyenne, et qu'elle devait rechercher un équilibre capable de prévenir les conflits et d'éviter que les faibles ne soient écrasés par les puissants. Annoncée par Albert Demangeon dès 1920, cette géopolitique de la paix et de l'équilibre avait été et illustrée par Georges Ancel (1936) ou Yves-Marie Goblet (1934) dans les années 1930. Certains de ses thèmes étaient présents chez Isaiah Bowman, aux États-Unis.

La guerre froide et les risques qu'entraînerait un conflit nucléaire avaient élargi, après-guerre, l'audience de ces géopolitiques de l'équilibre et de la paix.

Géopolitique et géostratégie : des rapports changeants

La scène internationale était périodiquement secouée par des conflits. Penser la guerre faisait partie des préoccupations de toutes les géopolitiques – celles de puissance évidemment, mais celles d'équilibre aussi, car la meilleure façon de vivre en paix, c'était d'être suffisamment armé pour dissuader les voisins de toute action offensive : cela avait parfaitement réussi aux Suisses et aux Suédois.

Lorsqu'un conflit éclatait, l'échelle des priorités changeait : ce qui comptait désormais dans chacun des pays en guerre, c'était l'aptitude à utiliser les armements dont il disposait, à faire manœuvrer ses armées, à surprendre ainsi l'adversaire et à emporter la décision. C'était affaire de stratégie, « l'art de faire évoluer une armée jusqu'au moment où elle entrait en contact avec l'ennemi », et de tactique, « l'art de combiner tous les moyens militaires au combat » (*Le Petit Robert 1*). La géostratégie analysait les représentations des hommes politiques et des militaires qui définissaient les grandes options militaires, et celle des états-majors qui les mettaient en œuvre. La géostratégie ne prenait normalement le pas sur la géopolitique que durant les conflits armés.

Les conditions avaient changé avec la dissuasion nucléaire, durant la guerre froide. De l'explosion de la première bombe A soviétique, en 1949, à la chute du Mur de Berlin, en 1989, les relations internationales avaient été commandées par les caractéristiques des armes nucléaires fabriquées à l'Ouest comme à l'Est, et par celles des vecteurs, avions puis fusées, susceptibles de les lâcher sur les cibles adverses. Les contraintes géostratégiques l'emportaient sur les manœuvres géopolitiques. Elles le faisaient d'autant plus que l'on était plus proche des zones où s'affrontaient l'Est et l'Ouest : Europe centrale, Proche et Moyen Orient, Extrême-Orient. Les formes plus traditionnelles de géopolitique se maintenaient en revanche en dehors des régions de tension – en Afrique, en Amérique du Sud, en Océanie.

La fin de la guerre froide provoqua un retour à des formes classiques de géopolitique – d'autant que les nationalismes, bridés un temps par les régimes communistes, relevaient la tête dans les anciennes démocraties populaires aussi bien que dans l'ex-URSS.

La tension entre les blocs avait retardé la prise de conscience des effets des crises pétrolières et de la globalisation. On en mesurait désormais l'ampleur. La civilisation occidentale était depuis longtemps critiquée. Voici que ce mouvement prenait une autre dimension maintenant que les fondamentalismes religieux, ceux qui secouaient le monde musulman en particulier, en faisaient un de leurs thèmes favoris.

Gépolitique et géostratégie présentait ainsi de manière concise les grands traits de la réflexion géopolitique et géostratégique au XXe siècle.

Ainsi se terminait le long travail que j'avais mené pour étendre à l'ensemble de la géographie humaine l'intuition centrale de la géographie économique : le poids de la distance dans la distribution des phénomènes humains.

4. PENSER VILLES ET CAMPAGNES

LA LOGIQUE DES VILLES

SAISIR LE MONDE À TRAVERS PROMENADES ET VOYAGES

À Besançon où j'enseignais depuis 1960, c'est à l'échelle de la ville et de la campagne voisine que je voyais changer le monde. Je découvrais la vieille cité à l'occasion de mes déplacements quotidiens, sa banlieue au cours des marches que je faisais seul ou avec Françoise, mon épouse, la campagne comtoise au volant ou à pied.

Besançon présentait une unité et une qualité architecturales rares pour une agglomération de sa taille. Dans son centre, elle n'avait guère changé depuis l'époque où Balzac (1842) y situait *Albert Savarus* : de la fenêtre haut perchée de mon bureau, je voyais les deux hôtels où Balzac avait installé Rosalie de Watteville et Albert Savarus, et les jardins par lesquels ils communiquaient. Plus loin, c'était l'horizon des murs de pierre de Chailluz où se mêlaient le gris, le bleu et l'ocre, et les toits de petites tuiles brunes dominés par la haute colline boisée de Chaudanne – tout ce qui donnait son cachet à la ville.

Au-delà de la banlieue de petits pavillons de l'entre-deux-guerres, la ville s'étalait par plaques avec ses deux grands quartiers de H.L.M., Palente au Nord-Est, déjà en place à mon arrivée, et Planoise, à l'Ouest, dont le chantier avait été lancé en 1962 ; des ensembles plus petits avaient foisonné au Nord. Très vite, l'étalement avait pris d'autres formes : construction d'usines ou d'entrepôts, multiplication des villas autour des vieux villages. Une première voie périphérique, le boulevard Nord, avait été ouverte en 1962-1963. Le premier supermarché s'était immédiatement installé sur son tracé. J'appréhendais ainsi la dynamique des villes françaises des Trente Glorieuses.

La campagne se transformait aussi. La mise en place des adductions d'eau n'était pas encore achevée, si bien que d'octobre à avril, les rues des villages comtois restaient couvertes du tapis de bouses laissées par les vaches dans leurs lents déplacements vers l'abreuvoir. Mais les fermes s'agrandissaient, le maïs transformait les cultures dans l'Avant-Pays comme sur le Premier Plateau. Lorsque nous visitions une exploitation avec nos étudiants, le cultivateur la décrivait en termes de surface agricole utile (SAU), de surface toujours en herbe (STH), d'unités fourragères produites (UF), d'unités gros-bétail (UGB), comme le voulaient les règles de la comptabilité des exploitations rurales. Grâce à elles, l'assiette de la ferme, la composition de son cheptel et les bases de son fonctionnement se trouvaient précisées. Le dynamisme d'un milieu souvent formé par la JAC (Jeunesse Agricole Chrétienne) était frappant.

Dans nos déplacements en France, Françoise et moi observions les mutations d'une société qui changeait partout, mais avec des nuances : une part plus importante des constructions neuves allait aux ensembles sociaux dans la moitié Nord-Est du pays ; celle des maisons individuelles était plus élevée dans sa moitié Sud-Ouest. Paris était plus gai depuis que Malraux faisait ravaler ses façades. Avec le quartier de la Défense qui commençait à sortir de terre et les villes nouvelles lancées par Delouvrier, une autre agglomération doublait, vers l'extérieur, celle qui datait du XIXe siècle.

Nous allions d'autant plus souvent dans la Suisse proche que Françoise y avait une partie de sa famille : la croissance des villes y était moins spectaculaire qu'en France, mais l'urbanité des cités suisses, sensiblement différente de celle de l'Hexagone, nous frappait.

Un voyage en Bretagne nous fit découvrir la révolution qu'y traversait le monde rural. Le remembrement avait desserré les mailles du bocage, ou les avait même fait disparaître. Partout, les fermes s'entouraient de bâtiments destinés aux élevages industriels : ici, on engraissait des porcs, là on les faisait naître ; ici, on élevait des poules pour les œufs et là des poulets de batterie, etc. Le paysage ne changeait guère d'une exploitation à l'autre, mais les activités s'inscrivaient dans des circuits différents. L'organisation de l'espace agricole par grandes plages uniformes n'était plus de mise. Ce qui comptait désormais, c'était la multiplicité des circuits d'information : elle permettait à chacun de se spécialiser dans le type de production qui correspondait le mieux à la structure de son bien, au nombre de personnes qui y travaillaient, à ses préférences et à ses compétences.

Nous fîmes deux grands voyages dans les Îles Britanniques : en Irlande en 1963, où nous découvrîmes le charme géorgien de Dublin, et en Angleterre et Écosse en 1967. Deux ouvrages guidaient notre lecture des villes britanniques, celui d'Ewart Johns (1965) et celui de John Penoyre et Michael Ryan (1965). Ce dernier nous fit comprendre la logique des quartiers de *terraces*, magnifiques dans les quartiers aristocratiques du XVIIIe siècle, ou tristement répétitifs dans les villes industrielles du XIXe siècle :

> « Les promoteurs du XVIIIe siècle avait dessiné leurs *terraces* le long de rues droites toute simples, de belles et grandes places carrées avec un jardin au centre, des croissants et des cirques, chacun débouchant sur le suivant, le tout ouvrant des vues et des perspectives de pierre ou de brique qui se terminaient sur un bouquet d'arbres, tout comme à la campagne, elles formaient des avenues d'arbres se terminant par des bâtiments » (Penoyre et Ryan, 1965, p. 137).

Les mêmes principes avaient ainsi présidé à l'ordonnance des villes et au dessin des parcs à l'anglaise. Penoyre et Ryan précisaient alors ce qui fondait l'architecture des *terraces* :

> « La maison de *terrace* géorgienne, a été construite à un très grand nombre d'exemplaires et a été fortement standardisée, parce qu'il existait un standard accepté du bon goût. L'acceptation générale d'un standard était possible parce qu'on croyait en une [même] philosophie, une philosophie de matérialisme et de raison » (Penoyre et Ryan, 1965, p. 129).

The one best way, l'idée qu'il y a une seule meilleure manière de faire les choses, avait devancé d'un siècle la naissance de l'industrie et avait conduit à la standardisation des paysages avant même que la construction ne soit touchée par la révolution technique.

S'attacher aux formes bâties des villes britanniques, à leurs hiérarchies sociales et à leurs rêves conduisait à une interprétation sensible des ensembles urbains. Cela nous invitait à repenser les expériences que nous avions eues en France, en Suisse, mais aussi à Barcelone, à Rome, à Florence ou à Venise.

En 1971, un voyage financé par le Ministère Allemand des Affaires Étrangères et organisé par Wolfgang Hartke m'offrit l'occasion de visiter une dizaine de grandes villes allemandes. Jusqu'à l'unification de l'Allemagne en 1871, la diversité des formes avait dominé. Un nouveau type d'organisation de l'espace urbain s'était alors imposé : de grandes avenues destinées à magnifier la puissance et la réussite du pays ; une architecture aux références volontiers médiévales ; des solutions hardies pour faciliter la circulation – le S-Bahn berlinois avait devancé de soixante ans le RER parisien. À la différence de la Grande-Bretagne, la grande ville allemande se montrait originale par son organisation fonctionnelle d'ensemble plus que par l'agencement de ses quartiers. Deux articles résumèrent ces expériences britanniques et allemandes (Claval, 1970c ; 1972b).

Françoise et moi voyagions la plupart du temps ensemble mais appréhendions les choses différemment. J'étais plus sensible aux distributions spatiales et aux formes bâties. Françoise s'attachait davantage à la société qui les avait conçues. Sa remarquable aptitude à saisir le jeu des conventions et des contraintes derrière les formes tenait au mélange d'abstraction et de réflexion qui la caractérisait – n'avait-elle pas eu un prix de philosophie au Concours Général ? Son expérience de protestante dans une France sociologiquement catholique l'avait également préparée à ce genre d'analyse. Nul doute que sans elle, beaucoup de choses m'auraient échappé.

Notre intérêt pour la Franche-Comté n'était pas seulement celui de promeneurs du dimanche. La préfecture du Doubs, celle de Franche-Comté et la Chambre de Commerce de Besançon se préoccupaient de l'économie régionale. Pour répondre à la demande d'enquêtes qui en résultait, Michel Chevalier avait créé un Centre d'Études Régionales de Franche-Comté. J'en pris la direction à son départ pour Rouen. Les recherches portaient sur les industries comtoises, l'évolution des exploitations agricoles, le réseau des centres commerciaux, etc. Les services publics étaient friands de cartes. La vraie vocation de Françoise était la cartographie : elle illustrait les rapports de cartes à la fois précises, imaginatives et très parlantes.

J'avais entrepris une thèse de géographie régionale sur l'économie franc-comtoise. Aux résultats des enquêtes contemporaines s'ajoutait l'apport des travaux que je dépouillais sur le passé industriel et agricole de la région.

LES RECHERCHES SUR VILLES ET CAMPAGNES

Des travaux à dominante longtemps descriptive

C'est à travers les villes et les campagnes que nous parcourions, et grâce à la presse, à la radio et de plus en plus à la télévision, que nous prenions conscience de certains des traits de l'évolution du monde actuel : les villes ne cessaient de gonfler et de s'étendre, et les campagnes de se moderniser au point que les conditions de vie qu'elles offraient ressemblaient de plus en plus à celles que l'on trouvait dans les milieux urbains. La ville et la campagne étaient longtemps apparues comme des formes opposées d'occupation de l'espace : leurs rapports étaient en train de changer.

En quoi la géographie aidait-elle à les penser ? Elle offrait des descriptions de villes. Il y en avait d'excellentes chez Élisée Reclus. Dans les quinze dernières années de sa vie, Vidal de la Blache avait mis l'accent sur le rôle des agglomérations urbaines, des plus grandes en particulier, dans l'organisation de l'espace. Peu après, Raoul Blanchard inventait la géographie urbaine comme branche spécialisée de la géographie humaine. Ses travaux (1911 ; 1916) l'avaient conduit à dégager deux concepts-clefs : le *site* d'une ville renvoyait aux conditions locales que lui offraient le relief et la disposition des milieux naturels ; l'analyse de *situation* mettait en évidence les liens qu'elle tissait avec les espaces alentour, les proches comme les lointains.

La plupart des auteurs ajoutaient à ces thèmes une approche historique. Ils retraçaient l'évolution de la ville à travers ses plans successifs. La description des formes bâties que proposaient les urbanistes progressait. Elle expliquait l'attention accordée aux constructions et à leur style. Pierre Lavedan, l'auteur du premier traité français de géographie urbaine (1935), combinait analyse de site et de situation, reconstitution de l'évolution des tissus urbains et description de leurs formes bâties.

Le besoin d'aller plus loin se faisait sentir : Georges Chabot (1948), qui y était sensible, mettait en évidence les fonctions propres à chaque ville – mais énumérer celles d'un centre ne renseignait qu'incomplètement sur le fonctionnement de celui-ci. Des travaux étrangers abordaient ces questions. Chabot mentionnait ceux de Walter Christaller, mais sans intégrer leurs résultats à ses analyses.

Je me tournai vers d'autres courants. À la suite de Patrick Geddes (1994/1915), l'urbanisme s'interrogeait sur la genèse et le fonctionnement des villes pour mieux comprendre leur dynamisme et leurs formes bâties. Les perspectives de Lewis Mumford (1964/1961) étaient stimulantes, mais la distinction entre âge paléo-technique et âge néo-technique était, à mon goût, trop simplificatrice. Son petit ouvrage sur l'utopie (Mumford, 1922) posait en revanche une question essentielle, celle de la place des rêves dans le façonnement du réel. Je me mis à acheter tout ce qui se publiait sur l'utopie – sans savoir comment je l'utiliserais un jour. Je découvrais les unes après les autres les publications de Françoise Choay. Elles m'apprirent beaucoup.

Les sciences sociales et la ville

Les sciences sociales essayaient de mieux comprendre le phénomène urbain. J'appréciai beaucoup un recueil de textes réunis par O. Handlin et J. Burchard en 1963 ; Robert S. Lopez y définissait la ville comme un carrefour (l'idée était ancienne : l'idéogramme Y qui, dans l'ancienne Mésopotamie, désignait la ville, représentait un carrefour). Trois ans plus tard le sociologue Jean Remy (1966) proposait une interprétation voisine. Richard L. Meier (1965) allait un pas plus loin : la ville était pour lui un système de communication.

Les travaux contemporains se référaient aux grands théoriciens allemands de la fin du XIXe siècle : Ferdinand Tönnies (1887), Georg Simmel (1903), Max Weber (1958/1921). Leur réflexion portait sur l'opposition des villes et des campagnes, sur celle de la communauté et de la société, et sur la modernité de la grande ville. Ces travaux avaient fortement influencé Robert E. Park (1960), qui s'était formé en Allemagne. L'École de Chicago, dont il était l'inspirateur, avait continué sur cette ligne, comme le montraient les publications d'Ernest Burgess (1924) ou de Louis Wirth (1938). La réflexion sur les rapports des villes et des campagnes avait alors été reprise par des anthropologues (Redfield, 1940).

Dans leurs interprétations de la ville, les sciences sociales convergeaient. La ville naissait de l'échange, mais tant que la productivité de l'agriculture était restée médiocre, l'urbanisation était demeurée limitée. Elle n'avait pu se généraliser qu'avec les révolutions agricoles contemporaines de la révolution industrielle. La sociologie allemande soulignait ainsi la dimension historique du devenir urbain.

La théorie des lieux centraux

Walter Christaller avait été frappé par la régularité du réseau urbain d'Allemagne du Sud. Pour l'expliquer, il avait élaboré la théorie des lieux centraux (1933) : les villes distribuaient des biens ou fournissaient des services aux espaces alentour. Chacun des articles ou prestations ainsi offerts avait une portée-limite, si bien que les foyers urbains se disposaient au centre de cercles de rayon correspondant.

Comme chaque bien et chaque service se caractérisait par une portée-limite particulière, il aurait dû y avoir une infinité de réseaux de lieux centraux. En fait, les activités dont les portées-limites étaient voisines s'installaient dans le même centre (sans que Christaller expliquât pourquoi – le point faible de sa théorie) : au lieu d'un continuum de cercles de rayons croissants, c'était une hiérarchie de centres dont les aires d'influence étaient emboîtées qui se mettait en place ; les activités distribuées dans des cercles étendus s'établissaient dans des centres qui écoulaient également des biens et des services de portée moindre. La théorie des lieux centraux expliquait à la fois la distribution régulière des villes de même niveau et leur hiérarchie lorsqu'elles écoulaient des biens et des services de portées différentes. Au XIXe siècle plusieurs auteurs, Jean Reynaud, Léon Lalanne, Gobert (ou Gaubert), avaient déjà pressenti cette interprétation de la ville et des réseaux urbains.

La démarche des géographes français était généralement inductive : cela expliquait leur réticence à l'égard des travaux de Christaller, même si, comme Georges Chabot, ils en avaient compris l'importance. Jean Tricart (1954) en avait donné un exposé dans son cours sur l'habitat ; Michel Rochefort (1960) l'utilisait largement dans sa thèse.

Lorsque je commençai à m'intéresser aux travaux de Christaller, il n'existait pas de version française acceptée de l'expression allemande, *Zentrale Orte Theorie*. Fallait-il traduire littéralement et dire « théorie du lieu central » ou « théorie de la centralité » ? J'optai pour théorie des lieux centraux, puisque son but était d'expliquer la formation des réseaux de villes plus que la position de chacun de leurs centres. Ma traduction s'imposa, alors que l'anglais employait le singulier, *central place theory*.

La Nouvelle École de Chicago

C'était aux États-Unis que la théorie des lieux centraux avait eu l'impact le plus fort. Edward Ullman (1958) expliquait l'avoir personnellement découverte en toute ignorance des travaux de Christaller à la fin des années 1930. Quinze ans plus tard, il orientait vers ce domaine les jeunes et brillants étudiants qui préparaient leurs doctorats à l'Université du Washington à Seattle. Brian J. L. Berry s'y était consacré à partir du milieu des années 1950, à Seattle d'abord, puis à l'Université de Chicago où il avait bientôt été nommé (Berry et Horton, 1970) : depuis Park et Burgess, dans les années 1920, les sciences sociales y faisaient de la ville leur thème central.

Brian J. L. Berry avait mobilisé l'analyse factorielle pour voir si le schéma de Christaller expliquait de manière satisfaisante le semis des lieux centraux dans l'espace très homogène que constituait le Middle West américain. Il avait bientôt eu l'idée de transposer le schéma imaginé pour expliquer le semis des villes d'une région à l'analyse des activités de distribution au sein même de l'espace urbain : il éclairait ainsi la localisation des centres commerciaux depuis le quartier central des affaires, au sommet de la hiérarchie, jusqu'aux commerces de voisinage.

Pour passer de l'échelle régionale à l'échelle urbaine, un ajustement avait été nécessaire : la ville n'était pas une plaine uniforme. Pour un même niveau hiérarchique, les aires de chalandise étaient d'autant plus petites que l'on se rapprochait du noyau central parce que les densités s'élevaient. En ville, le schéma de Christaller s'appliquait à un champ à fort gradient, et non plus à un espace homogène. Brian J. L. Berry avait donc complété l'approche christallérienne de la ville par la prise en compte des champs de gravitation et des surfaces de potentiels que les études statistiques sur la ville mettaient par ailleurs en évidence. Le lien entre ces deux approches théoriques s'était établi dans la première moitié des années 1960. Il expliquait l'organisation annulaire de l'espace urbain, mise en évidence par Burgess dès 1924, et dont William Alonso avait montré en 1964 l'analogie avec les distributions agricoles à la von Thünen.

L'autre tradition de l'étude des villes à Chicago portait sur l'organisation sociale des espaces urbains : ceux-ci étaient-ils articulés en anneaux concentriques, comme le voulaient Park et Burgess, en rayons divergents à partir du centre à la manière de Homer Hoyt, ou en mosaïques, comme le suggéraient Harris et Ullman ? Y avait-il un mélange des trois types de distribution, et dans quelles proportions ?

Un sociologue, Shevky, avait appris à mobiliser l'analyse factorielle pour mettre en évidence la structure spatiale de Los Angeles, une ville au peuplement complexe (Shevky et Williams, 1949 ; Shevky et Bell, 1955). Repris par Anderson et Egeland en 1961, le projet avait été ensuite été relayé par Brian J. L. Berry, qui avait lancé de multiples monographies sur ce thème, à Toronto (Murdie, 1969) ou à Calcutta (Berry et Rees, 1969) par exemple, puis comparé les résultats obtenus un peu partout dans le monde (Berry, 1971) et rédigé en collaboration avec Katherine S. Smith un manuel sur la question (1972).

En collaboration avec Frank Horton, Brian J. L. Berry avait publié en 1970 un montage d'articles faisant le tour des trois domaines où la recherche urbaine avait beaucoup progressé à Chicago au cours des années 1960 : (i) l'étude des réseaux de villes et des tissus urbains en tant que systèmes de lieux centraux, (ii) la mise en évidence du champ urbain et (iii) l'analyse factorielle de l'espace social des aires urbanisées.

D'autres courants éclairaient le dynamisme contemporain des villes. Les travaux que Jay Vance Jr. (1962 ; 1964) consacraient à l'évolution des villes américaines étaient stimulants : l'usage généralisé de la voiture conduisait à la congestion des centres et à la formation d'agglomérations polycentriques, dont le modèle était fourni par l'agglomération de la Baie de San Francisco, pour laquelle il parlait de « sympôle » (Vance, 1964). J'appréciais également le petit ouvrage qu'il avait consacré à la structure spatiale du commerce de gros (Vance, 1971) : la dissymétrie générale des aires de marché dans les zones exportatrices, le Middle West américain par exemple, y était soulignée : à l'échelle des réseaux urbains comme à celle des villes, le semis des lieux centraux s'adaptait à l'existence de champs économiques. Ses travaux (Vance, 1966-1967) sur le logement des travailleurs dans la ville que bouleversait la révolution industrielle étaient également éclairants.

LA THÉORIE DES VILLES

De mon expérience des villes et des campagnes et des lectures que je multipliais depuis le début des années 1960, je tirais la conviction que l'élaboration d'une théorie générale de la ville était possible. Je consacrai à ce problème un gros article (Claval, 1968b).

J'y rappelais l'évolution des réflexions sur la ville et sur ses rapports avec la campagne alentour en soulignant ce que l'on pouvait tirer des travaux des sociologues allemands de la fin du XIXe siècle et du début du XXe, et de ceux de l'École de Chicago. L'étude des lieux centraux montrait en partie ce que devait être une théorie de la ville – elle expliquait la genèse des réseaux urbains –, mais ne rendait pas compte de la structure de la ville. La lecture sociale de la cité telle qu'elle s'était bâtie de Marx à Tönnies, Weber, Park et Burgess, Wirth et Redfield avait comblé cette lacune. En combinant les résultats de ces deux approches, une théorie générale de la ville se dessinait, que je résumais ainsi : « La vie urbaine permet de maximiser les interactions dans le corps social » (Claval, 1968b, p. 32) – c'était à une formule analogue que devaient parvenir, en 1970, Ron Abler, John Adams et Peter Gould (*cf. supra*, p. 38). Je discutai alors des mérites d'une telle démarche : la généralité du principe retenu introduisait dans la construction théorique une grande souplesse. La ville permettait de maximiser le niveau total des interrelations existant dans la société : la formule pouvait servir de base commune à toute une série d'échafaudages théoriques. (Claval, 1968b, p. 32-33).

Ainsi conçue, une théorie générale de la ville éclairait à la fois les réseaux urbains et la forme urbaine. Elle fournissait une explication unitaire de la cité, de sa forme, de son rôle : c'était beaucoup, c'était essentiel du point de vue intellectuel. Mais elle mettait en évidence des analogies avec d'autres domaines. Fernand Braudel conduisait parallèlement l'étude de la ville et celle des institutions monétaires : au plan spatial, la ville lui apparaissait comme l'équivalent de la monnaie au plan temporel : l'une et l'autre étaient des moyens de triompher d'un obstacle, le temps ici, l'espace là, et de s'en affranchir en l'utilisant (Claval, 1968b, p. 56).

Dans les années suivantes, je continuai sur la lancée et publiai dans des revues canadiennes trois articles sur la théorie des villes : « La géographie urbaine » en 1970, « Une théorie unitaire de la ville » et « Le système urbain et les réseaux d'information » en 1973.

Dans le premier de ces textes, je proposais « un schéma logique de la géographie urbaine générale, la ville [étant] définie comme un organisme destiné à maximiser l'interaction sociale » (Claval, 1970d, p. 117). J'y traitais d'abord de l'espace urbain, de la manière dont il assurait la maximisation des relations, et de la façon dont celle-ci générait un effet de champ qui pesait sur l'organisation du tissu urbain et y déterminait en chaque point l'avantage que chacun pouvait en retirer ; je soulignais la diversité des interactions dominantes selon que l'on avait affaire à une ville d'affaires, à un centre industriel, à un gros marché agricole ou à la résidence de classes oisives. J'insistais ensuite sur le rôle du marché foncier (reflet imparfait de l'avantage urbain) dans la genèse de l'ordre urbain, sur la manière dont la planification cherchait à en corriger les aspects négatifs et terminais en soulignant la diversité que la ville devait à la culture de ceux qui l'habitaient et la modelaient.

La seconde partie du texte traitait des rapports de la ville et du monde extérieur. J'analysais son métabolisme en m'inspirant d'Abel Wolman (1965). J'évoquais les fondements de l'économie urbaine : la part des activités qui fournissait à sa population les biens et les services qu'elle demandait (le secteur domestique), et celle écoulée à l'extérieur et qui servait à payer ce qu'il fallait importer (le secteur de base).

Dans le domaine économique, les villes étaient en concurrence, ce qui expliquait qu'elles se structurent en réseaux.

La théorie des lieux centraux avait été bâtie sur une interprétation trop étroite de ce qui faisait la ville. Celle que nous proposions mettait d'abord l'accent sur ce qui se passait dans l'enceinte de la cité (l'interaction sociale) pour mieux comprendre les rapports qu'elle entretenait avec l'extérieur. Le schéma ainsi conçu était valable pour l'ensemble des faits urbains, mais suffisamment souple pour tenir compte de l'hétérogénéité des cultures, et expliquer les configurations anciennes et l'évolution contemporaine des formes urbaines (Claval, 1970d, p. 141).

Je disposais d'un cadre pour structurer de manière satisfaisante la géographie urbaine. Je le présentai sous une forme plus ramassée dans l'article sur « Une théorie unitaire de la ville ». L'ordre urbain naissait du souci de maximiser l'interaction sociale, mais devait aussi donner aux citadins la possibilité de se refaire et se détendre. Cela impliquait trois types d'espaces : des espaces d'interaction, des espaces de repos et de détente, et des espaces de circulation. Comment s'ordonnaient-ils ? Le quartier des affaires, par exemple, était un gigantesque commutateur social qui offrait sur le plus petit espace possible le plus grand nombre d'opportunités de changer d'interlocuteur sans perdre de temps (Claval, 1973c, p. 279).

Une idée nouvelle était introduite : celle de commutateur social. La théorie de la ville que j'étais en train d'élaborer reposait sur l'étude des flux d'information. C'est à cette perspective qu'était dévolu le troisième des articles que je consacrai alors aux villes : « Le système urbain et les réseaux d'information ». J'y reprenais le thème de la ville comme organisation de l'espace destinée à maximiser l'interaction sociale, mais en intégrant ce qu'apportaient les recherches récentes sur la communication.

J'avais réuni presque tout ce qu'il fallait pour construire une théorie unitaire de la ville et restructurer ainsi la géographie urbaine. Un point faisait cependant défaut : je ne parvenais pas à expliciter le fonctionnement des commutateurs sociaux, l'élément qui manquait à la théorie des lieux centraux. La lumière vint en 1976.

LA THÉORIE DES COÛTS DE COMMUTATION

En analysant les marchés des transports (Claval, 1963), j'avais découvert le rôle des opérations de groupage : réunir les tonnages ou volumes nécessaires pour effectuer des envois par camions, wagons, conteneurs ou bateaux complets avait un coût, mais permettait ensuite de bénéficier de tarifs réduits. Ne fallait-il pas rechercher, dans la communication, l'équivalent des coûts de groupage des transports ?

C'est de l'analyse des réseaux téléphoniques que me vint la lumière. Je l'exposai dans la communication que je fis au colloque sur les transports tenu à Dijon le 15 mars 1976 (elle fut publiée en 1977) :

> « Supposons un ensemble d'agents économiques dispersés dans l'espace. Le problème est de les relier par téléphone de manière à faciliter leurs échanges, et cela aux moindres coûts pour chacun et pour la collectivité.
>
> « La solution à laquelle on pense d'abord consiste à joindre chaque abonné à tous les autres par des lignes directes. Pour que la solution soit commode, il faut évidemment doter chaque installation d'un standard pour choisir sans difficulté son partenaire parmi la multitude des liaisons possibles. S'il y a *n* partenaires, il faut donc disposer de *n*

appareils de commutation et de *n (n-1) /2* lignes. Dès que n devient grand, le coût d'une telle solution devient prohibitif.
« Si l'on construit un seul central auquel tous les abonnés sont reliés, il suffit de construire *n* lignes. C'est donc en centralisant les communications que l'on minimise les coûts de commutation.
« Lorsque les partenaires sont dispersés sur un vaste espace, faire converger toutes les lignes vers un central unique est inutilement dispendieux. Il vaut mieux créer plusieurs centraux dont chacun dessert la zone proche. Pour les appels lointains, il suffit d'assurer la liaison de central à central. La constitution de centres de niveau supérieur facilite alors la commutation générale » (Claval, 1977b, p. 359).

Dans le domaine des *transports*, la recherche de l'efficacité conduisait à *hiérarchiser les axes*. Dans celui des *communications*, c'étaient des *pôles* qui se trouvaient intégrés dans une *pyramide hiérarchique*.

Ce qui vient d'être présenté à propos des communications téléphoniques pouvait se transposer aux autres modes de transfert de l'information. Tant qu'on n'avait pas disposé d'équipements de télécommunications, le passage d'un interlocuteur à l'autre se faisait aux moindres frais si toutes les rencontres se déroulaient en un même lieu : les quartiers centraux des villes constituaient de la sorte de véritables centraux de commutation sociale. Ces centraux étaient organisés en pyramides hiérarchiques. On redécouvrait l'enseignement essentiel de la théorie des lieux centraux (la hiérarchisation des réseaux), mais à partir d'hypothèses qui permettaient de l'appliquer avec plus de souplesse.

La prise en compte des coûts de commutation sociale expliquait en outre les dynamiques en cours : les télécommunications étaient en train de rendre inutile la rencontre directe, le face-à-face. Des populations dispersées accédaient désormais à une partie au moins des avantages jusque-là réservés à ceux qui vivaient dans des agglomérations. Ainsi s'éclairaient la suburbanisation et la rurbanisation dont les progrès étaient galopants.

Je disposais enfin des éléments nécessaires pour penser la géographie urbaine dans un cadre rénové.

LA LOGIQUE DES VILLES (1981b) : I- LA VILLE COMME INTERACTION

Le manuscrit de 1978

Je n'arrivais pas à trouver le temps de rédiger l'ouvrage sur la ville dont je rêvais. En 1978-1979, Françoise devait donner un cours de géographie urbaine à l'Université de Paris-Nord, où elle enseignait. Elle avait consulté les manuels existants. Aucun ne lui plaisait. Elle me demanda au début de juillet 1978 : « Peux-tu m'écrire cet été le manuel sur la ville dont tu parles tant ? Je l'utiliserai pour mon cours ». Je m'exécutai.

Françoise dispensa cet enseignement les deux années suivantes. En juin 1980, lorsque je trouvai enfin le temps de revenir sur ce projet, elle savait sur quels points les étudiants achoppaient. Cela faisait si longtemps que je faisais de l'économie que j'avais omis d'expliciter certaines notions. L'analyse du fonctionnement économique de la ville était trop elliptique. Un court chapitre traitait de l'interaction sociale, du champ urbain et de la hiérarchie des centres. Repris 14 fois durant le mois de juillet, le texte passa de 30 à 80 pages, réparties désormais en deux chapitres. Le 31 juillet, je donnai à Françoise la dernière mouture en lui disant : « Si le texte ne te convient pas, je divorce ! » Elle le trouva parfait !

La dimension théorique du texte

Existait-il un principe qui fasse comprendre à la fois l'unité du phénomène urbain, sa permanence à travers l'histoire et la multiplicité des formes et des civilisations citadines ? Oui : si la ville était définie comme une organisation de l'espace destinée à faciliter au maximum l'interaction sociale, il devenait possible d'éclairer à la fois la localisation des centres urbains, leur organisation en réseaux et la structuration interne de l'espace urbain (Claval, 1981a, p. 4).

Le besoin de communiquer et de rencontrer une pluralité de partenaires avait conduit les gens à se donner rendez-vous en un lieu accessible à tous et où ils puissent passer de l'un à l'autre dans le minimum de temps : ainsi étaient nés les marchés. Lorsque le rendez-vous était devenu quotidien, ceux qui participaient le plus directement aux relations avaient éprouvé le besoin de se fixer à proximité : la ville était née autour d'un noyau qui, avec le temps, avait pris le visage d'un centre commercial puis d'un quartier d'affaires. L'étendue proche de l'aire de rencontre ne ressemblait pas à la campagne alentour : impossible de s'étaler là où tous rêvaient d'être proches d'un même centre ! Dans la ville, l'espace était d'autant plus rare que l'on se rapprochait du foyer de la vie de relation. Le lieu central générait un champ urbain, qui mesurait, en chaque point, l'avantage que l'on tirait de sa fréquentation.

La ville était en même temps centralité et étendue : les gens éprouvaient le besoin de se rencontrer et celui de se reposer, de dormir, de se retrouver en famille ou avec des amis ou des proches. L'organisation de l'espace urbain résultait de la tension qui naissait nécessairement entre l'impératif de relation et le besoin de disposer d'espaces pour vivre : « les forces centripètes qui appelaient à l'agglomération pour maximiser les possibilités de rencontre et favoriser les expériences communautaires devaient composer avec les forces centrifuges qui poussaient l'individu à rechercher l'isolement et l'espace privé nécessaire à la vie familiale » (Claval, 1981a, p. 4).

J'avais formulé ces deux points dix ans plus tôt de manière intuitive : la prise en compte des coûts de commutation me permettait désormais de démonter tous les enchaînements et de mettre en évidence la logique qui expliquait l'organisation de l'espace urbain, la vie et le fonctionnement des villes et leur hiérarchisation, même si celle-ci prenait ici ou là des formes différentes.

J'articulai le raisonnement en quatre parties : 1- « principes d'interprétation » ; 2- « l'espace urbain » ; 3- « la ville et le monde extérieur » ; 4- « la civilisation urbaine : le citadin et la ville ». J'aurais pu intituler ce dernier ensemble : « habiter la ville », car c'était bien de cela qu'il s'agissait.

Les principes d'interprétation

Les principes d'interprétation étaient au nombre de trois :

(i) Pour comprendre la ville, il fallait se tourner vers l'histoire : elle était née du besoin de communiquer et de rassembler les forces du groupe, mais son essor avait longtemps été limité par la difficulté d'assurer son ravitaillement (elle ne tirait de son environnement immédiat qu'une faible part de sa nourriture). L'urbanisation tendait aujourd'hui à devenir totale, car la productivité du secteur agricole avait beaucoup cru, cependant que la demande de produits fabriqués et de services s'élevait.

(ii) La ville était faite pour faciliter les rencontres au sein d'un certain espace ; d'autres centres la relayaient plus loin ; une hiérarchisation prenait alors place, car certains types de transactions ne pouvaient prospérer que grâce à la clientèle d'espaces plus vastes ou plus peuplés.

(iii) La vie de relation créait trois types d'avantages : ceux qui naissaient des transactions commerciales ; ceux qui résultaient de l'accès plus rapide aux nouvelles ; ceux qui étaient liés à l'accès à des informations confidentielles. Villes et campagnes étaient soudées par les champs que suscitaient ces avantages, mais les premières se distinguent des secondes par le niveau beaucoup plus élevé que ces derniers y revêtaient.

Les travaux de Bruce Newling (1969), de Stanislas Korzybski (1976) et de Colin Clark (1958) mettaient en évidence la géométrie des champs urbains, établissaient les équations qui les décrivaient et précisaient leur dynamique.

Lorsqu'un lieu central devenait trop attractif, il était frappé de congestion et perdait de son efficacité. La parade était alors de le diviser : au lieu de dépendre d'un foyer qui cumulait les fonctions administratives, financières, commerciales et la direction des entreprises, le système s'ordonnait autour d'une pluralité de noyaux ; les fonctions commerciales étaient les premières à se desserrer et les fonctions financières souvent les dernières. La forme du champ urbain se modifiait en conséquence : au lieu de se présenter sous la forme d'un cône, il s'ordonnait autour de sommets de niveau équivalent.

L'analyse de l'espace urbain

J'appliquai ces principes à l'analyse de l'espace urbain : finie l'étendue abstraite de la théorie. Ici, il fallait partir à la fois des résidents, des usagers et des décisions qu'ils prenaient concernant les sites où ils allaient résider, les lieux de leur travail ou de leurs rencontres, et leurs itinéraires. Il convenait d'étudier aussi les services qui géraient et aménageaient la ville.

Le dessin de l'espace urbain était contraint par l'attraction qu'exerçait le foyer (ou les foyers) où se réalisaient les contacts et qui dominai(en)t le champ urbain, mais les citadins pesaient aussi sur son aménagement. La ville n'était pas la même si elle était structurée par des relations de clientèle ou de caste, si elle servait de résidence à une société aristocratique ou si c'était un centre d'affaires.

Les choix des particuliers dépendaient des voies et du bâti existant. Ils conduisaient à l'émergence de nouvelles demandes, auxquelles il fallait répondre.

Les services publics s'occupaient des voies qu'empruntaient piétons et véhicules, et des réseaux par lesquels transitaient les autres flux. Leurs décisions aboutissaient aussi à la création d'espaces de détente et de loisirs, de jardins, de parcs, de terrains de sport, etc.

Le champ urbain se traduisait en valeurs foncières, mais pas d'une manière mécanique : les prix ne dépendaient pas seulement des usages actuels ; ils reflétaient le jeu des anticipations. Les propriétaires des parcelles sur lesquelles on allait ouvrir une voie qui attirerait magasins de luxe et logements de prestige n'étaient pas prêts à les céder au prix correspondant à ce qu'elles rapportaient actuellement : ils en demandaient davantage puisqu'elles assureraient des rentrées plus importantes dans le futur. La hausse des prix déclenchée par les anticipations était parfois si forte que le projet devait être abandonné : la collectivité n'avait pas les moyens d'acheter les terrains indispensables à la réalisation des grandes infrastructures publiques.

Que faire alors ? (i) Modifier le jeu du marché par des plans de zonage, (ii) rompre avec lui par des expropriations pour cause d'utilité publique et (iii) assurer le financement public de certains équipements destinés au privé, les logements sociaux en particulier.

Les effets de la spéculation étaient parfois plus considérables encore : les jeux du crédit conduisaient à la formation de bulles foncières et immobilières, qui se terminaient par des krachs et par la ruine de beaucoup – mais se traduisaient aussi par la construction de quartiers ou de villes.

L'espace urbain reflétait également les possibilités techniques : combien d'étages était-on capable de construire ? Quelles étaient la capacité et la vitesse des ascenseurs ? Les matériaux étaient-ils inflammables ? Comment assurer l'approvisionnement en eau : en captant des sources, en puisant dans des cours d'eau ou dans des lacs, en pompant dans des nappes ou en dessalant de l'eau de mer ? Quelles emprises étaient-elles nécessaires à la réalisation des transports individuels et collectifs ?

Tout ceci se reflétait dans la trame spatiale des villes. Les quartiers d'affaires et les quartiers industriels étaient dominés par les entreprises. La vie des ménages se déroulait à un autre niveau, comme en témoignaient la trame des terrains de sports et espaces verts où ils se détendaient, mais aussi la hiérarchie des centres commerciaux plus ou moins importants où ils effectuaient l'essentiel de leurs achats. Ceux-ci compliquaient le champ urbain, qui offrait des pics secondaires pour chacun de ces foyers.

À l'inverse, certaines utilisations du sol étaient sources de nuisance pour ceux qui résidaient à proximité : il en allait ainsi des abattoirs, des activités industrielles bruyantes ou nauséabondes et de celles qui dégageaient des gaz toxiques : ces désavantages se traduisaient par une baisse du prix des terrains et des immeubles alentour. Les nuisances pouvaient également résulter des habitudes, réelles ou supposées, de certains résidents : l'installation de jeunes trop bruyants, de squatters, de membres de minorités ou de groupes ethniques méprisés entrainait souvent une baisse des prix fonciers. Les propriétaires cherchaient à éviter l'apparition de ces formes d'externalités négatives à proximité de leurs biens. S'ils n'y parvenaient pas, une spirale de dégradation apparaissait, qui conduisait à la chute toujours plus marquée des valeurs foncières et immobilières.

Les habitants en place n'avaient que peu de moyens légaux pour éviter ces évolutions : le principal était d'imposer un zoning prohibant les utilisations industrielles ou artisanales indésirables et exigeant, pour construire une maison, une superficie suffisante pour décourager les pauvres. Lorsque ces mesures se révélaient insuffisantes, les résidents avaient parfois recours à des moyens extra-légaux de défense : ils refusaient de vendre ou de louer à ceux qui appartenaient à des groupes minoritaires ; lorsque ceux-ci avaient réussi à s'infiltrer, on leur menait la vie si dure, qu'ils n'avaient d'autre solution que de déguerpir. Les indésirables se trouvaient, de la sorte, parqués dans des périmètres dont ils ne pouvaient sortir. À la suite des travaux de Davies et Whinston (1962 ; 1964), le lien entre externalités négatives et formation des ghettos était ainsi établi.

Les quartiers résidentiels reflétaient les préférences des gens pour l'habitat individuel ou collectif – avec la migration, qui en découlait, des jeunes ménages vers la banlieue où ils avaient assez de place pour élever leurs enfants, et celle des célibataires et ménages sans progéniture vers le centre, où les opportunités de travail et de rencontre étaient meilleures, mais où l'espace coûtait plus cher et où les appartements étaient plus petits : ainsi s'expliquait la composante annulaire des tissus urbains, bien connue depuis Burgess (1924). Les individus aimaient aussi se retrouver entre semblables – les membres de telle secte avec les autres membres de la secte, ou les joueurs de golf avec d'autres joueurs de golf aux abords d'un *link* : d'où la structure en mosaïque signalée par Harris et Ullman (1945). Quand on déménageait, on le faisait souvent vers un quartier que l'on connaissait déjà parce qu'on le traversait en allant au travail les jours de semaine ou en partant à la campagne en week-end : d'où la composante sectorielle soulignée par Homer Hoyt (1939).

La ville et le monde extérieur

La *ville* ne pouvait vivre sur elle-même : elle avait besoin *du monde extérieur*. Elle en tirait les matériaux de construction avec lesquels elle était bâtie et l'essentiel de son approvisionnement en produits alimentaires, en énergie et en eau ; elle achetait aussi des produits fabriqués. C'est grâce à l'étude du métabolisme des agglomérations urbaines que ces bilans pouvaient être établis.

Pour payer ces acquisitions nécessaires, la cité comptait sur les prélèvements qu'elle réalisait par l'impôt, par la dîme ou par la force sur les campagnes et les villes alentour (il y avait eu des villes de rapine ; il y avait eu des ports de pirates ; ils étaient en train de réapparaître en Somalie). Mais surtout, la ville travaillait, fabriquait des produits artisanaux ou industriels, fournissait des services. Elle le faisait pour ses propres besoins (c'était son secteur domestique) et pour régler ce qu'elle achetait à l'extérieur (c'était son secteur fondamental).

L'activité et les fonctions des villes variaient avec leur taille. Lorsqu'elles vivaient surtout des services qu'elles rendaient aux espaces extérieurs, elles s'ordonnaient en réseaux en fonction de la portée plus ou moins grande – et de la sophistication plus ou moins poussée – de ce qu'elles offraient. Une régularité s'observait souvent dans la taille des villes : on parlait de loi rang/taille (Beguin, 1979). Les exceptions les plus notables se situaient au sommet de la pyramide – l'agglomération la plus importante écrasant parfois celles qui venaient après elle.

Les petites villes organisaient l'espace local, les moyennes, de petites régions, les plus grandes – et les réseaux qu'elles dominaient – de grandes régions, des espaces nationaux ou un ensemble continental ou global.

LA LOGIQUE DES VILLES. II- LE CITADIN ET LA VILLE

Dans la quatrième partie de *La logique des villes,* l'optique changeait :

> « Le citadin est plus complexe que l'homme des villes dont nous avons jusqu'ici analysé le comportement. Les théories unitaires de la

> cité reposent sur l'idée que les individus maximisent une fonction d'utilité dont les possibilités d'interaction constituent l'élément décisif. La réalité est plus nuancée : les gens ne sont jamais informés de tout et leur rationalité est limitée ; la ville est communauté ou juxtaposition de communautés tout autant que système d'échange interindividuel. Pour la comprendre, il faut savoir comment ses habitants la vivent » (*ibidem*, p. 449).

La ville était d'abord faite pour faciliter la part de l'existence humaine consacrée à la vie de relation, à la communication et aux informations échangées. Elle reflétait aussi la multiplicité des relations institutionnalisées auxquelles participaient les hommes et la part de leur temps qu'ils consacraient à leur famille, au voisinage, à leur église ou à leur secte, à la politique, au sport ou aux spectacles. Ces aspects étaient abordés selon deux perspectives.

Première perspective : comment la ville était-elle vécue ?

Comment le citadin appréhendait-il sa ville ? Dans un tissu urbain ancien, fait de rues enserrées entre des constructions, la ville apparaissait comme un labyrinthe long à mémoriser ; pour celui qui vivait dans des zones où l'*open planning* s'était imposé, l'espace urbain était constitué de tours et de barres semées au milieu d'espaces verts. Les perspectives étaient moins contraintes par le bâti que dans une trame urbaine traditionnelle, mais rien ne permettait de s'orienter au milieu de formes trop semblables.

À travers les cartes mentales qu'il élaborait et les connaissances qu'il recevait de ceux qui l'entouraient, le citadin élaborait une image fonctionnelle de la ville. Chacun se faisait, par exemple, une idée de ce qu'était le centre-ville et savait comment s'y rendre.

Certains lieux avaient une résonance particulière : pour ceux qui étaient installés depuis longtemps dans un quartier, il y avait la communale et les terrains de sport qu'ils avaient connus dans leur jeunesse, les commerces fréquentés avec les parents, les cinémas ou les dancings découverts plus tard. Le voisinage devenait le support d'une identité que confortait souvent l'expérience plus large de la ville, la richesse de ses souvenirs historiques, la beauté de ses monuments et l'éclat de sa vie culturelle.

Le cadre bâti n'était pas le seul à compter dans ces appréciations : il y avait du plaisir à flâner dans certains quartiers, à découvrir leur ambiance, à se mêler à la foule, à participer à une manifestation ou, installé à la terrasse d'un café, à regarder les gens passer.

Tout, dans l'espace urbain, ne paraissait pas également plaisant et également accessible : on se sentait chez soi dans certains quartiers ; on éprouvait parfois de la gêne à circuler dans ceux où résidaient d'autres strates de la société. Dans certains pays, l'accès de certaines zones était interdit par ceux qui y habitaient.

Pour celui qui y résidait, la ville était tout à la fois un puzzle fait de la juxtaposition d'une multitude d'espaces différents, un labyrinthe où il était difficile de s'orienter, le lieu d'une infinité de possibles qui donnaient à l'existence le charme de l'inattendu, et une arène où s'opposaient les riches et les pauvres, les dominants et les dominés, ceux qui étaient satisfaits de leur existence et ceux qui luttaient pour un ordre nouveau.

Dans la ville traditionnelle, l'essentiel de la régulation sociale s'effectuait au sein de la sphère très large de la société civile. La socialisation et le contrôle des jeunes étaient conduits dans le cadre de la famille, de la rue et du quartier où tout le monde connaissait tout le monde et participait à l'action de normalisation.

Le gouvernement municipal avait un rôle important, mais limité : (i) il assurait la sécurité de tous ; (ii) il exaltait la communauté en consacrant une partie des ressources publiques à la construction de monuments qui magnifiaient la solidarité ; (iii) il organisait des fêtes qui resserraient périodiquement les liens sociaux ; (iv) il pourvoyait au bien-être général en favorisant la prospérité de l'économie.

De nos jours, la ville est moins intensément vécue comme communauté. L'administration des choses se substitue au gouvernement des hommes. Les services techniques s'étoffent. Les municipalités essaient de favoriser le développement économique, luttent contre les pollutions et aident les populations défavorisées.

Seconde perspective : comment se formaient les paysages urbains ?

Les paysages urbains résultaient des décisions des édiles ou des promoteurs, qui dessinaient les voies, les jardins et les parcs publics, de celles des entreprises qui les réalisaient, et de celle des particuliers qui construisaient pour leur propre compte.

Dans les sociétés traditionnelles, les agents voyers, responsables des espaces ouverts à la circulation ou destinés au loisir, étaient des praticiens ; ils créaient ou entretenaient les rues, luttaient contre les empiètements des particuliers et veillaient à ce que ceux-ci n'emploient pas de matériaux inflammables. La plupart des bâtiments étaient conçus par des particuliers dont les choix reflétaient les habitudes et les valeurs, en collaboration avec les artisans, maçons et charpentiers qui réalisaient les constructions. L'esthétique n'était pas absente, mais elle ne constituait pas toujours la préoccupation majeure. Il y avait un art vernaculaire de dessiner la ville et de la vivre qui variait de civilisation à civilisation et qui se traduisait dans le paysage urbain.

Dans les civilisations méditerranéennes, les constructions monumentales, temples, palais, aqueducs, étaient dès l'Antiquité confiées à des professionnels. Dans les sociétés occidentales, les techniques du dessin et du lever de plan liées à la redécouverte de la perspective leur avaient assuré, à partir de la Renaissance, des pouvoirs nouveaux : ils représentaient sur papier les bâtiments ou les ensembles avant de les réaliser ; pour mettre en valeur les monuments, ils faisaient converger vers eux les longues perspectives des avenues qu'ils traçaient. Ils savaient ennoblir les parcs, les voies ou les bâtiments qu'ils construisaient en les embellissant. Le paysage urbain se fabriquait désormais sur la planche à dessin.

La révolution industrielle avait multiplié les grandes villes. Les impératifs fonctionnels de la circulation, l'urgence de loger des travailleurs aux faibles revenus et le souci d'éviter les pollutions avaient remis au premier plan les dimensions utilitaires de l'urbanisme – mais sans que ses dimensions esthétiques ne disparaissent totalement.

CONCLUSION

Les villes étaient prodigieusement diverses, mais pour les expliquer, le choix d'une perspective commune se révélait payant. *La logique des villes* la présentait : la cité naissait de la volonté de maximiser l'échange social, ce qui y faisait naître des avantages individuels et collectifs. En mettant au premier plan de l'interprétation l'économie de la communication, les difficultés auxquelles se heurtait la théorie classique des lieux centraux étaient évitées (Claval, 1981a, *p.* 574).

La recherche de la centralité, gage de communications aisées, créait le champ urbain. Celui-ci contraignait les décisions de ceux qui utilisaient la ville pour participer à la vie de relation, se retrouver au sein d'un groupe auquel ils puissent s'identifier et disposer d'assez d'espace. Ce champ pesait sur ceux qui dessinaient et construisaient le cadre urbain (qu'il s'agisse de particuliers, de promoteurs, d'architectes-urbanistes ou d'édiles). Le mouvement qui modelait une ville était fait de desseins collectifs qui essayaient de promouvoir une cité idéale, d'initiatives publiques et des innombrables adaptations et réactions de ceux qui l'habitaient ou la fréquentaient. La compréhension des formes urbaines impliquait donc une analyse des idéologies qui les secrétaient ou les justifiaient, une description des institutions qui leur donnaient une forme concrète et la connaissance des comportements et des mécanismes de rétroaction qui permettaient l'ajustement de décisions multiples. L'évidente diversité des cités dans l'espace et dans le temps ne devait pas masquer les traits que toutes devaient à la recherche de bonnes conditions d'interaction (Claval, 1981a, p. 576).

La logique de l'habiter, celle qui poussait chacun à disposer d'un espace personnel et familial, à trouver sur place ce dont il avait besoin, se combinait avec celle de la communication pour expliquer les traits communs des espaces urbains (ceux qu'ils devaient aux effets du champ urbain) et ceux qui témoignaient de l'infinie diversité des façons de s'y insérer et de tirer parti de tous les possibles qu'il offrait.

Plus de trente ans ont passé. Les agglomérations urbaines ont beaucoup changé, les métropoles et les villes mondiales ont vu leur rôle s'affirmer, les réseaux urbains sont moins hiérarchisés, mais le cadre d'analyse proposé *La logique des villes* rend compte de ces transformations – comme nous le verrons plus loin. Le travail mené entre 1965 et 1981 reste opérationnel.

5. PENSER L'APPROCHE RÉGIONALE

La géographie régionale ? Un compartiment spécialisé de la géographie humaine semblable à la géographie économique, à la géographie sociale, à la géographie politique ou à la géographie urbaine ? Non : une démarche indissociable de la description géographique pour mettre en évidence les structures spatiales : les régions. Une approche donc, plus qu'un secteur fortement charpenté. L'essentiel était de comprendre comment l'espace était organisé et comment on pouvait l'aménager.

L'APPROCHE RÉGIONALE

Sans approche régionale, il n'y aurait pas de géographie : notre terre est faite d'une infinité de lieux. Le voyageur décrit tour à tour ceux qu'il a traversés. Il fournit des données précises sur un itinéraire alors qu'on aimerait connaître la totalité d'un pays. C'est ce qui fait de Marco Polo un précurseur de la géographie plutôt qu'un voyageur. On s'attendrait à ce qu'il énumère toutes ses étapes et qu'il parle de toutes les villes qu'il a visitées : il nous présente des provinces (il désigne ainsi les unités politiques et administratives) et les villes qui les dominent :

> « Il faut savoir qu'à dix journées vers le midi loin de Balasian est une province qui s'appelle Pascial. Les habitants ont langage à eux, sont idolâtres et bruns de peau. Ils savent beaucoup d'enchantement (sic) et d'arts diaboliques [...].
> « Maintenant, nous laisserons cela et parlerons d'une autre province qui est à sept journées de là, devers le soleil et a nom Chesimur [...].
> « Maintenant, laissons cette contrée et parlons de la province de Cascar. Cascar fut jadis un royaume, mais aujourd'hui, il est soumis au Grand Khan. Les gens adorent Mahomet. Il y a beaucoup de villes et de bourgs, mais la meilleure et la plus belle est Cascar. Elle est entre le nord-est et l'est. Les gens vivent de commerce et d'industrie, ils ont beaucoup de beaux jardins, vignes et belles propriétés ; il y a beaucoup de coton. Et de cette contrée partent maints marchands qui vont parmi le monde en faisant commerce » (Polo, 1955, p. 105-108).

C'est une lecture au second degré que propose Marco Polo – une interprétation géographique, car elle repose sur la mise en évidence d'ensembles territoriaux. Pour Marco Polo, ces entités sont des unités politiques. Elles sont gouvernées par un prince – ou par un gouverneur, lorsqu'elles ont perdu leur indépendance. L'espace est orienté selon les points cardinaux. Les distances se mesurent en journées de marche. Les provinces se caractérisent par la langue et le physique de leurs habitants, les activités que ceux-ci pratiquent, les savoir-faire et connaissances qu'ils maîtrisent et les croyances qu'ils partagent. Elles sont dominées par des villes.

Ce qui retient l'attention a changé depuis Marco Polo, mais *Le devisement du monde* est déjà une analyse régionale. Celle-ci fait passer de ce que l'œil observe en un point ou le long d'un itinéraire à une réalité de plus petite échelle, que le regard embrasse de manière globale. Cette autre vision s'appuie sur l'expérience du terrain, mais sans se noyer dans la complexité du sensible ; elle saisit des traits qui échappent au voyageur et les localise sur une carte.

La géographie régionale naît de ce changement de focale : elle repose sur une certaine manière de lire le spectacle du monde à deux niveaux : elle démarre au sol et se poursuit par un mouvement de recul qui dévoile comment ces éléments se composent pour dessiner des ensembles plus ou moins vastes, qui sont les vrais objets qu'elle décrit et explique.

L'approche régionale parle de ce que l'on découvrirait en prenant de l'altitude :

> « Élevons-nous en ballon à quelques centaines de mètres au-dessus du sol ; et l'esprit débarrassé de tout ce que nous savons des hommes, tentons de voir et de noter les faits essentiels de la géographie humaine » (Brunhes, 1906, p. 559-560).

Aujourd'hui où le transport aérien est à la portée du plus grand nombre et où l'on dispose de photographies aériennes et d'images de synthèse fournies par la télédétection, cela paraît banal. Il faut faire effort pour comprendre combien la constitution de la base cartographique et son utilisation comme support d'une observation au second degré supposaient autrefois d'imagination et d'efforts (Claval, 1993a, p. 256).

La démarche régionale transcende la perception directe et naïve de la surface terrestre et lui substitue une vision construite. Elle combine trois composantes :

1- une représentation cartographique de base sur laquelle les observations sont reportées ; ainsi s'effectue le changement d'échelle qui fait passer de points ou de lignes à des surfaces ;

2- l'observation directe d'une partie au moins de la zone étudiée (elle cautionne par une expérience personnelle les généralisations proposées) ;

3- l'observation indirecte que permet l'utilisation de données relevées par d'autres (une personne ne peut effectuer seule un lever de terrain exhaustif dès que l'on sort d'études très locales) (Claval, 1993a, p. 25-26).

Ma conviction était simple : pas de géographie sans approche régionale ! Faire de la discipline la science de la différenciation régionale de l'espace terrestre, à la manière de Richard Hartshorne ? Je n'allais cependant pas jusque là.

PRATIQUER L'APPROCHE RÉGIONALE ET LA SYSTÉMATISER

Le problème était pour moi d'améliorer l'approche régionale. Dans les années 1950 et 1960, la majorité des intellectuels estimait les mécanismes de marchés incapables de conduire à une organisation satisfaisante de l'espace. Il fallait corriger leurs effets indésirables. Il était pour cela indispensable de comprendre les forces qui structuraient les régions. C'était à ce prix que la géographie pourrait devenir applicable.

Former à l'approche régionale : « l'œil du géographe »

La formation que recevaient les étudiants en géographie était axée sur la maîtrise de l'approche régionale. Cela passait par la lecture : il convenait de partir du *Tableau de la géographie de la France* de Vidal de la Blache (1903). On passait de là aux « grandes » thèses régionales : celles de Demangeon sur la Picardie (1905) ou de Jules Sion sur les paysans de Normandie orientale (1906), et l'une ou l'autre des monographies de régions montagneuses (Alpes, Jura, Pyrénées) qui s'étaient multipliées entre les deux guerres mondiales. La thèse de Gourou (1936) et celle de Pierre Monbeig (1952) apportaient une touche d'exotisme. À l'échelle des réalités nationales, les étudiants étaient orientés vers la collection de la *Géographie universelle,* lancée par Paul Vidal de la Blache et dirigée par Lucien Gallois : je garde un souvenir émerveillé des deux volumes qu'Henri Baulig avait consacrés à *L'Amérique septentrionale* (1935-1936). De la même veine, mais hors collection, *La République argentine* de Pierre Denis (1920) m'avait également séduit.

La lecture ne suffisait pas : l'œil du géographe se formait en excursion, depuis des points de vue. Il s'éduquait à l'occasion des explications de carte. Le questionnaire remis aux étudiants pour guider leur démarche commençait toujours par : « distinguer les grands ensembles que révèle le document ! » La comparaison de la carte topographique et de la carte géologique, la préparation de profils topographiques et de coupes géologiques éclairaient la genèse des grands ensembles morphologiques. Le semis de l'habitat mettait en évidence les campagnes ou les bocages.

Il convenait de préciser la logique de ces démarches.

La démarche régionale : ses fondements logiques

En quoi consistaient les opérations de division de l'espace en unités discrètes ? Régionaliser, ce n'était pas autre chose que classer, mais avec l'adjonction d'une clause spatiale qui manquait ailleurs : pour que des éléments semblables constituent une région, il fallait qu'ils soient contigus.

Dans la vie de tous les jours, tout le monde pratiquait sans le savoir cette démarche. Des catégories comme celles de centre-ville, d'Est, de Midi étaient constamment mobilisées : les gens ordonnaient et rangeaient grâce à elles des informations souvent complexes.

Dès 1783, Giraud-Soulavie soulignait que les habitants du Vivarais utilisaient les divisions que sa connaissance de la géologie, de la botanique et du climat l'avait conduit à mettre en évidence. Ils savaient sans doute le faire dès l'époque romaine et disposaient de mots – de noms de pays – pour les qualifier : « Montagne, Rive du Rhône, Maillaguès, Hautes et Basses-Boutières, Coiron et Cévennes ».

Disposer d'un bon système de partition de ses possessions était indispensable au Prince : pour gouverner, celui-ci avait besoin de connaître l'état dans lequel se trouvaient les territoires sur lesquels il régnait. Pour Strabon, déjà, au temps d'Auguste : la géographie était « essentiellement orientée vers les besoins de la vie politique » (Strabon, I, 1, 16) et « s'adress[ait] au monde du gouvernement et répond[ait] à ses besoins » (Strabon, I, 1, 18).

Sous l'Ancien Régime, en France comme à l'étranger, le pouvoir utilisait un maillage complexe de circonscriptions : comtés, baillages, sénéchaussées, provinces, intendances, évêchés, etc. ; leur tracé répondait à des logiques variées, si bien que ces unités se recoupaient et se chevauchaient ; elles paraissaient arbitraires. Leur utilisation rendait l'administration inefficace. Dès le début du XVIIIe siècle, l'école allemande de géographie pure *(reine Geographie* ; Leyser, 1726) avait dénoncé le caractère arbitraire de ces découpages ; ses idées avaient rencontré un large écho. C'était l'observation du monde qui devait guider les opérations de division. Le but était de mettre en évidence des régions « naturelles ».

Améliorer l'approche régionale : la cartographie thématique

Depuis la fin du XVIIIe siècle, les conditions d'élaboration des divisions régionales n'avaient cessé de s'améliorer. Tous les pays modernes étaient désormais couverts par des cartes topographiques régulières à grande échelle : 1/100 000e, 1/80 000e, 1/50 000e, 1/25 000e. Un travail similaire était en cours dans leurs Empires coloniaux. Stimulés par la demande de charbon et de minerais métalliques, les levers de cartes géologiques s'étaient systématisés – la France disposait de couvertures aux échelles du 1/80 000e, du 1/320 000e et du 1 000 000e.

Des recensements périodiques de la population étaient organisés tous les 5 ou 10 ans. Le nombre de naissances, de décès et de mariages, les productions agricoles et industrielles, les importations et exportations, les effectifs scolaires, les résultats des examens et concours, etc., étaient relevés et publiés tous les ans. À partir des années 1830, l'habitude s'était prise de rendre ces données plus parlantes en les reportant sur des fonds topographiques : l'essor de la cartographie thématique avait été rapide (Palsky,

1996). Elle savait traduire les distributions relatives à des localités ou à des circonscriptions administratives, mais aussi à des flux et à des gradients.

Les géographes de la fin du XIXe siècle disposaient ainsi d'une multitude de données localisées. Un de leurs objectifs était de les cartographier de manière systématique pour les rendre lisibles par les responsables politiques et par le grand public : de là étaient nés les grands atlas nationaux, dont la réalisation s'était généralisée entre les deux guerres mondiales.

Tous les géographes n'avaient cependant pas conscience de ce que pouvait apporter la profusion de données désormais accessibles. La cartographie thématique était partout enseignée, mais comme un simple outil pédagogique. Elle n'intervenait qu'au stade terminal du travail : l'organisation régionale de l'espace avait été mise en évidence par d'autres moyens. Le géographe rendait clairs les résultats obtenus en préparant des croquis régionaux (c'était l'expression employée) conçus de manière impressionniste.

J'avais eu la chance de suivre à Toulouse les travaux pratiques de cartographie de Pierre Barrère. Il nous fournissait des données, le nombre de vaches laitières par commune dans l'arrondissement de Toulouse par exemple, et l'on voyait se dessiner la banlieue laitière de la ville, encore inscrite dans un rayon de moins de trente kilomètres (le lait transporté n'était pas réfrigéré). Cet enseignement m'avait fait comprendre la puissance de la cartographie thématique comme outil de recherche.

Nommé à Besançon à l'automne 1960, je fus chargé d'y donner un enseignement en ce domaine. Je le conçus en quinze jours et le nourris durant cinq ans d'exemples de plus en plus nombreux. Le plan s'articulait en deux parties : la première montrait comment représenter les données relatives à des points, à des lignes, à des flux, à des unités territoriales ou à des surfaces définies par leur gradient. La seconde partie combinait ces procédés pour élaborer des modèles graphiques et faire apparaître les contours de régions complexes.

Jean-Claude Wieber reprit cet enseignement. C'est sous nos deux noms que *La cartographie thématique comme méthode de recherche* fut publiée en 1970.

Améliorer l'approche régionale : les algorithmes de classification

La cartographie thématique constituait un outil performant d'analyse des distributions spatiales, car elle parlait aux yeux et stimulait l'imagination. Elle souffrait cependant de deux limitations :

1- Elle était surtout faite pour traiter de séries à un caractère. Il fallait déjà ruser pour représenter des séries à 2, 3 ou 4 caractères. Au-delà, on était désarmé. Quand on cartographiait les déplacements entre les *n* quartiers d'une agglomération, problème classique pour tirer parti des grandes enquêtes origines-destinations que l'on menait alors, c'était *n (n-1)/2* flux qu'il fallait représenter : 1 225 pour 50 quartiers. On ne pouvait figurer que les liaisons les plus importantes !

2- La lecture de la figure obtenue était subjective. On recommandait d'ailleurs aux étudiants de fournir, à côté de leur carte thématique, un petit croquis d'interprétation ; ils y soulignaient ce qu'étaient, à leurs yeux, les traits essentiels de la distribution.

La mode était aux procédures quantitatives : l'interprétation de leurs résultats était objective. La démarche prenait en compte la totalité du phénomène étudié, et pas seulement ses valeurs les plus élevées.

Le procédé le plus utilisé pour rationaliser les opérations de régionalisation était celui des classements hiérarchiques ascendants. Soit un territoire composé de *m* aires définies par *n* caractères, figuré par une matrice rectangulaire comprenant *m* x *n* cases. On calculait alors la distance qui séparait chaque couple d'aires dans l'espace à *n* dimensions des observations. On obtenait ainsi une matrice carrée de côté *m* où figuraient les distances entre aires élémentaires. On fusionnait alors les deux aires les plus proches – premier regroupement régional. À la matrice de côté *m* se substituait une matrice de côté *m-1.* L'opération était répétée. Un arbre de classification hiérarchique résumait le processus ; les valeurs pour lesquelles se réalisaient les fusions y apparaissaient clairement.

D'autres méthodes de regroupement existaient, celles des sous-ensembles flous ou des nuées dynamiques par exemple. L'analyse des correspondances était également utilisée.

La nature des régions

L'essentiel de l'effort de réflexion sur la régionalisation développée dans les années 1950 et 1960 concernait les méthodes cartographiques ou quantitatives qu'elle mobilisait. On parlait moins de la nature des ensembles mis en évidence – bien que ce fût essentiel.

Le problème se posait pourtant clairement : l'inventaire des systèmes de division régionale que les géographes proposaient pour un même pays suffisait pour s'en rendre compte. Je m'étais livré à cet exercice à propos de la Suisse (Claval, 1967c). La division en bandes parallèles, selon les lignes du relief, Jura, Moyen Pays (ou plateau suisse), Alpes, était universelle, mais elle était complétée par la distinction de segments méridiens, tantôt deux (Suisse occidentale, Suisse orientale), tantôt trois (Suisse occidentale, Suisse centrale, Suisse orientale). La limite entre Suisse occidentale et Suisse centrale ou orientale variait : elle s'alignait souvent sur l'ancienne voie romaine d'Avenches à Bâle, qui marquait en gros la limite de la pénétration alémanique ; elle soulignait parfois l'opposition mise en évidence par les folkloristes, entre les deux familles de cultures rurales suisses – son tracé, un peu plus oriental, passait par le Näpf, dans le Moyen Pays.

Ce genre d'exercice soulignait la subjectivité des divisions retenues et invitait à explorer leurs motivations.

L'accent mis sur l'observation et sur l'utilisation exclusive de méthodes cartographiques conduisait à s'intéresser surtout aux groupements homogènes de points ou d'aires élémentaires. Qu'elles soient caractérisées par leur relief, par leur climat, par leurs sols ou par leur végétation, c'étaient généralement des régions naturelles qui apparaissaient ainsi. Les groupements humains s'inscrivaient parfois dans les mêmes limites : selon Lucien Gallois (1908), la tâche propre de la géographie était d'expliquer comment la région naturelle se transformait en région humaine, ou « région géographique ». D'autres types de régions à fondement humain – régions agricoles, régions industrielles, régions urbaines, etc. – existaient, mais leur étude revenait à d'autres spécialistes, économistes ou sociologues.

L'essentiel de la géographie classique française s'était aligné sur Gallois, ignorant les réflexions beaucoup plus originales sur la nature des groupements régionaux que Vidal de la Blache avait développées au cours des quinze dernières années de sa vie :

> « Villes et routes sont les grandes initiatrices d'unité : elles créent la solidarité des contrées [...].
> « Ce rôle, dans les conditions économiques du monde actuel, se précise et se définit. Ce n'est plus le nombre des habitants, encore moins celui des fonctionnaires [...] qui constitue une ville régionale. C'est l'élément supérieur qui s'introduit par elle dans les diverses formes d'activité. Elle fait fonction de guide. Elle "arrose", selon l'expression américaine, la contrée de ses capitaux. L'usine a beau s'éparpiller dans les vallées, la ferme se dresser en pleine campagne, c'est la ville qui, par le crédit, le marché et les débouchés qu'elle ouvre, fournit la substance dont elles vivent » (Vidal de la Blache, 1910, p. 309-310).

L'unité ne venait pas de la similitude des paysages. Elle résultait de la circulation. Ce que Vidal de la Blache percevait, et qui était en train de devenir essentiel dans le façonnement de l'espace, c'était le rôle des réseaux.

> « L'Amérique [...] a brûlé les étapes. Sans doute, le village existe aux États-Unis dans les parties de colonisation ancienne. Mais les moyens actuels de circulation, de création d'entrepôts approvisionnés de toute espèce de marchandises, l'usage de transformer les produits agricoles en valeurs de banque, ôtent à la formation des villages une part de sa raison d'être. C'est à la ville, et même à la très grande ville, que

> tendent les groupements. C'est la ville qui régit les relations entre ruraux » (Vidal de la Blache, 1921, p. 172).

La Nouvelle Géographie des années 1950 et 1960 avait renoué avec ces pistes. Elle avait puisé dans l'économie spatiale ce que l'on savait désormais des facteurs qui modelaient les régions homogènes et les régions polarisées – c'est-à-dire structurées par des réseaux.

J'avais participé à ce mouvement et souligné la place essentielle qui revenait à la circulation des informations dans la genèse de ces ensembles. Dans le cas des espaces complexes, j'avais mis en évidence l'impact du progrès technique, créateur d'économies d'échelles et d'économies externes.

Les recherches que je menais sur la Franche-Comté avaient attiré mon attention sur les dimensions sociales et culturelles des processus industriels. J'en tenais compte en insistant sur le rôle des réseaux sociaux, structurés en faisceaux de relations institutionnalisées : c'est eux qui donnaient leur architecture socio-spatiale aux groupes humains.

L'organisation régionale

François Taillefer avait dispensé en 1952-1953 un merveilleux cours sur la géographie des États-Unis. La vue qu'il offrait d'un pays que la Grande Crise et la Seconde Guerre mondiale venaient de transformer était très nouvelle.

Taillefer nous proposa comme sujet de dissertation : « l'organisation régionale des États-Unis ». J'avais beaucoup lu sur le pays ; le cours m'avait passionné. Je rédigeai ma copie avec plaisir : j'avais le sentiment de dominer le sujet. Surprise désagréable : ma note fut médiocre, 12 autant que je me souvienne : je n'avais pas traité la question. J'avais parlé de la division des États-Unis en régions, et pas de l'organisation régionale du pays. Je n'avais pas compris l'essentiel : les régions n'étaient pas des réalités dessinées de toute éternité. Elles étaient nées de l'action des hommes et répondaient à un dessein d'ensemble. L'origine de celui-ci était connue : elle remontait au « système américain » imaginé par Henry Clay et proposé par le parti Whig à la suite de la guerre de 1812 avec l'Angleterre. Son but : renforcer la cohésion de l'économie et de la nation américaines. Son principe : protéger l'industrie naissante de l'Amérique par des droits de douane élevés, ce qui favoriserait le Nord-Est ; améliorer les voies de communication avec l'Ouest, ce qui permettrait à celui-ci d'alimenter les ouvriers des nouvelles fabriques du Nord-Est et d'exporter vers l'Europe ; faciliter les relations avec le Sud, dont le coton trouverait désormais à s'écouler dans les manufactures de Nouvelle-Angleterre.

Le système américain n'était pas parfait : l'Ouest et le Sud étaient demeurés hostiles à la protection douanière élevée qu'il avait créée, mais la spécialisation régionale, déjà esquissée au moment où il avait été imaginé, s'était beaucoup accentuée.

La division régionale d'un pays n'était jamais fondée seulement sur les aptitudes naturelles de ses composantes. L'incidence de celles-ci était renforcée ou diminuée par des décisions politiques : l'Ouest et le Sud des États-Unis se seraient industrialisés plus vite si les tarifs protecteurs n'avaient avantagé le Nord-Est où les manufactures étaient apparues plus précocement. La Nouvelle-Angleterre n'aurait pas laissé son agriculture dépérir si les céréales et la viande de l'Ouest n'étaient pas parvenues à meilleur compte.

Dans *Régions, nations, grands espaces,* j'avais mis l'accent sur les *processus* et les *politiques* d'organisation de l'espace : les *processus* en soulignant le rôle que les économies d'échelle et les économies externes jouaient, depuis les débuts de la révolution industrielle, dans la concentration des activités manufacturières et des services de direction et d'impulsion de l'économie dans une partie souvent restreinte des espaces nationaux ; les *politiques*, dans la mesure où la manipulation des tarifs douaniers, la mise en place de grandes voies de transport, la création d'infrastructures modernes de télécommunications, télégraphe ou téléphone, et l'organisation du système bancaire influaient sur la compétitivité des diverses parties des territoires nationaux.

Mais l'organisation régionale de l'espace ne reflétait pas seulement le jeu des forces économiques. Elle dépendait également des relations sociales et culturelles que les sociétés mettaient en œuvre. L'organisation régionale des États-Unis était celle d'un pays dont les racines étaient calvinistes.

Comme le Christ avait dit : « Je serai avec vous dès que vous serez assemblés pour prier en mon nom », la petite communauté de croyants constituait la cellule de base de l'Église ; la vie sociale se confondait presque avec elle. La société du Nouveau Monde s'articulait en communautés, mais le terme ne devait pas faire illusion. La communauté puritaine n'était pas un groupe primaire de sociabilité, une petite cellule repliée sur elle-même. Elle résultait d'un contrat passé entre Dieu et les hommes.

L'Église était fragmentée en communautés locales, mais chacune était à l'image de l'Église entière – elle était l'Église à elle seule. Chacune de ses cellules était un foyer où l'on réfléchissait aux problèmes de la foi et à la manière de la mettre en pratique (Claval, 1989a, p. 74-75).

Cet arrière-plan religieux avait pesé sur la Constitution américaine : ni le Président, ni le Congrès ne s'identifiaient avec le Souverain populaire : ils le représentaient, mais la collectivité nationale n'abandonnait jamais en droit sa prééminence. La conception congrégationaliste de l'Église avait été transférée au domaine politique : à la condition qu'elle accepte les valeurs du pacte américain, chaque communauté *était la* société américaine. Peu importait la dimension du groupe. Toute section de la collectivité nationale pouvait se réclamer de l'autorité du tout (*ibid.*, p. 93).

Cela conférait à la société américaine des spécificités spatiales remarquables : elle était susceptible de se propager d'elle-même, sans guère d'instances encadrantes. Elle le faisait d'autant mieux que la pratique de la démocratie locale avait appris aux hommes à s'associer et à s'organiser (*ibid.*, p. 94).

La marche vers l'Ouest en avait été facilitée. Les communautés autogérées constituaient de fait un des moteurs de la société américaine, un moteur en quelque sorte standardisé. Elles pouvaient se former chaque fois que – et là où – il convenait d'accomplir une tâche qui dépassait les forces d'un individu. Chacun était rodé aux techniques d'organisation : élire un chef, voter des décisions qui engagent les membres, juger les fautifs, honorer ceux qui concouraient au succès de l'entreprise. Les voyages étaient dangereux. Les isolés étaient perdus : il était indispensable de s'organiser en groupes, qui se donnaient une constitution et des lois dont le style rappelait celui de la constitution fédérale et qui manifestaient sans ambiguïté leurs intentions de former une collectivité organisée politiquement (*ibid.*, p. 108).

L'analyse des diverses manières de concevoir les divisions régionales et l'étude des modalités de l'organisation régionale montraient combien les orientations prises par la recherche à partir des années 1950 transformaient et approfondissaient la géographie régionale. Elles rendaient enfin la géographie applicable à l'aménagement de l'espace.

De l'approche régionale à l'aménagement de l'espace

Au début du XXe siècle, les géographes cherchaient à rendre plus aisée la marche de l'économie française ; ils proposaient de rompre avec le système des départements, trop étroits pour la vie de relation née du chemin de fer, du bateau à vapeur et du télégraphe. Vidal de la Blache avait ouvert la voie dans son article de 1910 sur les régions françaises. Durant la guerre, Henri Hauser, historien et ancien élève de Vidal (Claval, 1994b ; 2006b), avait profité de son passage au Ministère de l'Industrie pour mettre en application les idées de son maître. Une grande enquête auprès des Chambres de Commerce et d'Industrie l'avait conduit à diviser la France en régions : connues sous le nom de régions Clémentel – du nom du Ministre qui avait commandité le travail –, elles avaient servi de base à l'organisation administrative régionale progressivement mise en place dans notre pays, et qui a duré jusqu'à 2014. Ce fut là le premier exemple de géographie appliquée à l'aménagement dans la France moderne.

Le renouveau des études sur les fondements économiques, sociaux, culturels et politiques des articulations de l'espace donnait une signification nouvelle aux approches géographiques. À partir de 1970, le nombre des géographes employés dans les services d'aménagement s'était mis à croître : dans les années 1980, près de la moitié des nouveaux diplômés y trouvaient un emploi et travaillaient à l'échelle des villes et des agglomérations, ou à celle des régions.

LA MISE EN ŒUVRE D'UNE APPROCHE RÉGIONALE SYSTÉMATISÉE

Je ne me contentais pas de réfléchir dans l'abstrait à l'approche régionale en géographie. Je la mettais en œuvre. Je l'avais fait dans les années 1960 en rédigeant une thèse – jamais publiée – consacrée à la vie économique de la Franche-Comté.

Atlas et géographie de Haute Bourgogne et Franche-Comté

Quelques années plus tard, Louis Papy me demanda de rédiger un des volumes de la collection sur les régions françaises dont Flammarion lui avait offert la direction. La Franche-Comté lui semblait trop petite pour le format de la série. Il voulait que je lui adjoigne la Bourgogne. Je finis par accepter, mais sous réserve de ne traiter que de la Haute-Bourgogne. J'excluais la Nièvre et l'Yonne, dont l'économie différait profondément de celle de la Côte-d'Or et de la Saône-et-Loire.

L'ordonnance de l'ouvrage était historique, puisqu'il s'agissait de comprendre la formation de constructions territoriales. Il me parut raisonnable d'en retracer le processus à partir de la Renaissance. Les complémentarités régionales, si frappantes dans une zone où se juxtaposaient des terres à blé, des prairies qui appelaient l'élevage et des rebords ensoleillés faits pour le vignoble donnaient une grande cohérence aux économies qui se développaient au sein des petits États qu'étaient alors la Franche-Comté d'une part et la Bourgogne ducale de l'autre (Claval, 1979, p. 70).

Lucien Febvre avait admirablement souligné l'unité de la Franche-Comté :

> « Le premier trait, sans doute le plus saillant, c'est l'extrême variété du sol de la province […]. Vôge, Finage, plaine de Saône, plateau d'Amont ou plateaux du Jura, vals ou crêtes de la haute montagne, qu'ont-ils en commun ? Ni l'aspect physique, ni la composition des terrains, ni le climat, ni les productions – encore moins les habitants ; [...] par les occupations, les mœurs, le caractère, tous formaient autant de groupes distincts.
>
> « D'abord si différentes, ses parties par là même étaient complémentaires. [...] Une étroite solidarité économique – raison profonde de leur accord politique – n'unit-elle pas les deux régions du Jura et du plat pays ? Entre elles, les rapports sont constants parce que nécessaires ; il faut à la montagne les grains de la plaine et les vins des coteaux ; il faut à la plaine les bestiaux, les bois – à l'occasion même

les hommes – de la montagne : échange de denrées, contact d'habitants [...] » (Febvre, 1912/1970, p. 29).

C'est à partir de ces économies d'États-régions, tirant leur force de la complémentarité de leurs diverses parties, qu'une organisation de l'espace à plus larges mailles s'était par la suite mise en place : l'essentiel du livre lui était consacré. À la fin du XVIIIe siècle, les équilibres et les cadres dessinés au XVIe siècle étaient encore reconnaissables.

Les transformations s'étaient accélérées au XIXe siècle. Le désenclavement avait favorisé le remplacement d'une agriculture dont les marchés demeuraient assez proches par une agriculture ouverte sur des marchés nationaux ou internationaux ; des spécialisations plus poussées en avaient résulté. L'essor industriel avait été important, mais sans formation de grandes concentrations. L'intégration du Centre-Est à la construction nationale s'était progressivement réalisée (Claval, 1979, p. 100).

À la fin des Trente Glorieuses, vers 1975, la France du Centre-Est était articulée autour de deux grands axes de circulation : 1- celui, nord-sud, qui courait de Mâcon à Dijon au pied de la Côte et 2- celui, sud-ouest /nord-est, que l'on suivait de Dole à Besançon et à la région de Belfort-Montbéliard. C'est là que les effectifs industriels s'étaient accumulés au cours des trente dernières années, là que se situaient les seules métropoles régionales, Besançon et Dijon. À l'entour de ces couloirs, la campagne dominait, avec des densités souvent faibles. Au milieu de l'espace rural, les villes restaient modestes (*ibid.*, p. 127-128).

Le rôle des voies de transport dans l'organisation de l'espace montrait que celle-ci était désormais commandée par des relations d'échelle nationale ou internationale. Les noyaux urbains et les orientations agricoles du passé n'avaient pas tous disparu, mais les faisceaux de relations dans lesquels ils étaient insérés s'étaient élargis. Dijon et Besançon demeuraient les foyers urbains dont le rayonnement était le plus fort, mais leur rôle était de relais plus que de centres autonomes. Le Centre-Est n'avait pas connu l'accumulation des hommes et des activités qui signalait les aires centrales des espaces économiques.

L'organisation de l'espace au Québec

Je fis deux séjours au Québec en 1969 et 1972. La géographie de la Belle Province était fascinante : un îlot de campagne à la population quasi-paysanne au milieu d'espaces plus totalement branchés sur les marchés ; la persistance d'une société francophone encadrée par le clergé et par un solide noyau de professions juridiques et libérales ; une population en bonne partie ouvrière, mais très peu d'entreprises dirigées par des Canadiens français. Les Loyalistes réfugiés des États-Unis et les colons anglais ou écossais s'étaient installés au Sud (surtout) et au Nord des *rangs* français de la plaine laurentienne, et dans la zone qui n'avait pas encore été ouverte à la colonisation, à l'Ouest de Montréal. En ville, à Québec comme à Montréal, leurs effectifs avaient rapidement dépassé ceux des francophones.

Comment expliquer la singularité québécoise et sa persistance dans un continent dominé par des thèmes anglo-américains ? Au moment de la Conquête, la société canadienne française, vaincue, disposait d'un atout : la maîtrise de la terre, que les Britanniques ne contestaient pas. La pratique de la foi catholique n'était pas remise en cause : l'Église s'était substituée à l'encadrement politique dont la conquête avait privé la province.

Dans le domaine économique, les deux peuples avaient fait au début jeu égal. Les compagnies canadiennes françaises de traite des fourrures avaient prospéré : elles disposaient d'un personnel de voyageurs capables de sillonner le Nord et l'Ouest et de commercer avec les Amérindiens. Vingt après, la situation avait changé : les entreprises écossaises l'emportaient désormais. Les savoir-faire qu'elles mobilisaient sur le terrain restaient les mêmes que ceux des Canadiens français – chez qui elles recrutaient une partie de leur personnel. Leur avantage provenait de la confiance que les banques leur accordaient et qui leur permettait de financer leurs activités. C'est parce que le monde anglophone maîtrisait de nouvelles manières d'organiser les compagnies de commerce et d'accéder au crédit qu'il triomphait : il obtenait les concessions forestières ou minières, créait des manufactures, dotait le pays d'infrastructures nouvelles – canaux puis voies ferrées. Le monde canadien français ne prospérait que là où il avait la maîtrise de la terre et le droit de donner un enseignement catholique en français. Pour éviter que les excédents démographiques ne partent travailler dans les manufactures textiles de Nouvelle-Angleterre, la Province s'était lancée, derrière le curé Labelle, à la conquête du Nord – mais le succès avait été mitigé.

C'était l'inégale maîtrise des formes modernes de relations institutionnalisées qui maintenait les Québécois en position d'infériorité. Cette situation n'avait disparu qu'avec la révolution tranquille des années 1960 – et plus encore, avec la formation d'un capitalisme canadien-français illustré par les Bombardier ou les Desjardins. C'est ce que je présentai dans l'article que je consacrai en 1974 à « l'Architecture sociale et géographie au Québec : un essai d'interprétation historique », et que publièrent les *Annales de géographie* (Claval, 1974b).

« La conquête de l'espace américain »

Les pays neufs m'ont toujours fasciné. À onze ou douze ans, j'avais lu dans la bibliothèque de mon père, l'*Usonie* de Jean Prévost (1937) ; le livre m'avait fait rêver sur l'Amérique du New Deal. J'ai déjà dit combien j'avais apprécié l'*Amérique septentrionale* de Baulig (1935-1936). En 1971, nous avions reçu à Besançon un couple de langue anglaise qui effectuait un tour de France œnologique ; elle était britannique et ancienne championne de natation, rivale à l'époque de Kiki Caron, et lui, américain ; tous deux enseignaient à Vancouver. Nous avions beaucoup parlé des spécificités de la société américaine. À leur retour au Canada, ils m'envoyèrent quelques essais qui m'apprirent beaucoup : *Errand into the Wilderness* de Perry Miller (1956), *Wilderness and the American Mind* de Roderick Nash (1967), *Rendez-vous with Destiny* d'Éric Goldman (1952). J'avais également beaucoup aimé *Terres vierges* de Henry Nash Smith (1967/1950), *L'histoire des Américains* de Daniel Boorstin (1981) et les travaux de Cole Harris sur le Canada (1966).

C'est à partir de ces ouvrages que je retraçai la construction de l'espace nord-américain du Mayflower au Disneyworld (Claval, 1989a). La matrice de la nouvelle société était religieuse : c'était pour fonder un monde où ils pourraient pratiquer librement leur foi que les puritains de Nouvelle Angleterre, les quakers de Pennsylvanie ou les catholiques du Maryland s'étaient installés en Amérique. Ils ne le faisaient pas pour revenir au pays fortune faite. Ils mettaient en œuvre l'utopie religieuse dont ils étaient porteurs. La dominante calviniste avait abouti à une juxtaposition de communautés d'égale dignité : elle était symboliquement dépourvue de centre, puisqu'un *happening* pouvait y mettre, un jour, n'importe quel lieu au premier plan : chaque groupe était potentiellement porteur de toute l'Amérique.

L'Amérique du XVIIIe siècle s'inscrivait ainsi dans la tradition puritaine. L'Alliance promise à Abraham montrait que l'homme fidèle pouvait s'épanouir librement et connaître le bonheur ; ceci n'était possible que dans une société correctement organisée. La Constitution devait permettre à chaque Américain de bâtir son destin. Des institutions étaient indispensables pour prendre les décisions qui engagent l'ensemble de la population – mais tout était fait pour réduire l'arbitraire du pouvoir et laisser à chacun le maximum d'initiative.

Ainsi conçue, une nouvelle nation avait pu se former. Elle n'interdisait pas le maintien des fidélités locales et de l'attachement à chaque colonie, mais elle proposait aux Américains un cadre politique et un idéal national (*ibid.*, p. 91).

Une telle conception de la société et de la politique faisait la part belle à l'économie. Les États-Unis offraient, dès le début du XIXe siècle, des conditions exceptionnellement favorables au développement de la production et de l'échange : la société était individualiste et rien ne venait brider l'énergie des entrepreneurs ; la philosophie dominante était favorable à la recherche du bonheur, d'un bonheur qui signifiait aisance et vie confortable ; l'argent était signe de la faveur divine : on n'avait pas honte d'être riche.

La vie économique se déroulait dans un espace unifié où personne ne critiquait les principes de l'économie d'échange. L'entrepreneur dynamique pouvait étendre son marché sans se heurter à des freins institutionnels. « La seule difficulté était de vaincre la concurrence, toujours féroce dans un milieu où aucune barrière ne protégeait les affaires les unes des autres » (*ibid.*, p. 131-132).

Les conséquences de cette compétition étaient simples : les régions américaines s'étaient spécialisées dans les productions pour lesquelles elles possédaient naturellement un avantage comparatif, comme dans la plus grande partie de l'Ouest et du Sud. Là où elles bénéficiaient en outre d'économies d'échelle et d'économies externes, les manufactures s'étaient multipliées (comme dans l'*Industrial Belt* du Nord-Est) et les activités de direction et d'impulsion avaient prospéré (comme dans la Mégalopolis). Les évolutions contemporaines aboutissaient à d'autres formes d'organisation régionale, avec l'émergence de métropoles importantes dans tout le pays.

L'INITIATION À LA GÉOGRAPHIE RÉGIONALE (1993a)

Dans les années 1970, j'avais donné plusieurs cours d'initiation à la géographie régionale. Je repris leur contenu au début des années 1990 : c'est ainsi que prit naissance l'*Initiation à la géographie régionale* (1993). L'esprit de l'ouvrage portait la marque des années où il avait été initialement conçu. Il couronnait par une réflexion sur l'approche régionale le travail de rénovation de la géographie humaine que je menais depuis la fin des années 1950.

La première partie était consacrée à l'évolution de la démarche régionale, aux opérations qu'elle impliquait et aux méthodes qu'elle mettait en œuvre : nous l'avons résumée plus haut.

Le travail passait ensuite en revue les facteurs qui pesaient sur la division et l'organisation de l'espace. La recherche avait d'abord souligné le poids des déterminations naturelles et des activités économiques. L'architecture sociale des groupes et leur culture, longtemps négligées, étaient désormais prises en compte. L'organisation régionale de l'espace ne résultait généralement pas de décisions politiques, mais elle n'échappait pas aux jeux de pouvoir. Vivre dans un même milieu et se heurter aux mêmes problèmes créait une communauté de destins et conduisait à la formation d'identités régionales – la politique ressurgissait là sous une autre forme.

Les formes d'organisation régionale n'avaient cessé d'évoluer. Dans les sociétés de chasseurs, de cueilleurs et de pêcheurs, les groupes s'inséraient dans des milieux qu'ils ne modelaient souvent que fort peu – si ce n'est par l'incendie fréquent de la végétation naturelle. Dans les sociétés agricoles ou pastorales, le défrichement, la culture ou le pâturage renouvelé(e) conduisaient à une humanisation beaucoup plus profonde de l'environnement, mais dans des sociétés sans État, ou à structures politiques éclatées, cela ne créait pas de fortes individualités régionales, comme le notait Gilles Sautter :

> « Les recherches des anthropologues ont révélé l'existence, et souvent la force, de structures politiques fondées soit sur les réseaux étendus de parenté, soit sur des groupements associatifs variés, soit même sur des lieux à caractère religieux. Ces structures ont pour effet de rendre solidaires, dans le cadre géographique où elles s'insèrent, à la fois les hommes et les différentes parties de l'espace qu'ils occupent. Mais le maillage qui en résulte, s'il contribue en bien des cas à distinguer une région par rapport aux espaces amorphes (...) qui l'environnent, n'opère pas cette différenciation interne dans le sens de la hiérarchie et de la complémentarité qui correspond au modèle accompli de la région » (Sautter, 1968, p. 82-83).

Dans de tels systèmes, les liens sociaux se fondaient souvent sur l'enracinement géographique, comme le notait Joël Bonnemaison :

> « La société mélanésienne [...] est autant, et peut-être plus, une société de co-résidents, réunis par leurs liens avec des lieux, qu'une société de parents réunis par les liens du sang. Ce "patriotisme du sol", attaché à la terre nourricière, porteuse de valeurs magiques et de pouvoirs surnaturels, conduit en fait à constituer la société sur une base "géographique" » (Bonnemaison, 1986, p. 190).

Les conditions avaient changé dans les sociétés traditionnelles à base rurale. L'emprise humaine y était marquée par la formation de vraies campagnes. Dans des économies où les échanges demeuraient modestes, la différenciation des paysages ruraux restait cependant limitée par la nécessité de pourvoir partout à l'essentiel des besoins alimentaires. C'était par l'adaptation des genres de vie au milieu que la diversification s'opérait. Elle se traduisait souvent tout autant dans les traits culturels que dans les paysages. Dans ces campagnes, un système régulier de bourgs et de petites villes se mettait en place. L'organisation de l'espace en grands ensembles était beaucoup moins liée aux impératifs de la vie économique qu'au jeu de facteurs culturels et aux croyances qui justifiaient le pouvoir.

La révolution industrielle avait ouvert les économies, accentué la dimension économique des spécialisations régionales dans les régions rurales, renforcé la hiérarchie des centres qui les desservaient, et introduit une nouvelle distribution des activités industrielles : celles-ci s'accumulaient désormais dans les régions minières, aux grands carrefours des systèmes de transport et dans les aires centrales des territoires nationaux.

L'évolution contemporaine transformait la vie locale, désormais ordonnée en bassins de migrations alternantes, conduisait les zones de faible densité à une désertification de plus en plus totale et donnait ailleurs aux espaces ruraux une accessibilité qui les transformait souvent en zones rurbaines. Elle réduisait les différences entre les niveaux inférieurs et moyens des réseaux urbains, mais accroissait le rôle des métropoles. L'opposition monde industrialisé/monde en voie de développement s'effaçait rapidement.

L'ouvrage s'inscrivait dans l'optique de la nouvelle géographie. Il ne se contentait pas de traiter des dimensions économiques de la différenciation régionale de la terre (ce qu'avait fait *Régions, nations et grands espaces)* : il soulignait la part qu'y tenaient les formes d'organisation sociale, les systèmes politiques et les cultures ; il n'intégrait cependant que partiellement les acquis du tournant culturel. Il demandait des compléments que l'édition de 2006 apporta.

***DE LA RÉGION AU TERRITOIRE* (2006a)**

La nouvelle édition de l'*Initiation à la géographie régionale* est profondément remaniée. Le titre n'est pas modifié, mais le sous-titre change : *De la région au territoire.* En mettant l'accent sur la région, la première version soulignait le caractère technique du découpage de l'espace auquel se livraient les géographes. Ils n'étaient pas les seuls à régionaliser l'espace, mais ils le faisaient avec une rigueur qui échappait aux autres. Ils explicitaient à la fois le but visé (distinguer et délimiter des ensembles homogènes ou polarisés) et les critères sur lesquels reposaient leurs délimitations. Les découpages qu'ils pratiquaient avaient une netteté chirurgicale.

La régionalisation à laquelle aboutissait l'enquête géographique était plus rationnelle que celles à laquelle procédaient généralement les administrations ; elle devait permettre de mieux structurer le pays et d'en rendre la gestion plus efficace. Le géographe se pensait en conseiller du Prince.

Analyser des territoires, c'est adopter une autre logique : c'est partir des gens et de la manière dont ils vivent l'espace :

> « Les hommes ont besoin d'éléments matériels pour leur rappeler ce qu'ils sont. Quelle que soit la nature profonde de leur identité, celle-ci s'exprime dans l'univers instrumental qu'ils mettent en œuvre, dans les maisons qu'ils ont construites, dans les paysages qu'ils ont façonnés, dans les costumes qu'ils portent, dans les cérémonies qu'ils organisent. De hauts lieux liés aux moments forts de leur histoire leur rappellent d'où ils viennent et qui ils sont : le territoire se structure autour d'eux. Dans la mesure où l'identité a un fondement religieux, elle se manifeste par l'existence d'emplacements sacrés, qui rappellent les liens qui unissent le groupe à l'au-delà dans lequel il croit. [Dans nos sociétés], nos appartenances d'abord sociales, religieuses ou idéologiques sont ensuite territorialisées » (Claval, 2006a, p. 157).

Le renversement est de taille : au lieu de mettre l'accent sur les flux matériels (mouvements migratoires, transports de biens) ou sur les flux immatériels d'information, l'approche territoriale s'intéresse aux hommes, à leur sensibilité et au besoin qu'ils ont d'être acceptés et reconnus par d'autres. Les lieux qui rompent la monotonie des aires banales tranchent par leur nature ; ils sont investis de valeurs symboliques.

La structuration de l'espace ne s'exprime pas seulement par la formation d'espaces continus, d'un seul tenant. Elle s'appuie sur de hauts lieux et des réseaux. Elle est beaucoup plus diverse qu'on ne le pensait jusqu'il y a peu encore (Claval, 2006a, p. 177).

Le tournant culturel, auquel est consacrée la deuxième partie de cet ouvrage, modifie donc en profondeur l'approche régionale. J'en intègre les impératifs dans *La fabrication du Brésil* (Claval, 2005b). J'y rappelle la hardiesse des *bandeirantes* qui poussent toujours plus loin vers l'intérieur, et l'habileté des autorités qui, de Lisbonne, parviennent à faire accepter par l'Espagne l'annexion d'une large partie des bassins de l'Amazone et du Rio de la Plata. J'y souligne l'originalité des formes qu'y prend le catholicisme populaire, qui nourrit à la fois la démocratie brésilienne (c'est une société où les initiatives viennent souvent du bas) et les formes de contestation de l'autorité qui y ressurgissent sans cesse (dans les milieux populaires, l'opinion prévaut qu'en défrichant un coin de terre, en devenant *posseiro,* chacun a le droit de devenir légalement propriétaire).

EN CONCLUSION : PENSER UNE NOUVELLE GÉOGRAPHIE POUR RENDRE LA DISCIPLINE APPLICABLE

Au milieu des années 1980, j'avais mené à bien le programme que je m'étais fixé en 1957-1958, lorsque j'avais décidé de donner une nouvelle impulsion à la géographie humaine en m'inspirant du renouveau des sciences économiques.

Le programme s'était amplifié. Son propos initial – prendre modèle sur l'économie et plus particulièrement sur l'économie spatiale – s'était élargi lorsqu'il m'était apparu que la totalité de la géographie humaine ainsi que ses composantes sociale et politique pouvaient tirer profit de ce qui avait transformé l'approche économique, à savoir (i) la prise en compte de la distance comme obstacle à la vie de relation et (ii) l'accent mis sur l'information.

La géographie humaine était désormais axée sur l'analyse des processus et des mécanismes qui donnaient aux hommes prise sur les milieux où ils vivaient et les conduisaient à les transformer et à les organiser. Une nouvelle structuration de la géographie économique avait été proposée et les principes de toute géographie sociale soulignés ; la géographie humaine était devenue plus rigoureuse, un nouvel angle d'attaque pour la géographie politique avait été mis en œuvre, la logique des villes analysée et l'approche régionale modernisée. La géographie ainsi repensée était devenue plus applicable – comme le montrait l'audience qui était désormais la sienne auprès des aménageurs.

Au fur et à mesure que je progressais, je découvrais cependant les limites des perspectives que j'avais retenues. Il convenait d'ouvrir un autre chantier, qui fasse la part plus belle aux représentations et à la culture. Durant une dizaine d'années, je menai parallèlement les deux entreprises. La part prise par la nouvelle orientation devint dominante au début des années 1980.

PARTIE II

PENSER LE MONDE EN GÉOGRAPHE

L'APPROCHE CULTURELLE

6. METTRE EN ŒUVRE LA PERSPECTIVE CULTURELLE

La géographie naît de la curiosité que suscite la diversité du monde : plaines, collines ou montagnes ; forêts, landes ou prairies ; damier des zones cultivées, semis de l'habitat, routes, voies ferrées, etc. Dès ses premiers pas, la géographie humaine revêt une dimension culturelle. Friedrich Ratzel (1885-1888) oppose les *Naturvölker,* les peuples de nature, aux *Kulturvölker,* les peuples de culture. Dans le *Tableau de la géographie de la France,* Vidal de la Blache décrit avec sensibilité et précision les paysages de notre pays. Ailleurs, il met l'accent sur les spécificités des genres de vie.

Ces aspects de la discipline m'intéressent vivement.

LA GÉOGRAPHIE CULTURELLE PREMIÈRE MANIÈRE

La géographie culturelle se structure progressivement. Dès le départ, les chercheurs qui la construisent s'inspirent de l'ethnologie – Friedrich Ratzel est d'ailleurs tout autant ethnologue que géographe ; Franz Boas, l'initiateur de l'école américaine d'anthropologie culturelle, a été son élève en Allemagne.

Cette jeune géographie culturelle a une immense ambition : dans l'ambiance évolutionniste qui domine l'époque, elle embrasse le parcours total de l'humanité ; elle se nourrit de préhistoire et d'archéologie, puis aborde les civilisations historiques. Le Néolithique revêt à ses yeux une particulière importance, puisque l'invention de l'agriculture et de l'élevage conduit alors à la sédentarisation des groupes humains et à la multiplication de leurs effectifs. Eduard Hahn se penche sur la domestication des plantes et des animaux et introduit la distinction fondamentale entre les agricultures à la houe et les agricultures à la charrue (Hahn, 1896). La tradition de recherche qu'il inaugure est bientôt reprise dans d'autres pays, en Grande-Bretagne en particulier, où elle est développée à la fois par des géographes (Peake et Fleure, 1926-1956), et par des anthropologues (Forde, 1934 ; Childe, 1943).

La géographie culturelle s'associe plus fréquemment à l'histoire qu'à la préhistoire. En France, elle profite de la préparation des grandes thèses de géographie régionale : leurs auteurs remontent aussi loin dans le passé qu'il est nécessaire pour expliquer le présent. Leurs préoccupations sont surtout fonctionnelles, mais ils notent au passage les particularités de l'outillage, le style de l'habitat et la présence d'éléments symboliques dans le paysage. Plus délibérément encore qu'en France, la géographie régionale des pays de langue allemande est axée sur le paysage culturel.

C'est aux États-Unis que la discipline connaît le plus vif succès. Elle le doit à Carl Sauer, qui inspire un mouvement de recherche d'une grande richesse. L'École de Berkeley (c'est le nom qu'on lui donne) s'attache aux groupes amérindiens et aux cellules souvent métissées de l'Amérique hispanique ; elle ignore en revanche la modernité américaine.

La première géographie culturelle est diverse et porte la marque des pays où elle se développe. En France, elle devient autonome avec Jean Brunhes et Pierre Deffontaines. Gallimard offre à ce dernier de lancer une collection, qui traitera de « L'Homme et... » (Blache, 1934 ; Deffontaines, 1933 ; 1957 ; Haudricourt *et al.,* 1955) ; elle est constituée d'ouvrages clairs et agréables à lire ; ils donnent à voir la manière dont les groupes humains s'adaptent aux milieux et les transforment. Certains thèmes dominent : l'inventivité technique des hommes, la complexité des aménagements qu'ils créent, leur volonté de marquer les paysages de signes symboliques.

La géographie culturelle américaine est également diverse : elle l'est par l'espace géographique dont elle traite (le continent Nord-Américain, les Caraïbes, l'Amérique latine essentiellement, mais pas exclusivement), et par l'accent qu'elle met sur deux thèmes, celui du cortège de plantes et d'animaux que les groupes humains propagent ou cultivent pour asseoir leur maîtrise sur l'environnement, et celui des formes d'architecture vernaculaire des sociétés paysannes.

Un thème central rapproche les courants de cette première approche culturelle : l'étude des rapports des hommes aux milieux où ils s'insèrent. Les groupes façonnent l'environnement grâce aux plantes et animaux domestiqués, aux techniques de culture et d'élevage, et à l'outillage dont ils se sont dotés. L'efficacité de leur action tient aux prolongements biologiques, matériels et idéels de leurs corps, comme le soulignait Leroi-Gourhan (1964-1965). Bien avant que Bruno Latour ne parle de théorie de l'acteur-réseau, la géographie culturelle appréhende la vie des groupes à travers les réseaux de choses et d'êtres vivants qu'ils tissent.

Cette première géographie culturelle a des limites, qui tiennent à sa docilité vis-à-vis des règles méthodologiques alors acceptées par la discipline : il faut se montrer aussi « scientifiques » que les naturalistes ! Pas question d'analyser les représentations que les hommes se font du réel ! Deffontaines l'explique lorsqu'il traite de géographie religieuse :

> « Le géographe est [...] appelé à conserver à l'égard des faits religieux une attitude de pur observateur, ne cherchant pas à étudier le fondement, l'origine ou l'évolution des systèmes religieux et la valeur respective de ceux-ci. Il se borne à noter les répercussions géographiques des faits de religion sur le paysage, il réduit ainsi le point de vue religieux à des éléments extérieurs et physionomiques, laissant

> délibérément de côté le domaine majeur de la vie intérieure » (Deffontaines, 1966, p. 17-18).

Mais Deffontaines écrit par ailleurs :

> « L'homme a apporté sur la Terre un nouvel élément étonnamment puissant : la pensée, et c'est en cela qu'il constitue la dernière vague de la création, le front avancé des êtres » (Deffontaines, 1948, p. 8).

Telle est la contradiction majeure de la géographie culturelle première manière : souligner le rôle de la « pensée » sans jamais l'analyser directement. Ses meilleurs représentants – Deffontaines en tête – en sont conscients, mais n'osent pas aller à l'encontre des normes épistémologiques qui règnent alors.

Une autre contradiction mine cette première approche : celle-ci repose sur une immense curiosité à l'égard des techniques, mais l'époque est à la standardisation des fabrications : les mêmes tracteurs, les mêmes charrues, les mêmes machines-outils, les mêmes trains, les mêmes automobiles et les mêmes avions se retrouvent partout. Cela n'annonce-t-il pas l'inéluctable disparition d'une discipline tellement liée au passé qu'elle serait incapable de survivre à la modernisation et à la globalisation ?

La géographie culturelle première manière propose une interprétation fascinante des distributions humaines, mais elle est grevée de lourdes contradictions.

UNE CURIOSITÉ QUI ÉVOLUE ET SE RENFORCE

Un intérêt précocement éveillé pour une recherche qui se renouvelle

Dans les années 1950, je lis un certain nombre des ouvrages de la collection « L'Homme et… », mais ne saisis pas l'unité et la cohérence du domaine. Je découvre vraiment la géographie culturelle en rédigeant l'*Essai sur l'évolution de la géographie humaine,* en 1962-1963. L'œuvre de Sauer me séduit : je n'ai jamais lu d'études aussi originales sur les rapports des hommes à l'environnement. Je m'attache à ce courant, dont certains annoncent le déclin, mais qui ne cesse de rebondir.

Les ouvrages classiques de l'anthropologie sociale britannique, que je lis dans les années 1964 et 1965, consacrent de longs développements à l'insertion des sociétés primitives dans le milieu avec des préoccupations voisines de celles de la géographie culturelle.

Deux géographes français font alors évoluer le domaine : Pierre Gourou et Xavier de Planhol. Pour expliquer la distribution géographique des groupes humains dans le monde tropical, le premier invoque un déterminisme de civilisation plutôt qu'un déterminisme naturel (Gourou, 1971) ; il élargit les perspectives retenues par la géographie humaine en ajoutant l'analyse des techniques d'encadrement à celle des techniques de production. Spécialiste du monde musulman, Xavier de Planhol (1957) accorde au facteur religieux un rôle-clef dans la hiérarchie des genres de vie et la structure politique de cette partie du monde : le citadin peut faire cinq prières publiques par jour et se rendre à la Grande Mosquée de la ville le vendredi ; il est en meilleure posture que le nomade, condamné à ne rendre grâce à Allah que dans le cadre d'une communauté réduite ; citadins et nomades l'emportent sur le paysan, isolé lui aussi, et qui ignore la pureté à laquelle incitent les grands espaces de la steppe ou du désert. Je suis sensible à ces nouveaux développements.

J'entends parler de la revue américaine *Landscape* qu'édite en Arizona John Brinckerhoff Jackson. Sa circulation est confidentielle : il me faut un an, en 1966-1967, pour m'y abonner. J'y découvre des études fascinantes sur les formes populaires de la culture américaine telles qu'elles se manifestent dans les grandes artères commerçantes des banlieues, dans les maisons auto-construites ou dans tout ce qui entoure la mort. Ces articles me séduisent, car ils font preuve d'une curiosité étonnamment proche de celle de Deffontaines pour traiter des paysages et des formes les plus contemporaines de la culture populaire. J'apprends plus tard que ces ressemblances ne sont pas fortuites : après avoir participé au débarquement de Normandie en 1944, J. B. Jackson passe quelques années en Europe ; il découvre en France la *Revue de géographie culturelle et d'ethnologie* que vient de lancer Deffontaines, et la collection « L'Homme et… » ; c'est ce qui l'amène à s'intéresser à la culture des milieux populaires américains.

Culture et Nouvelle Géographie

Ce sont cependant les recherches que je mène dans le cadre de la Nouvelle Géographie qui me conduisent à donner de plus en plus de poids à la dimension culturelle de la discipline. En rédigeant, au cours de l'été 1964, les 500 premières pages du manuscrit de ce qui devait être ma thèse, je prends conscience des limites des modèles que propose l'économie spatiale. La plupart des industries comtoises sont nées d'un processus de diffusion à partir de foyers plus ou moins proches, ceux de la Suisse protestante en particulier : problème culturel tout autant qu'économique.

Cette prise de conscience donne une nouvelle orientation à mes lectures : la place des ouvrages d'histoire économique et sociale, de sociologie et d'anthropologie augmente. Au fur et à mesure que je mets en forme les résultats de mon travail économique, les secteurs où j'ai besoin de suppléments d'information du côté de la sociologie, de l'anthropologie et de l'ethnologie s'élargissent. Les modèles de von Thünen et de Weber ignorent (pour le premier) ou ne font qu'une faible place (pour le second) à la communication, aux processus de diffusion et aux économies externes. Les travaux sur la production ne parlent pas du rôle de l'entreprise, de ses dimensions sociologiques, de l'esprit qui l'anime.

L'innovation a une dimension sociale et culturelle. Une nouvelle technique bouleverse souvent le travail de professions entières et les habitudes des consommateurs : elle soulève la résistance de ceux qui répugnent à modifier l'ordre existant. À l'inverse, dire qu'une invention est dans l'air, c'est constater que le changement est devenu un besoin pour le corps social, c'est indiquer que les obstacles d'ordre collectif se sont aplanis (Claval, 1970a, p. 118.)

La rationalité des choix économiques est moins générale que ne le supposait la théorie économique. Dans le comportement de type *satisficer,* les acteurs ne se soucient pas de maximiser leurs revenus : ils se contentent d'un niveau qui réponde à leurs besoins. Du côté de la consommation, on connaît depuis Thorstein Veblen (1899), la consommation ostentatoire de la classe de loisir ; Vance Packard (1958 ; 1960) attire l'attention sur les *Status Seekers,* dont la rage d'achats n'a d'autre but que d'améliorer la position sociale.

Plus je progresse et plus je prends conscience des limites de la logique économique. La liste de ce qui lui échappe se met à gonfler lorsqu'à partir de 1970, je transpose ce qui fait la force de la Nouvelle Géographie – la prise en compte des effets de la distance – aux domaines social, politique et urbain.

Premier point : pour s'appliquer aux aspects sociaux, la démarche choisie doit être affinée dans le domaine la communication. Je découvre alors les travaux de Westly et Mac Lean (1957), de Marshall McLuhan (1968/1964) et d'Abraham Moles (1967). Je mesure l'écart entre les sociétés de l'oralité, celles de l'écriture et celles des médias modernes. Les recherches sur la fin des paysans, à la manière d'Henri Mendras (1967) en France et de Harvey Franklin (1969) dans le monde anglophone, soulignent que l'originalité de cette catégorie sociale ne vient pas seulement des activités qu'elle pratique, mais de sa maîtrise imparfaite des systèmes culturels dominants.

Deuxième point : à partir du moment où l'on s'attache aux relations institutionnalisées, le vocabulaire à mobiliser ne peut demeurer exclusivement économique. Des comportements réciproques et l'acceptation de règles supérieures sont indispensables pour participer à la vie familiale, à la vie associative ou à l'échange marchand, pour trouver place dans une féodalité ou dans un régime de caste, ou pour être admis dans un système politique : le social met en jeu des codes et des valeurs de nature culturelle.

J'ai conscience de ces problèmes dès 1973, lors de la publication des *Principes de géographie sociale.* La préparation d'*Espace et pouvoir* me conduit plus loin dans cette analyse critique : le fonctionnement des systèmes politiques ne devient efficace que si on limite le volume des informations qu'ils nécessitent ; cela passe par l'instauration d'un climat de confiance et par l'acceptation par la population, ou par une portion significative de celle-ci, de la légitimité du pouvoir.

Troisième point : la ville est faite pour assurer les échanges d'informations dans les meilleures conditions – mais l'opposition ville/campagne ne peut se réduire à la facilité plus ou moins grande d'accès aux nouvelles. Elle a longtemps résulté de la nature différente des modes de communication à l'œuvre dans les paysanneries (ou dominait l'oralité) et chez les citadins (où la proportion de ceux qui savaient lire et écrire était plus forte). Là encore, l'économique trouve une limite.

C'est mon implication dans le développement de la Nouvelle Géographie qui me pousse donc à explorer plus systématiquement le domaine culturel. La montée de mes nouvelles curiosités s'inscrit dans une évolution générale : la recherche en sciences sociales découvre le rôle des représentations. Dès 1956, *The Image* de Kenneth Boulding souligne que ce n'est pas le monde qu'appréhendent les sciences sociales, mais les représentations que les gens s'en font.

Une implication croissante

1- L'attention que je porte aux problèmes de culture s'affirme après 1970. Cela résulte en partie des travaux que la Nouvelle Géographie multiplie sur les conduites imparfaitement rationnelles ou sur les cartes mentales. Dans ce dernier domaine, le déclic vient de Kevin Lynch (1959) et de ses enquêtes sur l'image que les Bostoniens se font de leur ville : au départ, une procédure simple ; à l'arrivée, la solution de mille problèmes rencontrés par les recherches sur la circulation.

Je demande volontiers à mes étudiants de dessiner leur ville et d'y reporter leurs itinéraires : ils découvrent ainsi les limites de leurs savoirs quotidiens.

2- Au Congrès que l'UGI organise à Montréal en août 1972, je prends conscience du changement de perspective qui est en train de s'opérer. La mode est à l'esprit des lieux et à une poignée de géographes qui, autour de Yi-fu Tuan, s'intéressent à la topophilie, aux représentations. La réflexion d'Edward Relph et d'Anne Buttimer emprunte beaucoup à la phénoménologie et à Heidegger. Relph révèle l'originalité, qui a longtemps échappé aux collègues français, du petit ouvrage qu'Éric Dardel a publié en 1952 : *L'Homme sur la Terre*.

Un courant parallèle se développe en France. Il naît de l'agacement suscité par vingt ans de publications que le souci théorique rendait souvent illisibles. Il prône un retour au concret, aux couleurs, au paysage. Pour Armand Frémont (1976) la région est vécue à la manière de « Pierre Rivière ayant égorgé sa mère, sa sœur, son frère » et qui revient errer, son forfait perpétré, dans le bocage qui lui est familier (Rivière, 1973 ; utilisé par Frémont, 1976) ; l'existence de Mme Bovary, bourgeoise de province, est structurée par les lieux qu'elle fréquente ou dont elle rêve : la campagne et les bourgs du pays de Caux, Rouen, la grande ville, et Paris, qu'il convient d'imiter (Frémont, 1976).

La transformation du vocabulaire souligne la mutation en cours dans l'approche régionale : le territoire supplante la région ou le pays. On le charge d'histoire, de vécu et de pouvoir.

3- Roger Brunet lance en 1972 *L'espace géographique.* Il désire organiser des débats sur les grands problèmes de l'heure. L'idée me semble excellente : je propose le thème de la plupart des réunions qui se tiennent entre 1973 et 1980 : géographie et sémiologie ; géographie et perception de l'espace ; géographie et phénomènes de domination ; espace et justice sociale ; géographie et réalités culturelles. Les premières rencontres se déroulent dans une atmosphère ouverte et stimulante. À partir de 1980, Roger Brunet ne cesse de rappeler à ceux qui se montrent curieux de culture que « c'est l'économie qui commande toujours en dernière instance » : la discussion devient difficile. Je ne suggère plus de thèmes de débats !

La place que j'accorde à des notions comme celles de territorialité, d'idéologie, de légitimité, de liberté ne cesse de croître : j'apprends à mettre en œuvre l'approche culturelle. Je m'engage dans une voie que je n'ai pas encore quittée – c'est pour cette raison que j'écris la seconde partie de cet ouvrage au présent, alors que l'a première l'est au passé !

DES THÈMES ABORDÉS DANS LE DÉSORDRE

Une réorientation de ma recherche est nécessaire. Les différentes facettes de la géographie humaine que j'ai tour à tour analysées passent à côté de questions essentielles. C'est le cas d'abord de la géographie économique : qu'est-ce que l'*utilité* que chacun cherche à maximiser ? Quelle est la nature des droits de propriété, et pourquoi revêtent-ils des formes aussi variées ? Comment intégrer économie de don et économie de redistribution ? *Quid* des conduites de type *satisficer,* dont la rationalité est volontairement limitée ?

Les questions sans réponse sont également nombreuses en géographie sociale. Quelle est la nature du lien social ? De quel poids pèsent les symboles ? Dans le façonnement du réel, quel est le rôle respectif des croyances, des idéologies et des savoirs ? Quelle est la part des intérêts matériels et celle des représentations symboliques dans le fonctionnement des relations institutionnalisées ?

Les problèmes que pose la géographie politique sont plus importants encore. Quelles sont les sources de la légitimité ? Pourquoi accepte-t-on l'autorité de certains ? Quel est le sens attribué au territoire ?

L'approche culturelle est indispensable pour répondre à ce type d'interrogations. Je la mobilise sans chercher encore à en explorer systématiquement la logique. Plusieurs thèmes s'imposent à moi à partir de 1975.

La culture

Je tire de ma fréquentation des anthropologues l'idée que la définition la plus pertinente de la culture est celle que Tylor a proposée dès 1870. Elle est faite, selon lui, de tout ce qui, dans le comportement humain, n'est pas inné. La formule met l'accent à la fois sur ce qui est transmis d'une génération à l'autre et d'un individu à l'autre, et sur ce que chacun tire de son expérience. La culture est donc d'abord une mosaïque de pièces diverses : observation essentielle.

Mais la culture ne se réduit pas à cela :

> « Une culture est un ensemble de schèmes mentaux, d'échelles de valeurs et de techniques d'action et de transaction qui délimitent le champ des comportements possibles et le champ des comportements considérés comme souhaitables dans un groupe. Entre les divers aspects de la culture existe généralement une certaine cohérence » (Claval, 1973a, p. 268-269).

Si une culture offre de la cohérence, c'est que d'autres processus y entrent en jeu :

> « Les processus culturels sont donc de deux types : les uns tiennent aux modes de transmission des informations, à leur efficacité, à leur portée ; les autres indiquent la manière dont les récepteurs se comportent à l'égard des messages reçus et expliquent pourquoi certains sont facilement assimilés alors que d'autres sont rejetés […]. La première famille traite de données physiques, matérielles, et la seconde nous renvoie aux propriétés mêmes des messages qui s'agglomèrent pour former une culture. Ce que chacun éprouve [en les recevant], c'est la manière dont ils peuvent se concilier, coexister sans se gêner ou au contraire se nier » (Claval, 1973a, p. 269).

Telle est la double définition de la culture que je formule dans les *Principes de géographie sociale* et à laquelle je continue à souscrire quarante ans plus tard. D'un côté, je la vois faite d'éléments juxtaposés ; de l'autre, je mets l'accent sur ceux qui sont immatériels et qui constituent un facteur clef des comportements. C'est la sélection de ces derniers qui donne une certaine cohérence aux cultures.

Culture, information et communication

Dans les années 1970, je m'attache plus particulièrement aux processus de transmission : ils font partie des jeux de l'information auxquels je porte intérêt depuis le début des années 1960. Comme le montrent Westly et Mclean, les divers modes de communication ne se prêtent pas de la même manière au transfert des nouvelles, des connaissances ou des croyances.

Pour assurer la transmission des informations, toutes les cultures tirent largement parti de l'oralité et de l'imitation, les seules à opérer durant la petite enfance. Les groupes qui ne reposent que sur elles ont plus de peine que d'autres à se doter d'une mémoire objective et à assurer la diffusion des messages abstraits. Les sociétés qui ajoutent l'écrit à l'oral – et dont on dit, pour simplifier, que ce sont des cultures de l'écrit – évitent plus facilement l'oubli et assurent plus efficacement le développement des parties abstraites de la culture. La plupart des sociétés historiques juxtaposent des couches populaires qui ne savent ni lire, ni écrire, et des élites qui maîtrisent ces savoirs : les cultures vernaculaires de la majorité de la population s'y distinguent donc des savoirs savants que les élites mettent en œuvre. Les premières, dominantes dans les zones rurales, demeurent locales ; les seconds, qui s'épanouissent souvent dans les milieux urbains, offrent les mêmes traits sur de larges espaces :

> « Dans les sociétés historiques, une coupure s'est déjà opérée entre les éléments intellectualisés de la culture, qui peuvent voyager à distance, et ceux qui tiennent aux attitudes, aux gestes, aux savoir-faire [qui se transmettent sur place]. Il en est résulté un divorce caractéristique entre l'universalisme des cultures encadrantes, de la religion ou de la philosophie, et le localisme et le régionalisme des cultures matérielles, comme on le note à la multiplicité des traditions folkloriques d'Europe occidentale » (Claval, 1973a, p. 270).

Les médias modernes diffusent instantanément et au loin textes, images, et sons. Dans les sociétés qui les mettent en œuvre, les savoirs vernaculaires cessent de varier d'un lieu à l'autre : on est passé des cultures populaires du monde traditionnel aux cultures de masse du monde actuel. Parallèlement, des cultures scientifiques et techniques se sont substituées aux cultures élitaires de jadis. Les croyances religieuses n'y jouent plus qu'un rôle restreint ; avec les nouveaux moyens de transmission à distance, la transmission des croyances fait de nouveau la part belle à la parole et au geste, désormais diffusés par la radio, le cinéma et la télévision.

Trois étapes se succèdent ainsi dans l'histoire culturelle de l'humanité : (i) le temps des cultures unitaires des sociétés premières, (ii) le temps des cultures duales des sociétés historiques, (iii) le dualisme entre cultures de masses et cultures savantes et techniques des sociétés contemporaines.

La diversité des médias explique également l'inégale facilité des contacts qui se nouent entre cultures. Tant que les relations ne reposent que sur des contacts face-à-face, la diffusion des idées, des outillages ou des techniques est lente et se fait par auréoles successives. L'écriture et plus tard l'imprimerie modifient ces dynamiques : les échanges culturels se multiplient : il suffit de l'arrivée de quelques voyageurs chargés de livres, et qui font l'effort d'apprendre la langue du pays, pour qu'idées, techniques et croyances se diffusent. Les contacts culturels entre l'Europe et la Chine connaissent un essor extraordinaire à l'époque moderne. Comme l'a rappelé Etiemble (1988), ils sont pour l'essentiel l'œuvre des jésuites installés dans l'Empire Céleste entre les années 1560 et les années 1760 : 300 personnes à peine en deux siècles !

Culture et idéologie

Un autre problème m'occupe dans les années 1970. À l'époque, la pire injure que l'on puisse faire à un intellectuel, c'est de dire que ses positions sont idéologiques ! Le marxisme n'a jamais occupé autant de place dans la pensée française. La génération de l'après 1968 a quitté le Parti Communiste ou n'y a jamais adhéré, mais elle fréquente Marx, Rosa Luxemburg, Lénine, Lukacs, Gramsci. Comment expliquer les transformations que l'atmosphère intellectuelle connaît ainsi ?

Entre 1973 et 1976, je me plonge dans les ouvrages de Marx et d'Engels et dans la littérature qu'ils ont suscitée. J'en tire en 1977 un article sur « Le marxisme et l'espace » que je confie à *L'Espace géographique* ; sa publication provoque un tollé chez les collègues de gauche ; on me reproche 1- de réserver aux idées une place injustifiée et 2- de ne pas souscrire à la conception marxiste de l'idéologie.

1- Dans le monde anglophone, qui a toujours ignoré la pesanteur dogmatique des partis communistes, les courants marxiens refusent de s'enfermer dans la sphère matérielle et font, avec Raymond Williams (1958 ; 1991), une place importante au jeu des représentations.

Au milieu des années 1970, les intellectuels qui animent à Paris le Cercle d'Études et de Recherches marxistes adoptent des positions analogues – Maurice Godelier en particulier :

> « En fait, nous avons déjà montré [...] qu'il n'existe pas de forces productives purement matérielles. Un outil ne peut exister socialement sans que soient connues et communiquées les règles de sa fabrication et celles de son emploi. Ces représentations font partie des forces productives et constituent un élément interne à l'infrastructure [...]. Donc on trouve des idées, des représentations à tous les niveaux du fonctionnement de la société, non pas comme un reflet de ces niveaux

> mais comme une de leurs composantes internes, comme une de leurs conditions de reproduction » (Godelier, 1977, p. 10).

Quelques années plus tard Godelier systématise ces thèmes dans *L'idéel et le matériel* (1984) : ils connaissent alors le succès. Je regrette qu'à l'époque, les géographes français qui se réclamaient de Marx les aient ignorés.

2- Le terme idéologie a été forgé par Destutt de Tracy en 1796 pour désigner le nouveau champ que le groupe qui se réunit autour de lui entend explorer : l'étude des idées. Sous la plume de Marx, le terme prend un autre sens. Il désigne l'ensemble des représentations dans lesquelles les hommes vivent leurs rapports à leurs conditions d'existence. Il emprunte à la critique du christianisme de Feuerbach un autre point : ces idées ont pour rôle de faire supporter aux hommes leur condition présente et de les détourner de leurs vrais problèmes : en ce sens, elles sont fausses.

Dans ma conception de l'idéologie, les hommes partagent des croyances qui donnent un sens à leur vie. Il y a chez Marx des formules qui ne sont pas très éloignées, mais je ne mesure pas la valeur de ces représentations à ce qu'elles vont, ou ne vont pas, dans le sens de l'histoire.

Les représentations prennent généralement une forme religieuse, mais ce n'est pas toujours le cas : le bouddhisme est une religion athée ; la métaphysique qui naît de la réflexion de Platon et d'Aristote ne connaît comme absolu que celui des idées ou des formes.

À partir de la Renaissance et plus encore du XVIIe siècle, la civilisation occidentale se détache peu à peu de ses références religieuses. De nouvelles croyances y apparaissent. Louis Dumont montre (1983) comment l'idéologie qui commence à caractériser les sociétés européennes s'appuie sur les premiers grands travaux sur la société, ceux de Hobbes, de Locke et de Rousseau en particulier.

La création des valeurs : le mythe, la révélation et l'idéologie

Comment comprendre la genèse des croyances qui sont au cœur de la modernité, si on refuse de n'y voir que fausse conscience ? J'explore les travaux que les anthropologues et les historiens de la religion consacrent aux systèmes de croyance. La lecture effectuée en 1951 de *L'Homme et le mythe* de Roger Caillois (1938) me revient à l'esprit. Dans l'analyse des mythes que pratique Claude Lévi-Strauss, les mêmes éléments signifient une chose, ou l'inverse, par simple inversion des épisodes du récit.

En 1975, un doctorant finlandais, Jussi Raumolin, me conseille de lire *Le Retour de Dionysos* de Jean Brun (1969) et l'œuvre de Mircea Eliade (1963 ; 1965). De ce dernier, je retiens les réflexions sur l'axe du monde et sur la parenté – et l'opposition – entre immanence et transcendance ; j'apprécie son interprétation des relations entre religions et idéologies. Je m'intéresse à l'utopie depuis le début des années 1960. Eliade me fait comprendre qu'elle constitue une des croyances fondatrices de la modernité.

Ma conception de l'idéologie se précise ainsi, comme le montrent deux communications que je donne lors d'un colloque tenu à Québec en 1979, et dont la publication prend place six ans plus tard (Claval, 1985a ; 1985b).

LES *MYTHES FONDATEURS DES SCIENCES SOCIALES* (1980a)

En préparant *Espace et pouvoir,* je fréquente les grands penseurs politiques et sociaux de la Renaissance et de l'âge classique. C'est l'époque où s'impose ce que l'on appellera quelques années plus tard l'État westphalien : il se caractérise par un pouvoir sans partage et l'exercice d'une souveraineté totale jusqu'à ses frontières. L'absolutisme est justifié par l'idée chrétienne selon laquelle le roi est le lieutenant de Dieu sur Terre.

Les guerres de religion qui affectent tour à tour la France, l'Europe centrale et l'Angleterre remettent en cause la légitimité du pouvoir. Une intense fermentation intellectuelle s'ensuit, qu'analysent Pierre Mesnard (1969) et C. B. Macpherson (1961). La conception de la société change : elle n'apparaît plus comme le « principe » supérieur qu'elle était dans le monde holiste traditionnel ; l'individu occupe désormais la première place. Pour éviter les conflits et faciliter son travail, celui-ci s'unit à d'autres par un pacte. La société n'est pas une réalité première : elle est instituée par contrat.

Je me penche sur les trois auteurs auxquels on doit les formulations les plus connues du contrat social : Thomas Hobbes (1651), John Locke (1690) et Jean-Jacques Rousseau (1762). Tous trois le présentent sous la forme d'un récit. Hobbes et Locke situent celui-ci dans un passé reculé, avant l'histoire, alors que les hommes vivent encore isolés. Pour Rousseau, le pacte qui fondera la société est encore à venir.

Pour Hobbes, la signature intervient alors que l'homme est dans le dénuement le plus complet. Pour Locke, chaque individu a déjà, tel Robinson et grâce à son labeur, commencé à travailler et à amasser ; il est devenu propriétaire. Pour Rousseau, l'humanité a pris un mauvais départ ; l'institution de la propriété privée l'a détournée du bien.

Le nœud du récit est le même dans les trois cas : les hommes prennent conscience de l'état misérable dans lequel ils vivent et décident d'y remédier en signant un Covenant (un pacte, un peu comme celui que Dieu a signé avec les hommes selon la Bible). Pour Hobbes, l'humanité connaît alors un sort si déplorable que chacun est prêt à déléguer au Léviathan – une métaphore de l'État – le droit de se défendre dont il jouit. Le nouveau souverain bénéficie ainsi d'un absolutisme plus extrême que celui exercé par les monarques alors en place – mais il émane des signataires du contrat, au lieu d'être délégué par Dieu. Pour Locke, le pacte ne peut remettre en cause ce que la civilisation a déjà apporté avant qu'il ne soit signé : la propriété, qui résulte du travail de chacun. Pour Rousseau enfin, le Pacte devra mettre fin aux égarements de l'humanité ; pour éviter que ceux-ci ne se reproduisent, le pouvoir devra émaner en permanence de la totalité de la société.

Dans les trois récits, la souveraineté tire sa source des signataires du contrat : même lorsque le pacte justifie l'absolutisme, comme c'est le cas chez Hobbes, celui-ci est exercé au nom de tous. Pour Locke, le nouveau pouvoir ne pourra violer ce qui est au fondement du processus de civilisation, à savoir le travail et la propriété qui en émane. Pour Rousseau, la base populaire du pouvoir, sa forme républicaine, doit constamment être réactualisée.

Un récit donc qui présente un point commun – l'origine populaire de la souveraineté – et des différences sensibles : Hobbes et Locke situent le pacte dans un passé si lointain qu'il échappe à l'histoire ; Rousseau le localise dans le futur, un futur qui peut être proche, mais qui reste indéfini. La structure du temps qui résulte du récit n'est donc pas la même pour les trois auteurs : (i) pour Hobbes, l'histoire, avec ses épreuves et ses luttes, apparaît totalement négative ; elle s'arrête avec la signature du contrat social, qui fait entrer l'humanité dans la durée lisse de la paix et du bonheur sur terre ; (ii) pour Locke, ce qui se passe avant le pacte s'inscrit également dans l'histoire, mais une histoire qui n'est pas entièrement négative : le pacte institue également le temps sans heurts de la félicité, mais préserve ce que la vie sociale offrait de positif avant sa signature. Pour Rousseau, l'humanité vit toujours dans la temporalité menaçante et agitée de l'histoire : elle en sortira par la signature du pacte, par une révolution, si l'on veut.

Dans les trois cas, le pacte introduit une coupure fondamentale dans l'évolution de l'humanité : il marque la fin des épreuves, des luttes et des guerres qui caractérisaient l'histoire ; il affranchit les hommes et les femmes de leur condition malheureuse et les installe dans une durée qui ressemble à celle que vivaient Adam et Ève dans le jardin de l'Éden.

Les théories du contrat social sont porteuses de philosophies de l'histoire ; elles opposent le temps difficile que connaissent les hommes tant qu'ils restent dressés les uns contre les autres, et la durée lisse et sans évènements du bonheur. On n'est pas très loin du récit biblique, à ceci près que la béatitude n'est plus située dans un passé lointain, mais qu'elle est réservée à l'humanité enfin accomplie. C'est une lecture voisine de celle de l'Évangile que proposait Joachim de Flore : à l'âge de l'Ancien Testament, avait succédé l'âge du Père ; l'âge de l'Esprit consacrerait enfin l'avènement de la justice et de l'harmonie ici-bas.

On assiste, depuis la Renaissance, à des efforts pour redéfinir la durée dans laquelle s'inscrit l'histoire de l'humanité. *L'Utopie* de Thomas More (1512) en témoigne. Le narrateur a rencontré à Anvers Raphael Hythloday, un voyageur de retour d'un long périple ; après avoir visité l'Amérique du Sud avec Amerigo Vespucci, il a quitté celui-ci et gagné Amaurote, une île des mers du Sud assez proche du littoral pour lui avoir été à l'origine reliée par un isthme. Les habitants ont un jour décidé de couper cette langue de terre – opération hautement symbolique, puisqu'elle marque leur entrée dans une ère nouvelle.

Thomas More situe son récit dans un coin de notre planète où le commun des mortels n'a pas normalement accès : c'est un ailleurs, un autre monde ; il ne s'inscrit toutefois pas dans la transcendance ou dans l'immanence, mais dans l'espace terrestre. Je venais de lire *La Terre sans mal* qu'Hélène Clastres (1975) avait consacrée à la religion des anciens Tupi-Garanis. De temps en temps, un de leurs chamans, de leurs *pagès,* apprenait en rêve où se trouvait la Terre sans mal ; il y entraînait sa tribu. Les compagnons de Pizarre rencontrent ainsi un groupe de Tupi venu du Brésil atlantique à la suite d'un de ces prophètes.

La topologie que l'on peut dresser des ailleurs, des autres mondes d'où vient la lumière qui donne un sens à la vie des hommes et oriente leur action s'enrichit de la sorte : (i) les religions du mythe situent les forces et les êtres qui animent le monde dans un en-deçà *immanent* logé au cœur des réalités observables ou dans un au-delà *transcendant* et céleste, les deux se situant dans le temps indéfini de l'immémorial ; (ii) les religions révélées imaginent Dieu dans un au-delà *transcendant* ; celui-ci présente des traits communs avec celui où les philosophes grecs inscrivent la Raison métaphysique ; (iii) pour ceux qui refusent de recourir à des ailleurs *transcendants* ou *immanents,* l'ailleurs ne peut être placé que sur Terre, mais en un lieu inaccessible parce qu'il se situe dans le passé révolu d'un Âge d'Or, dans le présent lointain d'une Terre sans mal ou dans le futur de l'Utopie.

Contrairement à ce que l'on pense généralement, le récit de Thomas More n'installe pas l'Utopie dans le futur. Il la situe au présent. C'est plus tard, vers 1600, que le genre littéraire auquel l'œuvre de More a donné naissance déplace l'Utopie vers le futur ; elle lui reste désormais attachée (Manuel et Manuel, 1979).

Les au-delàs et les en-deçàs où siège la Vérité rendent possible le développement de la pensée normative. Mais une œuvre littéraire ne suffit pas à fonder une croyance : il faut que le lieu d'où provient la Lumière ne paraisse plus fictif. C'est ce qu'offrent les narrations du Contrat social : elles se situent dans une durée qui ressemble à l'histoire, si bien que les critères scientifiques du vrai semblent pouvoir s'y appliquer ; ce n'est pourtant pas le temps de l'histoire, puisqu'il est préhistorique. Pour Hobbes, l'époque où le Contrat est signé est celle où l'homme encore sauvage est un loup pour l'homme ; pour Locke, c'est un moment où l'humanité a déjà fait quelques progrès, grâce au travail et à la propriété ; pour Rousseau, c'est au cours des premières phases de l'évolution humaine que le destin des groupes a déraillé – au moment où la propriété est apparue.

La structure du récit qui nous fait comprendre comment et quand le contrat social a été signé – ou le sera – est donc semblable à celle du mythe. En faisant de la société l'objet de leur réflexion, Hobbes, Locke et Rousseau jouent un rôle essentiel dans la genèse des sciences sociales – ce qu'on se plait de souligner. Mais on oublie de le dire : ils créent en même temps des philosophies de l'histoire que leur présentation transforme en croyances – en idéologies : celles-ci instituent les normes de l'action sociale.

Telle est la trame d'interprétation des idéologies du monde occidental, élaborée entre 1977 et 1980, qui sert d'armature aux *Mythes fondateurs des sciences sociales* (1980). Ce livre ne traite que d'un aspect des réalités culturelles, mais il est essentiel, car les croyances auxquelles les individus adhèrent motivent leurs choix, justifient le tri entre les idées qu'ils peuvent accepter et celles qu'ils doivent rejeter : elles donnent leur cohérence aux cultures, qui cessent ainsi de n'être que des conglomérats de traits disparates.

Les mythes fondateurs des sciences sociales participe de la critique qui fleurit alors de la pensée occidentale, et remet en cause certaines interprétations des sciences sociales ; l'ouvrage montre comment s'est imposée l'idée de progrès ; il apporte une réflexion originale sur la nature des idéologies et sur les sociétés qui les mettent en œuvre.

Pour aller plus loin dans l'analyse des manières de penser l'espace, il convient d'élargir la quête.

LA PENSÉE OCCIDENTALE ET L'ESPACE

Le chantier ouvert avec *Les mythes fondateurs* demande à être prolongé. La voie que suivent les sociétés occidentales se singularise à partir de la Renaissance : jusqu'alors, les croyances qu'elles partageaient provenaient d'une des grandes religions révélées, le christianisme. Avec la naissance des idéologies, un principe nouveau est mis en œuvre.

À peine publiés *Les mythes fondateurs des sciences sociales,* au début des années 1980, je me lance dans une recherche sur la pensée occidentale et l'espace – projet si vaste qu'il m'occupe encore. Il progresse d'autant plus lentement que j'aborde là des domaines qui sont neufs pour moi.

Au point de départ, une question simple : comment la topologie des autres mondes dont l'Occident se dote entre la naissance de l'humanisme, au début du XVe siècle et *Le contrat social* de Jean-Jacques Rousseau transforme-t-elle la manière dont la société est pensée, dont les politiques sont menées, dont l'art est conçu et dont la science développée ? Pour y répondre, il faut comparer le monde occidental et les autres sociétés historiques au moment où la Renaissance s'affirme et où débutent les Grandes Découvertes, préciser la configuration des topologies de l'au-delà qui se mettent alors en place et analyser leurs effets dans les domaines de la littérature, de l'art, de l'architecture, de l'urbanisme, de la philosophie et de la science…

Les techniques d'inventaire et de cartographie et la construction de grandes sociétés

Pour gérer efficacement des groupes nombreux et étalés sur de vastes espaces, les sociétés historiques notent sur des tablettes d'argile, du papyrus, des parchemins ou du papier les données qui caractérisent les individus, les groupes et les lieux : elles collectent et conservent ainsi les informations nécessaires à la levée de l'impôt, à la mobilisation des hommes et des ressources, et à la conception d'actions stratégiques. Dans ce domaine, l'Occident est en retard sur ce qui se réalise en Chine ou dans les pays musulmans. L'introduction du papier, à partir du XIIe siècle et l'invention de l'imprimerie rapprochent l'Europe du peloton de tête. L'Église, les cités-États de la péninsule italienne, d'Allemagne et des rives de la mer du Nord et de la Baltique donnent l'exemple, que les grands États suivent à partir du XIVe siècle. En matière d'administration, pas de singularité occidentale donc.

Il n'en va pas de même en ce qui concerne la collecte des données spatiales : la cartographie occidentale se développe rapidement à partir du XIIIe siècle. Maintenant que le compas permet aux bateaux de garder le cap et que le loch leur donne une mesure des distances parcourues, les marins n'hésitent plus à naviguer en droiture entre des rivages éloignés. Les auteurs de portulans mobilisent les données ainsi recueillies pour cartographier les littoraux avec une précision inégalée. Sur terre, le lever par visée optique se substitue aux vieilles techniques de l'arpentage : dès le XVe siècle, des plans précis sont ainsi réalisés grâce à la planchette et à l'alidade.

La mutation essentielle a une autre origine : en 1400, Manuel Chrysoloras apporte de Byzance à Florence un exemplaire de la *Géographie* de Ptolémée. Sa traduction latine, que réalise Jacopo d'Angiolo, est terminée en 1406. Elle révèle la fécondité de la géométrie projective : celle-ci donne de nouvelles bases à la cartographie – et inspire la perspective linéaire, qui révolutionne la peinture à partir de Brunelleschi, au début des années1420.

Je lis l'ouvrage qu'Edgerton (1975) consacre à cette redécouverte à la fin des années 1970. Le lever et l'élaboration de documents graphiques, de cartes en particulier, confèrent désormais aux peuples européens une supériorité dans ce domaine.

Les nouvelles configurations de l'au-delà

La transformation des topologies de l'au-delà que mettent en œuvre les sociétés occidentales débute à Florence et dans l'Italie du *Quattrocento* et affecte à la fois les croyances religieuses et les conceptions de l'art et de la science. *Art et humanisme à Florence au temps de Laurent le Magnifique* d'André Chastel (1959) le montre admirablement.

La naissance de l'humanisme constitue une étape essentielle : l'Antiquité devient un modèle que l'on copie, une référence dont on ne peut se passer. La découverte de manuscrits oubliés dans les bibliothèques des couvents ou ramenés de Byzance élargit ce que l'on sait de Rome et fait redécouvrir la littérature grecque. La topologie des ailleurs que met en œuvre l'Occident comporte désormais un Âge d'Or : la Grèce et la Rome antiques. Elle intègre également l'au-delà de la métaphysique des philosophes ; la théologie chrétienne la fréquente depuis saint Paul ; saint Thomas montre ce qu'en ce domaine, on peut tirer d'Aristote. Dans la Florence de Laurent le Magnifique, on explore les formes préchrétiennes de l'au-delà métaphysique : l'univers des Idées de Platon et ce que les platoniciens en ont tiré.

La littérature naît dans la sphère religieuse – où se situe encore la tragédie grecque. Elle continue à en tirer une certaine *aura*, mais la référence qui la fonde désormais est surtout historique – le modèle antique. C'est une mutation : à côté des au-delàs où évoluent les dieux et les puissances cosmiques s'affirme celui de la fable, celui où vivaient les divinités de l'Olympe, avec lesquelles on joue désormais. Dans le même temps, le renouveau d'attention dont bénéficie l'Antiquité se traduit dans le domaine artistique par l'émergence d'une autre idée du beau. L'attitude à l'égard du monde matériel change : une nouvelle manière de l'appréhender apparaît, celle de la science.

La piste littéraire et artistique

Dans quelle étendue et dans quelle durée s'inscrivent les œuvres littéraires ? La réponse dépend des genres. Les poèmes épiques, très proches des grands récits religieux, se déroulent dans un passé qui précède l'histoire : il est voisin de l'immémorial du mythe ; les évènements qu'ils magnifient s'inscrivent dans un espace qui diffère de celui dans lequel nous vivons par la présence du merveilleux – ce qui souligne encore sa parenté avec celui du mythe.

Je consacre plusieurs séminaires aux espaces de la littérature occidentale. J'y tire parti des travaux des linguistes russes sur le conte et de ceux de Mikail Bakhtine (1978) sur les dimensions spatio-temporelles des genres littéraires : les chronotopes. Un article sur « La géographie et les chronotopes » (Claval, 1992b) résume les thèmes abordés dans ces séminaires.

J'explore plus longuement le domaine de l'esthétique et de l'aménagement de l'espace. Pour assurer la sécurité des biens et des personnes, faciliter la circulation, éviter les incendies, un urbanisme utilitaire existe depuis longtemps ; à l'époque moderne, l'action que mènent les lieutenants de police à Paris appartient à ce registre. De nouveaux savoir-faire et de nouvelles conceptions apparaissent à la Renaissance : l'artiste, capable de dessiner un décor de théâtre, un jardin, un immeuble ou une ville, d'en préparer les plans et d'en mener à bien la réalisation, jouit d'un nouveau statut. Pour organiser ses fêtes, édifier ses palais, dessiner des jardins et des parcs alentour, fortifier des villes, les redessiner ou les créer, le Prince a besoin de lui.

Les fameux panneaux d'Urbino, Baltimore et Berlin présentent des villes classiques une génération avant que l'on en entreprenne la réalisation. Ils témoignent de la naissance d'un urbanisme dont la vocation est esthétique. Alberti s'en fait le théoricien, comme le souligne Françoise Choay (1980). Les analyses qu'il présente s'appuient sur de brèves histoires qui narrent, par exemple, comment la première maison a été construite et le premier établissement humain constitué. Le procédé est analogue à ceux mis en œuvre par Hobbes, Locke ou Rousseau : il donne au *De Re aedificatoria* l'autorité de ce qui provient d'un autre temps et d'un autre lieu. Durant trois siècles, les traités d'architecture assurent leur ascendant en mobilisant le même procédé.

Une rupture avec l'esthétique néo-platonicienne s'amorce en France à la fin du XVIIe siècle. Elle est initiée par Claude Perrault : il ne croit pas à un canon abstrait de beauté inspiré de la sphère des Idées ; l'harmonie des formes que perçoivent les gens ne résulte pas des rapports mathématiques de leurs proportions ; elle naît de l'accoutumance qui forme le goût (Hermann, 1980). L'esthétique classique fondée sur l'au-delà métaphysique des platoniciens se trouve déconstruite.

Faute de trouver le secret de l'architecture dans une révélation atemporelle, on va le quérir toujours plus haut dans le passé. C'est sur Terre, mais aux origines de l'art de construire, qu'on situe désormais l'ailleurs qui offre le modèle des belles formes. L'idée s'impose au XVIIIe siècle. À la fin de celui-ci, elle débouche sur l'éclectisme, qui dominera tout le XIXe siècle.

L'art de dessiner des jardins, des bâtiments, des quartiers ou des villes répond aussi à des objectifs sociaux. Dans le monde de la Renaissance, du classicisme et du baroque, les commanditaires – le Prince, les grands, l'Église – veulent conforter leur statut en faisant preuve de goût : ils choisissent de bien bâtir parce que cela les ennoblit.

Les classes marchandes et industrielles qui dominent la société au XIXe siècle sont enchantées de vivre dans un cadre harmonieux, qui les rapproche de la vieille aristocratie. Dans le même temps, elles doivent faire face aux problèmes qui naissent de la révolution industrielle : fluidifier les circulations, imposer une meilleure hygiène et loger pauvres et ouvriers de manière décente.

L'objectif esthétique, apparu au XVe siècle et qui fait la singularité de l'urbanisme occidental, se maintient ainsi jusqu'à la fin du XIXe siècle, même s'il a perdu ses premières justifications doctrinales : c'est qu'il répond à une demande sociale d'ennoblissement par la beauté. Les esthétiques d'avant-garde et le souci de construire plus « social » finissent par susciter une nouvelle conception de l'aménagement urbain, où il n'est plus question que de volumes, de plans masses, d'espaces verts…

Je commence à rédiger un ouvrage sur ce thème en 1989. Il avance au gré de mes lectures. J'en suis au début du XIXe siècle lorsque Françoise tombe malade en 1994. J'abandonne le manuscrit. Je le retrouve et l'achève quinze ans plus tard : *Ennoblir et embellir* sort en 2011. C'est la seule partie de mon grand projet que j'ai menée à terme.

La piste scientifique et philosophique

Penser l'espace, c'est aussi le définir et l'étudier en mathématicien, en physicien, en naturaliste et en philosophe. Les publications sont innombrables en ce domaine. J'accumule des notes, écrit des passages d'un ouvrage à venir, mais ne réussis pas à le mener à bien…

La réflexion que je mène sur la pensée occidentale et l'espace depuis le début des années 1980 vise ce qui assure sa cohérence. La crise que traverse l'Occident est dans une large mesure celle des certitudes qui lui servaient de fondement.

Le risque d'un projet d'une telle ampleur, c'était de vous détourner de l'actualité. Je l'évite par des engagements directs.

UNE ORIENTATION CONFIRMÉE

Mon implication dans les problèmes culturels ne cesse de s'affirmer à partir de 1975.

La conservation et l'aménagement du patrimoine et de l'environnement

Je reprends en 1975 un projet élaboré par une collègue, Monique Dacharry : créer à l'Université de Paris-IV une formation consacrée aux problèmes de la conservation et de l'aménagement du patrimoine et de l'environnement. Je peux compter sur Jean-Robert Pitte, le maître-assistant qui travaille avec moi depuis 1974. Durant dix ans, il constitue la cheville ouvrière de cet enseignement, recrute les conférenciers, organise les excursions et les stages. Avec lui, j'essaie de rendre cette formation cohérente et performante. Je donne un enseignement sur la naissance et l'évolution de l'idée de patrimoine depuis la Renaissance – et prends conscience des limites des actions de conservation. L'expérience prend fin lorsque le Ministère de la Culture crée, en marge de l'Université, des formations pour traiter des problèmes de conservation : l'enseignement que nous avions imaginé n'a pas de débouché.

Le laboratoire « Espace et culture »

À la fin des années 1970, le Département de géographie de l'Université de Paris-Sorbonne n'a pas de laboratoire de géographie humaine, quoique celle-ci occupe une place majeure dans ses enseignements. Mon collègue Pierre Flatrès s'en inquiète. Il m'incite à combler cette lacune.

Je cherche quel est le plus grand commun dénominateur – le p.g.c.d. – de la géographie enseignée dans notre université. C'est indubitablement ce qui touche à la culture. Je propose donc la création d'un laboratoire qui s'appellera « Espace et culture ».

La procédure se déroule en deux temps : la demande est d'abord adressée à l'Université, qui crée le laboratoire en 1980 et lui alloue annuellement 3 000 Nouveaux Francs de crédits. Elle va ensuite au CNRS, pour association.

Les débuts du Laboratoire sont difficiles. Les crédits alloués par l'Université sont minimes. Le CNRS n'accorde l'association qu'au bout de six ans.

Un colloque sur *La géographie historique des villes d'Europe occidentale* (Claval, 1984-1986) organisé avec Xavier de Planhol marque, en janvier 1981, la naissance du nouveau laboratoire. Je le fais vivre en multipliant activités, réunions et colloques. Responsable du seul laboratoire de géographie culturelle en France, je me sens obligé de rédiger un ouvrage de mise au point et de synthèse sur ce domaine. Je suis malheureusement surchargé de travail : il me faut dix ans pour mener à bien le projet.

7. PENSER LA GÉOGRAPHIE CULTURELLE

Dès le début des années 1980, j'ai en tête un ouvrage sur *Le rôle de la culture dans la géographie humaine*. Le propos est d'aborder la discipline en partant de l'homme comme être sensible et pensant. Lorsque je trouve un éditeur, Nathan, celui-ci préfère un titre plus simple : *La géographie culturelle.*

L'approche culturelle commence à s'affirmer, mais sans que l'on dispose encore, en France ou à l'étranger, de travaux qui en démontent la logique. La situation change durant les années où l'ouvrage prend du retard. Le texte finalement rédigé prend en compte les évolutions en cours.

UN CONTEXTE EN ÉVOLUTION RAPIDE

L'approche culturelle sous d'autres cieux

Dans les années 1970, l'École de Berkeley occupe toujours une forte position aux États-Unis. Sauer a cessé d'enseigner au début des années 1960 et disparaît en 1975. John Leighly fait la synthèse de ses idées dans *Land and Life* (1963). Les thèmes qu'il a lancés sont repris par des ethnologues et des essayistes. Ils inspirent jusqu'à aujourd'hui des ouvrages qui analysent la coopération de l'homme et du vivant – et ses échecs. A. W. Crosby (1986) met en évidence le rôle que jouent les espèces végétales, animales ou bactériennes que les Européens transportent volontairement ou involontairement avec eux dans leur conquête du monde. Charles C. Mann consacre deux ouvrages à la géographie des Amériques à la veille des grandes découvertes, et à la manière dont celles-ci bouleversent l'Ancien et le Nouveau Monde (2005 ; 2011). Jared Diamond (2006) dénonce l'inconscience écologique de certains groupes humains et l'effondrement auquel elle les conduit.

J'établis des contacts avec des collègues de l'école de Berkeley. À Chicago, en 1982, Marvin Mikesell m'explique comment Sauer dirigeait ses étudiants. À Madison, la même année, William Denevan (1977) me montre combien progresse la connaissance des agricultures, des paysages et des densités de l'Amérique précolombienne. Toujours en 1982, j'assiste à une conférence que John Brinkerhoff Jackson donne à Minneapolis ; c'est alors qu'il me parle de son séjour en France et de ce qu'il doit à Pierre Deffontaines.

À Syracuse, à Paris ou à l'occasion de colloques, je rencontre fréquemment David Sopher. En novembre 1972, il me présente ses collègues déjà connus dans le domaine culturel (Preston James, Don Meinig, John Mercer, John Western), et d'autres qui le deviendront par la suite (John Agnew, James

Duncan, Peter Hugill). Sopher se passionne pour la géographie religieuse, qu'il renouvelle en analysant la foi et les pratiques des fidèles et l'organisation spatiale de leur encadrement. Je prends conscience des aspects innovants des recherches que lui et ses étudiants mènent en Inde et au Sri Lanka. Certains de ses élèves travaillent aussi sur les États-Unis. Au cours d'une visite à Cazebonia, fondée au début du XIXe siècle à 40 km de Syracuse, Peter Hugill retrace l'histoire sociale de ce centre à partir du style de ses maisons. C'est déjà une recherche sur le patrimoine, les enjeux sociaux qu'il représente et le poids des modes dans la genèse et l'entretien des paysages.

Les quatre séjours que j'effectue au Québec entre 1969 et 1977 m'offrent l'occasion d'évaluer ce que partagent Français et Canadiens français (la langue, l'empreinte catholique, une histoire et une littérature communes jusqu'à la Conquête, certaines habitudes alimentaires et traditions culinaires) et ce qui les sépare (nos cousins des rives du Saint-Laurent sont fondamentalement des Américains, même s'ils n'ont pas oublié leur pays d'origine).

Les collègues québécois s'intéressent d'autant plus aux faits de culture qu'ils sont intimement liés à leurs problèmes d'identité. J'en parle volontiers avec mon ami Marcel Bellanger. Un jour, dans une discussion, il m'apostrophe : « Mais la culture n'est pas qu'héritage ! C'est grâce à elle que les hommes se projettent dans l'avenir. Elle nous tourne vers le futur plus que vers le passé ». Je retiens la leçon.

Invité par la *Royal Geographical Society*, je visite au printemps 1980 dix-huit départements de géographie britanniques. À University College à Londres, je croise David Lowenthal et me lie d'amitié avec Hugh Prince, auteur d'études remarquables sur le paysage anglais. À Exeter, Roger Kain s'intéresse au patrimoine. La géographie historique est très active : à Cambridge, Alan Baker et ses étudiants, Derek Gregory en particulier, repensent à partir d'elle l'ensemble de la géographie humaine et de son évolution.

Je suis *French National Fellow* en Nouvelle-Zélande en 1982 : je visite à cette occasion six départements de géographie dans les deux îles, puis passe trois semaines en Australie. Certains collègues se consacrent à la géographie telle qu'elle était, et qu'elle est vécue, par les Maoris ou les aborigènes : j'apprécie beaucoup ce que Faye Gale, qui enseigne à Adelaide, m'apprend dans ce domaine.

The New Cultural Geography

Aux alentours de 1980, un vent de contestation se lève dans la géographie culturelle anglophone. C'est le cas à Syracuse : James Duncan (1980) publie un article où il dénonce la conception « superorganique » de la culture (la culture comme une entité supérieure qui s'imposerait à tous les membres d'une société) – c'était celle de Sauer. Ce que certains dénomment *The New Cultural Geography* se dessine.

Je rédige un texte intitulé « Reflections on the Cultural Geography of the European City » (1984) pour un ouvrage collectif sur *The City in Cultural Context*, que codirigent David Sopher, John Agnew et John Mercer. Je définis les spécificités culturelles des villes à partir de leur plan, du dessin de leurs artères ou du style de leurs constructions : une approche encore traditionnelle. Les collègues américains mettent l'accent sur les hommes, leurs préférences, leurs attitudes et leurs coutumes. Je n'ai pas été assez loin dans ma révision de la géographie dans l'optique culturelle. C'est ce que je retiens de la *New Cultural Geography* américaine. Ce n'est cependant pas aux États-Unis que la mutation du domaine est la plus marquée : l'influence de Sauer y demeure trop forte.

En Grande-Bretagne, pas de géographie culturelle bien ancrée : la prise en compte des dimensions spatiales de la culture est venue des anthropologues. La mutation des années 1980 s'exprime avec d'autant plus de force. Je suis séduit par l'érudition de *Social Formation and Symbolic Landscape* de Denis Cosgrove (1984) et par la manière dont il analyse le paysage de la Terre Ferme vénitienne à la fin du XVIe siècle ; je suis fasciné par la façon dont il présente la révolution paysagère que connaissent les Iles Britanniques au XVIIIe siècle. J'aime les passages où il rappelle comment ces formes reflètent l'idéologie *whig* qui triomphe alors : un art de la liberté, alors que celui de la France de Louis-XIV était un art du despotisme.

Ce qui me déçoit, c'est l'interprétation en termes de rapports de classes du mouvement d'embellissement des paysages de la Vénétie du XVIIe siècle et de l'Angleterre du XVIIIe que propose Cosgrove. Que ces transformations traduisent le souci des nouvelles élites de légitimer leur réussite sociale en affirmant leur goût exquis, cela ne fait aucun doute. Mais les belles villas palladiennes et les jardins et les parcs qui les entourent évoquent les « ailleurs » qui donnent un sens à la société qui est en train d'émerger. Le problème n'est pas celui d'une domination de classe, mais celui de l'affirmation, à travers le paysage remodelé, d'autres mondes qui ne sont plus ceux de la transcendance religieuse, mais ceux, situés ici-bas, d'une Utopie que l'on cherche à créer.

Mon admiration pour Denis Cosgrove s'affirme lorsque, dans *The Palladian Landscape. Geographical Change and the Cultural Representations in Sixteenth Century Italy* (1993), il cesse d'interpréter en termes de lutte des classes les paysages qui s'élaborent à l'époque baroque ou au début de la Révolution industrielle, et se montre plus sensible aux motivations de ceux qui les créent.

Je réagis à la publication de *Maps of Meaning* de Peter Jackson (1989) un peu de la même manière qu'au livre de Cosgrove : un intérêt certain, des réticences et le sentiment qu'une partie de l'arrière-plan de l'ouvrage m'échappe.

L'intérêt ? Il vient de la largeur du champ couvert et de la modernité des situations dans lesquelles l'approche culturelle est mise en œuvre. Comme dans *The City in Cultural Context,* ce dont il est question, c'est de la ville d'aujourd'hui, de ses exclus, de ses marginaux, de la rage qui s'exprime dans les *tags* ; la race, le genre et le sexe sont au premier plan.

Les réticences ? Comme chez Cosgrove, dans un travail très novateur, l'interprétation en termes de lutte des classes laisse échapper certains aspects de la réalité.

Ce qui m'échappe ? Les recherches menées sur la culture dans le monde anglophone par des non-géographes. Du côté de l'ethnologie, les travaux que Jack Goody consacre à l'oralité et à la raison graphique me sont familiers, mais je ne découvre que plus tard certaines des orientations de l'anthropologie anglophone, à travers les ouvrages de John Clifford (1989/1995) et d'Anton Kuper (1999). J'ai de la peine à appréhender ce que les historiens, les spécialistes de la littérature, ou les chercheurs qui travaillent dans des champs nouveaux, *gender* ou *cultural studies,* produisent sur la culture. Au début des années 1990, j'ai conscience de la singularité du courant d'études marxiennes qui, avec Raymond Williams (1958 ; 1981) ou E. Thompson, opposent un certain marxisme continental à celui des pays anglophones. Du côté des historiens, j'ai connaissance des recherches qu'E. Hobsbawm (1992) mène sur le nationalisme. Je ne découvre qu'au début des années 1990 *Imagined communities* de Benedict Anderson (1983).

Les recherches sur le paysage sont plus accessibles. Je trouve stimulant *The Making of the English Landscape* de William Hoskins (1955). Au cours de mon long périple en Grande-Bretagne en 1980, je découvre la très riche littérature anglaise sur l'histoire des jardins et ne cesse d'enrichir ma bibliothèque sur ce sujet.

En France : les thèmes du paysage, du territoire et de l'ethnogéographie

Dans les années 1980, il n'existe pas encore en France de nouvelle géographie culturelle, mais les recherches progressent. Des travaux sur la perception, on passe à l'exploration des mondes intérieurs (Debarbieux, 1997) et à celle des imaginaires. Le paysage retient l'attention des chercheurs, géographes ou non-géographes. Gilles Sautter (1979) souligne la connivence qui se crée entre celui-ci et ceux qui l'observent et le vivent. Jean-Robert Pitte (1983) rédige une histoire du paysage français qui fait écho à celle que Hoskins a publiée sur le paysage anglais.

Alain Roger (1978) propose une théorie philosophique du paysage. Augustin Berque (1990) le rejoint lorsqu'il souligne que deux civilisations seulement sont devenues paysagères, la chinoise depuis le IVe siècle et l'européenne depuis le XVe. La *mésologie* qu'il développe redéfinit dans une perspective culturelle les relations écouménales hommes/terre, que l'on saisit à travers la médiance :

> « Médiance : le caractère propre d'un milieu, […] au confluent des médiations qui en instaurent le sens […]. Le point de vue de la médiance […] permet de fonder une mésologie ou science des relations d'un groupe social à son environnement. […] Il n'y a pas de milieu-en-soi, il n'y a de milieu que représenté, agi et vécu ; s'il peut y avoir des biotopes, des écosystèmes susceptibles d'être appréhendés en eux-mêmes […], ce ne sont pas pour autant des *milieux* ; ils ne le deviennent que vus et vécus par des personnes ou des groupes » (Brunet, R. *et al.,* 1995).

Le territoire suscite nombre de travaux. Joël Bonnemaison analyse les traits originaux qu'il revêt dans les sociétés d'ethnologues de la Mélanésie :

> « Les gens des îles du Pacifique se représentent leur espace comme des routes de pirogue, les rivages sont des ports et la mer une invitation au voyage. […] Les colliers de coquillage et les brassards de prestige s'échangent […] en formant un trajet circulaire. Dans une telle société, le flux ne converge pas vers le centre où les biens s'accumulent, mais il circule de lieu en lieu le long du réseau d'alliance, créant une structure réticulée de l'espace » (Bonnemaison, 1990-1991, p. 123).

De l'Europe préindustrielle à aujourd'hui, Jean-Luc Piveteau (1995) voit dans l'évolution des territorialités, un révélateur des identités et un signe des mutations profondes qu'ont subies nos sociétés :

> « Aux temps de territorialité locale compacte, il n'était pas de personne, d'objet, […] qu'on ne puisse rattacher immédiatement à un ou plusieurs réseaux de relations, eux-mêmes immédiatement interconnectables. À l'heure actuelle, les branchements sont lacunaires et incertains. Le rapport à l'espace ressemble à un filet à mailles larges, irrégulières, par place rompues ; et en constant processus de substitution : les références praticables ne valent que pour certaines personnes, certaines actions, certains évènements. Une anomie insidieuse gagne » (Piveteau, 1995, p. 5).

Le terme d'ethnogéographie, utilisé pour la première fois en France par le Général Hurault en 1972, puis repris par Georges Condominas et Christian Taillard, recense les connaissances que les groupes développent sur le milieu. En octobre 1990, le colloque sur les « Ethnogéographies » que j'organise avec Singaravélou à Bordeaux attire des contributions de qualité. Comment les sociétés d'ethnologues ou les milieux populaires des sociétés traditionnelles pensaient-ils, ou pensent-ils, la géographie ? N'est-on pas au centre de l'approche culturelle ?

La revue *Géographie et cultures*

Une redéfinition de la géographie humaine est en cours : la *New Cultural Geography* du monde anglophone et les orientations nouvelles de la réflexion des pays francophones rompent avec le naturalisme qui régnait sur la géographie classique et le néo-positivisme de la Nouvelle Géographie. Les catégories que les géographes mobilisent ne sont plus considérées comme des données d'évidence ; elles sont construites par les hommes et appartiennent au registre de la culture.

Depuis que *L'Espace géographique* s'est fermé aux débats en ce domaine, je cherche à créer une publication où cette orientation puisse s'exprimer. En décembre 1991, Jean Rieucau me fait rencontrer Denis Pryen, le directeur de l'Harmattan. Nous décidons de lancer une revue de géographie culturelle et une collection sur le même thème.

Le premier numéro sort en février 1992 et définit le propos de la publication. Deux points de vue complémentaires s'imposent pour mesurer la part des réalités culturelles dans l'organisation de l'espace :

> « Le premier analyse les diverses composantes de la culture, ses fondements écologiques, ses manifestations techniques et le jeu des institutions, des valeurs et des idéologies qui la structurent [...]. Le second suppose un effort de décentrement : pour appréhender les faits de culture, il [...] faut comprendre comment chaque société et les individus qui la composent articulent ces différents éléments au sein d'un système dynamique qui guide leurs pratiques sociales et spatiales » (Claval, 1992c, p. 3)

La géographie culturelle permet de repenser les fondements de la géographie humaine :

> « L'homme est plus riche que ne le suppose la plupart des modèles analysés : il a imaginé tant de façons de tirer parti de l'environnement [...] et d'y inscrire des symboles qu'une approche plus sensible [...] était indispensable. Les géographes s'attachaient hier aux aspects matériels, au *hardware* des groupes humains. La géographie culturelle leur fait découvrir la signification de leurs logiciels, de leur *software* » (Claval, 1992d, p. 33).

Les thèmes sur lesquels la publication insistera sont énumérés :

> « La culture, c'est d'abord l'ensemble de ce qui est transmis et inventé…
> « Toute culture a des composantes matérielles, sociales, intellectuelles et symboliques…

> « Les cultures ne sont pas faites de la juxtaposition de traits indépendants. Leurs composantes forment des systèmes [...] plus ou moins cohérents…
> « La culture n'est jamais présente de la même manière chez tous les représentants d'une société : elle est en cela un facteur essentiel de division et de structuration des groupes…
> « La culture est vécue individuellement comme voie d'accès à des modes supérieurs de l'être [...].
> « Au tréfonds de la culture prise dans ses aspects intellectuels, il y a la manière d'appréhender le monde, d'y distinguer le sacré du profane, et d'établir une relation entre la surnature et la nature par des rituels de fondation qui légitiment l'organisation des pouvoirs comme de l'espace…
> « Retenant l'approche des ethnosciences […], nous analyserons les catégories spatiales propres à chaque culture » (Claval, 1992c, p. 4-5).

Le moment est venu de tirer parti de la réflexion foisonnante que la culture suscite chez les géographes depuis plus de quinze ans. Je rédige en 1994-1995 l'ouvrage depuis longtemps projeté.

LA GÉOGRAPHIE CULTURELLE (1995a) : L'ARGUMENT CENTRAL

Pour montrer où en est l'approche culturelle dans la géographie contemporaine, j'articule *La géographie culturelle* en quatre parties : 1- « Genèse et évolution des approches culturelles en géographie », 2- « Culture, vie sociale et maîtrise de l'espace », 3- « Culture, milieu et paysage », 4- « Une géohistoire des cultures ».

Le premier ensemble résume le développement de l'approche culturelle. Le second traite des processus qui ont trait à la culture et de leurs implications spatiales : il constitue la colonne vertébrale de l'ouvrage ; il aborde la transmission des éléments de la culture, leur transformation en une construction plus ou moins cohérente et l'institution qui en résulte de l'homme, de l'espace et de la société ; il parle de la formation des identités, du passage de l'individu à la personne et de la formation de communautés ou de sociétés. Le troisième ensemble reprend le thème central de la première géographie culturelle : les rapports de l'homme à l'environnement. Le quatrième évoque l'évolution des cultures et leur distribution.

Définir la culture

La culture est constituée par tout ce qui n'est pas inné dans le comportement des hommes. Elle mêle les héritages du passé et l'expérience du présent. Elle permet aux hommes de se projeter dans le futur et donne ainsi un sens à leur vie. Elle structure le temps et l'espace où s'inscrit leur existence : elle en unit les moments et insère ceux-ci dans des lieux et des territoires où ils prennent toute leur signification.

Les pratiques, les attitudes, les gestes et les mots qu'adoptent les gens leur sont transmis par ceux qui les entourent ou avec lesquels ils sont en relation : la culture est une construction sociale ; elle naît des rapports entre ceux qui savent et ceux qui apprennent. Les premiers conditionnements, les premiers effets de domination se situent au niveau de l'imitation ou du langage le plus simple.

Résultant pour une part essentielle d'un processus de transmission, qui comporte une part d'aléatoire, les cultures manquent parfois de cohérence. Si beaucoup de leurs traits s'ajustent de manière souvent remarquable, c'est que d'autres processus conduisent à refuser les éléments qui seraient en contradiction avec ceux qui ont déjà été acceptés.

Transmission de l'expérience collective et genèse des cultures

La transmission de la culture se fait par étapes ; le processus prend surtout place au cours de l'enfance et de l'adolescence. Ce qui est transféré est divers : gestes, attitudes, rituels, savoir-faire, connaissances, normes abstraites, croyances. Le passage ne s'effectue pas de la même façon selon qu'il se fait par la parole et par le geste, par l'écrit et par le dessin, ou par les médias modernes.

Ce qui est reçu doit être retenu. Il existe plusieurs formes de mémoire. Sous sa forme corporelle, celle-ci résulte de l'intériorisation de gestes qui se transforment en automatismes. La mémoire visuelle et verbale enregistre les formes, les couleurs, les bruits et la parole. Ce qui a été ainsi engrangé disparaît avec ceux qui en sont porteurs. La mémoire s'inscrit parfois dans les outils et les objets, dont la forme incite à certains usages. Elle s'appuie sur les éléments fonctionnels et symboliques des paysages. L'écrit constitue une mémoire extérieure et objective, qui voyage indépendamment des individus et résiste au temps. Les médias modernes conservent les sons, les images et le mouvement.

Des codes structurent ce qui passe de l'un à l'autre. Ceux de la langue mobilisent une grammaire générative : en mettant en œuvre un petit nombre de règles, elle rend possible une multitude de combinaisons : les hommes peuvent ainsi forger du nouveau ; le processus de création est inhérent à la culture ; il ne s'inscrit pas contre la tradition, mais repose sur les outils que celle-ci fournit.

Avec les éléments qu'ils ont reçus ou inventés, les hommes « construisent le réel » : celui-ci n'est jamais objectivement donné ; il est perçu et façonné à travers des catégories qu'ils ont inventées : nomenclatures de plantes, d'animaux, de formes du relief, de sols, de cultures ; types d'habitat ; connaissances techniques ; symboles, etc.

Pour imaginer le futur et la place qu'il y occupera, l'homme mobilise ce qu'il a intériorisé ; il se dote d'horizons d'attente, qui concilient les normes qu'il a assimilées, ses préférences personnelles et la place qu'il aimerait tenir dans la société.

La culture permet aux hommes d'appréhender leur environnement matériel et de s'insérer dans le cadre social où se déroule leur existence. Elle s'attache aux discours qui donnent un sens à la vie et orientent l'action.

Culture et construction de l'homme

La culture dont l'homme est porteur change avec l'âge.

1- Jusqu'à cinq ou six ans, la transmission des attitudes, des gestes, des connaissances se fait par imitation et imprégnation. L'enfant écoute, regarde ce qui se fait autour de lui, joue. L'adulte lui inculque ce qui est permis et ce qui ne l'est pas.

Petit à petit, l'autonomie des jeunes s'affirme. À l'adolescence, ils doivent se prendre en charge et mettre en œuvre les normes qui leur ont été enseignées. L'adolescent se prépare à la vie : c'est en partant de ce qu'il a reçu, mais aussi en le réinterprétant ou en le rejetant, qu'il imagine son avenir. La culture lui sert à forger des projets.

L'adulte doit faire face à des difficultés quotidiennes, adapter ses activités à un contexte économique changeant, répondre aux besoins du ménage, veiller à l'éducation des enfants. Sa culture est mise à contribution pour tracer, dans un environnement difficile, le moins mauvais cheminement.

Avec l'âge, on se met à vivre par procuration parce qu'on ne peut plus le faire directement.

2- Pour qu'un événement ou un aspect de la vie ait une réalité sociale, il ne suffit pas qu'il existe objectivement. Il faut qu'il soit accepté comme légitime, qu'il soit institué : la vie de chacun est donc jalonnée de rites de passage qui officialisent sa progression d'un stade à l'autre – naissance, entrée dans l'âge adulte, mariage, disparition. Ainsi reconnu, l'individu existe socialement ; il dispose d'une identité.

3- Les individus jouent avec le cadre culturel dans lequel ils sont insérés et y développent des stratégies. Celles-ci visent à incarner ce que valorise la société, à s'en distinguer en adoptant les tendances nouvelles ou à s'élever contre ses règles en optant pour une contre-culture.

Culture et construction de la société

Les relations qui structurent la vie sociale mettent en œuvre des comportements réciproques formatés par la culture. Le système de parenté définit le choix du conjoint (ou le laisse libre), impose, selon l'âge, des obligations aux parents et aux enfants et précise le mode de transmission des biens. La prohibition universelle de l'inceste implique que les femmes – et donc les richesses – circulent entre les lignages.

Au système de parenté, présent partout s'ajoutent d'autres formes de relations : certaines s'établissent entre des partenaires égaux, ce qui entraîne la symétrie des échanges ; d'autres s'ordonnent hiérarchiquement : un chef y rend l'action du groupe plus efficace.

À partir du moment où les modèles de relations réciproques qu'implique la vie sociale sont mis en conformité avec les normes collectives, les relations sociales se trouvent institutionnalisées.

Le groupe social peut prendre la forme de la *communauté*, un petit groupe soudé dont les membres sont liés par des relations de confiance mutuelle, ou celle de la *société*, qui réunit un grand nombre d'individus et met en jeu des relations plus complexes. Le ciment de la communauté est émotif, celui de la société est rationnel.

Les deux formes d'organisation coexistent sans problèmes tant que les communautés demeurent ouvertes. Lorsqu'elles se referment sur elles-mêmes (on parle de communautarisme), le fonctionnement global se trouve compromis.

Culture et institution de l'espace

L'institution de la société va de pair avec celle de l'espace qu'elle occupe : la culture valorise et institue *l'espace* comme *étendue* et *support des activités*, et comme *mémoire, décor et paysage*. La *logique foncière* traduit les avantages que la dimension des parcelles, la qualité des sols, le climat et l'accessibilité font naître pour les producteurs et pour les ménages. La *logique paysagère* est sensible aux bénéfices que l'harmonie des lieux apporte aux résidents, aux plaisirs que le spectacle des foules assure aux amateurs de distractions, et à l'émotion que la beauté des panoramas et la richesse des souvenirs suscitent chez les visiteurs ou les touristes.

L'espace qu'institue la culture est hétérogène : les étendues *profanes* s'y opposent aux aires *sacrées* (celles où affleurent les autres mondes immanents ou transcendants qui donnent un sens à l'existence des individus et des groupes).

Institution de la société et mythes fondateurs

La construction culturelle des catégories n'est complète que si elle est institutionnalisée par des rites : rituels de passage pour les individus ; rituels religieux ou révolutionnaires pour la société ou la communauté ; rituels de délimitation pour l'espace social.

Une culture est faite de mots et d'images qui traduisent le réel en le découpant, en le structurant et en l'organisant. Ces signes disent les lieux, la vie, les êtres ou les techniques. Ils ont une valeur *descriptive*. Comme l'existence les leste de connotations, ils se chargent de valeur *émotive*.

Certains des énoncés que l'on construit avec des mots ont une toute autre portée : ils ont une dimension *prescriptive*. Ils n'indiquent pas ce qui est, mais ce qui doit être et ce qu'il faut faire advenir parce que c'est bien. Le pouvoir normatif de la culture ne se limite d'ailleurs pas au champ moral : à côté de l'ordre éthique, il définit l'ordre esthétique du beau et du laid.

La démarche qui établit l'ordre des valeurs et institue la société sur des bases normatives repose sur l'imagination, qui porte l'esprit au-delà de ce qui borne la vue ; le voyageur anticipe ce qu'il découvrira une fois la ligne d'horizon franchie. L'espace que fréquentent les êtres humains ne se limite jamais à ce que leurs yeux découvrent : il s'accompagne de lieux imaginaires auxquels ils prêtent volontiers une puissance, des vertus et des charmes supérieurs à ceux de l'univers familier.

Les monts hantés par les esprits invisibles et puissants, les paradis ou les enfers auxquels sont promises les âmes des défunts prennent des formes bien différentes selon les cultures. Faits de mots, d'images, d'idées, de récits transmis de génération en génération, impalpables, inaccessibles aux sens, ils appartiennent à l'univers du discours. Pourtant ces ailleurs, ces au-delàs, sont dotés de plus de sens et de réalité que n'est l'ici-bas. Ils révèlent les déficiences, les malfaçons et les injustices de l'ordre existant.

Les réalités ultimes que constituent les autres mondes donnent un sens à l'univers, à la vie, à la société, à l'individu et à l'espace. Elles confèrent à la culture sa dimension normative. Elles éclairent la géographie religieuse, l'opposition du sacré et du profane, et la montée des religions laïques que sont les idéologies à l'époque moderne.

Les relations entre les différentes cultures

La distribution spatiale des faits culturels résulte à la fois d'une tendance à la différenciation qui tient (i) à la spécificité des problèmes locaux et à la difficile transmission à distance de tout ce qui est oral et (ii) à une dynamique uniformisatrice liée aux jeux de la diffusion.

Les hommes acceptent volontiers les éléments qui améliorent leurs conditions de vie. La diffusion favorise ainsi l'uniformisation des aspects matériels de l'existence. Elle est en revanche souvent bloquée par le refus d'accepter les valeurs qui menacent la cohésion du groupe.

Les Grandes Découvertes ont enclenché un processus de mondialisation qui uniformise le monde – les jeunes portent partout les mêmes jeans, utilisent les mêmes téléphones portables, dansent sur les mêmes rythmes. La diversité culturelle ne disparaît cependant pas : elle ne se lit plus à la multiplicité des techniques ou des formes d'habitat ; elle se manifeste au plan des valeurs et des identités ; elle s'exprime dans les communautarismes qui s'opposent à la grande société que l'uniformisation matérielle semble appeler.

La géographie culturelle étudie les pratiques, les savoir-faire, les connaissances et les croyances qui transitent d'un individu à l'autre, d'une génération à l'autre ; elle s'attache à la construction de l'individu et des identités, et à la fabrication des institutions sociales ; elle montre comment la référence à d'autres mondes génère les valeurs. La culture est à la fois héritage du passé, maîtrise du présent et projection vers le futur. Elle sert à exploiter et à aménager l'environnement, et à modeler les relations sociales.

La seconde partie de *La géographie culturelle* résume et systématise ainsi le virage qu'a pris la *New Cultural Geography* et que l'on qualifiera quelques années plus tard – à partir de 1998 – de tournant culturel de la discipline.

L'INSCRIPTION DE LA CULTURE DANS L'ESPACE

La troisième partie de *La géographie culturelle* traite de l'humanisation de l'espace : questions d'orientation, médiation technique et alimentaire entre les groupes humains et milieu, aménagement.

1- Les groupes humains apprennent à s'orienter, à explorer l'espace et à l'enserrer dans des systèmes d'orientation qui leur permettent de le penser ; ils le transforment en objet de discours en baptisant les lieux et les milieux. En lui imposant leurs marques et en l'instituant, ils en font une catégorie sociale.

2- L'univers où vivent les hommes est exploité et aménagé pour répondre aux besoins des groupes. Le processus implique la mise en valeur des ressources économiques et la prise en compte des qualités propres aux lieux. Il nécessite des connaissances, des techniques matérielles et la définition de formes adéquates de division et d'appropriation de l'espace.

3- Les rapports écologiques des hommes à leur environnement s'expriment directement dans les consommations alimentaires. Les produits qu'offre spontanément la nature sont pour la plupart impropres à la consommation. L'homme a mis au point une gamme variée de techniques pour récolter en abondance et rendre comestibles les denrées dont il se nourrit.

L'alimentation reflète aussi les structures de la société : le sommet de la pyramide sociale échappe presque toujours aux disettes et aux famines.

4- Les préférences qui sont au cœur d'une culture et les moyens qu'elle met en œuvre se lisent dans les paysages qu'elle façonne. Ceux-ci reflètent la production primaire, les activités de transformation et celles de distribution. Les nécessités de la vie sociale s'ajoutent à celles de la production pour donner aux espaces humanisés les traits essentiels de leur structure : disposition des maisons, forme des villages et des villes, localisation et agencement des espaces de loisir et de détente.

L'espace humanisé est fait d'éléments qui n'ont pas tous la même pesanteur et n'ont pas la même nature. Au-delà de ses aspects fonctionnels, le paysage revêt une dimension religieuse et esthétique ; il fonde l'identité du groupe et exprime ses rêves. Trois grilles d'interprétation doivent donc être combinées : (i) une grille fonctionnelle, parce que le paysage est modelé par la vie économique et sociale ; (ii) une grille archéologique, parce que résultant souvent d'aménagements passés, il garde la trace d'époques anciennes ; (iii) une grille symbolique, parce qu'il est chargé de souvenirs, de symboles et nous renseigne sur les valeurs collectives. Des stratégies visent à rendre public, ou à réserver à quelques-uns, ce que le regard découvre ; elles intègrent jardins, parcs et espaces verts dans la planification de l'espace.

L'expérience paysagère joue un rôle important dans la construction des identités et souligne la dimension patrimoniale qui lui est liée.

UNE GÉOHISTOIRE DES CULTURES

Les cultures sont diverses. Celles de la Chine, de l'Iran ou de la Grèce sont individualisées depuis des millénaires, mais elles n'échappent pas pour autant à l'écoulement du temps. Deux ensembles de composantes se distinguent au sein de chaque civilisation : le premier est en corrélation avec le niveau technique ; le second ne varie pas avec le progrès. La géohistoire des cultures s'attache davantage au premier ensemble qu'au second.

Les cultures passent par de longues phases de stabilité : (i) les cultures unitaires des sociétés sans écriture qui passionnent les ethnologues s'opposent (ii) aux cultures duales des sociétés à écriture (celles des grandes civilisations historiques) et (iii) à l'unité retrouvée que les cultures des sociétés modernes doivent à la généralisation de l'écriture. (iv) Les médias contemporains tendent à imposer un nouveau type de configuration. À chaque niveau sont associés un ensemble de techniques de production et de communication, un rapport spécifique au temps, des structures religieuses, des types de paysages.

Quatre phases de changement majeur séparent ces périodes plus calmes :

> « La *première* fait passer de la cueillette, de la pêche ou de la chasse à l'agriculture et au nomadisme pastoral, et la *seconde*, des cultures sans écriture et de leurs sociétés contre l'État aux grandes civilisations historiques ; la *troisième* permet de surmonter le dualisme inhérent aux modes de transmission de la culture dans ces civilisations et donne aux sociétés modernes leur profonde cohésion ; nous sommes

en train de vivre la *quatrième*, et voyons émerger des sociétés post-industrielles à cultures post-modernes » (Claval, 1995a, p. 296).

L'étude de ces périodes de mutation est, depuis la fin du XIXe siècle, au cœur de la géographie culturelle.

1- C'est par la place qu'elles font à l'agriculture et à l'élevage que les sociétés néolithiques diffèrent de celles qui les ont précédées. Initiée dans quelques foyers que les conditions naturelles favorisaient, et où les innovations convergeaient parce que c'étaient des carrefours, « la vague d'avancée serait une vague d'accroissement de population, se propageant généralement de manière radiale, à partir de n'importe quelle zone où la nouvelle technologie [...] est déjà bien ancrée » (Renfrew, 1990, p. 115).

2- Des sociétés d'ethnologues aux sociétés historiques, l'évolution des systèmes religieux joue un rôle éminent. La pensée religieuse et métaphysique prend son essor : pour reprendre l'expression de N.S. Eiseinstadt (1982 ; 1983 ; 1986), les sociétés historiques sont des civilisations « axiales », qui reposent sur des principes fortement structurés.

C'est dans le domaine de l'organisation politique que le changement est le plus marquant. Selon Michael Mann (1986), pour qu'un État se constitue, il faut qu'une idéologie ou une religion partagée confèrent une autorité naturelle à un personnage central. Pour transformer ce roi-prêtre en souverain puissant, il faut que le pays dispose d'excédents agricoles pour faire vivre une armée et des classes dirigeantes, et que des voies de communication et un système d'écriture y assurent la circulation rapide des informations.

3- La modernisation s'attaque au dualisme sur lequel reposaient les grandes civilisations historiques et remet en cause les fondements religieux qu'elles s'étaient données. Pour que le rôle de l'individu devienne central, (i) une part importante de la population doit bénéficier d'une relative aisance, avec un accès plus facile aux communications à distance. (ii) Sous l'influence du christianisme, l'individu se transforme en personne : l'invention du Purgatoire rend le Paradis plus accessible (Le Goff, 1981) : l'idée de salut se démocratise. La Réforme accélère le mouvement. Reste à la laïciser : c'est le rôle du rationalisme, du libéralisme et des Lumières.

La modernisation de la culture occidentale confère aux sociétés où elle se produit une supériorité. Elles en profitent pour ouvrir à l'échange des sociétés jusqu'alors isolées, ce qui multiplie les contacts entre cultures. À la force s'ajoute la séduction du modèle occidental, cependant que l'Europe découvre des systèmes qu'elle ignorait, et apprécie certaines de leurs vertus. L'occidentalisation s'accompagne de la formation de cultures métissées, mais les échanges demeurent limités et les réactions de rejet fréquentes.

4- Le monde est en train de vivre une nouvelle transition culturelle. L'œuvre de modernisation est contrecarrée par la mutation qualitative des formes de transmission de la culture. Les nouveaux médias créent les conditions de transferts de masse. L'oralité retrouve ses privilèges.

La géographie des foyers culturels se transforme : montée du centre nord-américain, émergence de nouvelles aires d'effervescence intellectuelle et artistique dans le monde en développement.

La culture occidentale est remise en cause. Elle est radicalement condamnée par les fondamentalismes. Les sociétés deviennent multiculturelles. Le post-colonialisme souligne l'hybridation générale qui fait suite à la décolonisation.

Face à l'irruption de l'Autre, de l'Étranger, dans toutes les sphères de la vie quotidienne, les gens ne savent plus qui ils sont. Craignant de la voir se dissoudre dans le néant, la culture devient un enjeu politique. C'est en son nom que les hommes se déchirent.

Des dynamismes culturels expliquent l'attention accrue apportée à la préservation des souvenirs du passé – ou à leur destruction ! Dans les grandes métropoles, des groupes venus d'horizons lointains se juxtaposent en noyaux qui s'affrontent au lieu de se fondre. Les conflits qui secouent le monde actuel sont souvent formulés en termes culturels – mêmes si leurs causes sont sociales ou économiques.

Telle est l'image que propose la *Géographie culturelle*.

LA COMMISSION DE L'UGI SUR L'APPROCHE CULTURELLE EN GÉOGRAPHIE

Mon implication dans l'étude de la culture et de ses dimensions spatiales s'accroît en 1996. Le Congrès de l'UGI de La Haye décide de créer un Groupe de Travail (devenu plus tard Commission) sur l'Approche culturelle en géographie. On m'en propose la direction, que j'accepte.

Je passe huit ans à la tête de la Commission. La tâche est lourde, mais passionnante : c'est le moment où l'on commence à parler du tournant culturel. Beaucoup de collègues ignorent sa portée et ce qu'il apporte. J'essaie de le faire connaître en diffusant des mises au point sur les évolutions en cours (au total 250 pages, en français et en anglais) et en organisant colloques et conférences.

8. PENSER EN GÉOGRAPHE LE MONDE DU XXIe SIÈCLE

Un objectif s'impose à la fin de la Seconde Guerre mondiale : rattraper le retard provoqué par la Grande Crise des années 1930, réparer les pertes entraînées par le conflit et bâtir une société plus juste où les hommes seraient plus heureux. La reconstruction mobilise des technologies qui demeurent, pour l'essentiel, celles des années 1930, mais l'innovation, stimulée par la guerre, bouleverse l'aviation, la chimie et l'électronique et ouvre le nucléaire.

En octobre 1973, le premier choc pétrolier fait prendre conscience des mutations intervenues dans le domaine de l'énergie : celle-ci provient de moins en moins de la houille ; les pays industrialisés – Europe et Japon en particulier – importent de plus en plus de pétrole ; en ce domaine, l'indépendance des États-Unis est menacée. La part des énergies renouvelables diminue malgré l'équipement de beaucoup de cours d'eau. Le nucléaire n'est encore utilisé que de manière timide.

Avec une population en croissance rapide et des niveaux de consommation qui explosent, le recours aux sources d'énergie fossile ne peut avoir qu'un temps, et ce d'autant qu'il menace les équilibres écologiques planétaires.

Les révolutions que connaissent les transports de masse, les transports rapides, les télécommunications et les moyens de calcul font faire un nouveau bond à la globalisation. Le monde cesse d'être axé sur l'Atlantique : les nations du Pacifique prennent la relève.

Comment appréhender en géographe ce monde en mouvement ? Telle est la question que le cours accéléré de l'histoire pose à partir des années 1970.

LES ANNÉES D'APRÈS-GUERRE : LES TRENTE GLORIEUSES

Dans les années 1950 et 1960, l'Europe se reconstruit. Au cours de l'entre-deux-guerres, les conditions de vie de beaucoup restaient dures. À l'exemple de l'Amérique, il paraît désormais possible d'améliorer le sort de tous. La majorité de la population croit à la promotion générale de l'aisance et œuvre pour elle.

Des techniques qui prolongent pour l'essentiel celles de l'entre-deux-guerres

Les transformations essentielles naissent du moteur à explosion (de l'auto en particulier) et de l'électricité. L'isolement des campagnes recule et les villes s'étalent. Le tracteur et les instruments de culture qui l'accompagnent entraînent une mécanisation rapide de l'agriculture et la fin des paysans. Une révolution analogue se déroule en Extrême-Orient, où les Japonais inventent des instruments de culture et de récolte miniaturisés. Des avancées majeures prennent également place dans l'extraction des minerais ou dans l'exploitation des forêts. La révolution de l'électro-ménager libère les femmes d'une partie des tâches domestiques et leur permet d'accéder plus largement au marché du travail.

La géographie qui avait commencé à se mettre en place entre les deux guerres aux États-Unis fait tache d'huile et transforme les villes et les campagnes d'Europe, du Japon et des autres pays développés.

Tout repose sur la mobilisation croissante de l'énergie. L'avantage revient à ses formes les plus mobiles, électricité, pétrole et gaz naturel. La part de la houille décline. Malgré les efforts que consentent les pays qui manquent de charbon et de pétrole pour produire de l'hydroélectricité, la part de celle-ci stagne. La prospection du pétrole et du gaz, le forage des puits, la construction des réseaux d'oléoducs et de raffineries supposent de lourds investissements, mais qui sont rentables.

Un cadre institutionnel qui se transforme, mais sans mutation majeure

La Seconde Guerre mondiale ramène la paix, mais celle-ci est très vite traversée par les tensions de la guerre froide. Les pays de l'Est sont soumis au socialisme soviétique. Le camp occidental combine en proportions variables l'économie de marché et des régulations d'État. Le principe de ces dernières est critiqué, comme en témoignent les politiques de désarmement douanier, mais il faut une génération pour que les nouvelles orientations fassent sentir leurs effets.

Les pouvoirs publics cherchent à corriger les inégalités territoriales par la promotion des régions arriérées au niveau national, et par l'accélération de la croissance du Tiers Monde au niveau international.

La décolonisation ? Elle conduit en vingt ans à la fin des Empires coloniaux, mais ses conséquences économiques ne deviennent sensibles qu'avec les chocs pétroliers de 1973 et de 1979.

LES REMISES EN CAUSE DES ANNÉES 1970

La croissance des pays déjà industrialisés de l'Europe libérale, des États-Unis, des *dominions* britanniques et du Japon demeure exceptionnelle durant une longue période : plus de 3 % par an dans beaucoup de pays, 5 % au Japon : du jamais vu jusqu'alors ! Jean Fourastié parle des *trente glorieuses*. Le choc pétrolier y met fin.

Les chocs pétroliers et leurs conséquences directes

Compte tenu de l'inflation générale, le prix du pétrole baisse depuis la guerre ; cela stimule les économies occidentales. En octobre 1973 et à l'occasion de la guerre du Kippour, l'OPEP impose une hausse brutale des cours de l'or noir ; une nouvelle augmentation survient avec le second choc pétrolier, en 1979. Les prix se stabilisent à un niveau plus faible au milieu des années 1980 et pour près de vingt ans.

Les conséquences sont spectaculaires : l'Europe, les États-Unis et le Japon paient beaucoup plus cher l'énergie qu'ils consomment, ce qui provoque une hausse générale des prix de leurs fabrications et en freine la consommation. Les profits des compagnies pétrolières, détenues essentiellement par les États-Unis, la Grande-Bretagne, les Pays-Bas et dans une moindre mesure la France et l'Italie, s'effondrent. L'argent qu'elles recevaient revient aux gouvernements des États producteurs qui le perçoivent sous forme de *royalties*. Ils l'utilisent pour équiper leurs pays et les doter d'armements de plus en plus sophistiqués ; ils placent en Occident les sommes qu'ils n'emploient pas sur place. Cela atténue le choc pétrolier, mais conduit, à terme, à la prise de contrôle d'un nombre croissant d'entreprises occidentales par les pays producteurs de pétrole, par leurs fonds d'États en particulier – on parle de fonds souverains.

Les pays déjà industrialisés essaient de desserrer le carcan que l'OPEP leur impose. Ils développent la production du brut dans les zones qui ne participent pas au cartel. L'Allemagne s'appuie sur ses ressources en charbon et lignite. À l'initiative de Valéry Giscard d'Estaing, la France mise sur l'énergie nucléaire, qui fournit bientôt les trois quarts de sa consommation électrique. Les programmes d'équipements hydro-électriques sont revus à la hausse même dans les pays où les chutes encore à équiper sont devenues rares.

Les limites de la croissance

L'orientation productiviste des économies occidentales est l'objet de critiques qui prennent de l'ampleur depuis les années 1950. L'emploi des pesticides mis au point durant la guerre, le DDT en particulier, a jugulé les épidémies qui auraient sans cela accompagné la fin du conflit ; il a entraîné une régression spectaculaire du paludisme dans beaucoup de villes et de pays du monde tropical, mais la destruction brutale de tous les insectes se paie cher. L'accumulation du DDT dans les tissus des carnivores perturbe leur équilibre biologique ; les rapaces, particulièrement concernés, sont menacés d'extinction (Carson, 1963/1952). Un puissant mouvement d'opinion se développe aux États-Unis, dans les pays anglophones et dans les nations de l'Europe du Nord et du Centre. Il fait prendre conscience des limites de la croissance.

Les possibilités de simulation qu'offrent les ordinateurs sont mises à profit par Jay Forrester pour montrer ce à quoi aboutirait la poursuite des tendances actuelles dans le domaine de la production des énergies non-renouvelables, dans celui des minerais métalliques et dans celui des déchets et des effluents gazeux ou liquides à effets polluants. Le rapport commandé par le Club de Rome (Meadows *et al.*, 1972) systématise ces résultats et les fait connaître à l'opinion mondiale.

Les Nations Unies ont conscience de la gravité de la situation. Elles organisent à Stockholm, en 1972, une grande conférence où les scientifiques soulignent la fragilité des équilibres écologiques de la planète. Le temps de la croissance à tout prix est terminé.

Le temps des changes flottants

Pour permettre à l'économie mondiale, mise à mal par la fin de l'étalon de change-or, en 1934, de redémarrer, un nouveau système monétaire international est créé en juillet 1944 par les *accords de Bretton Woods*. Le dollar, dont la valeur est définie par rapport à l'or, devient la monnaie internationale. Dans un monde dévasté par la guerre, il n'est pas possible de miser sur un rétablissement spontané des équilibres de change. Le *Fonds Monétaire International* (le FMI) aide les pays en défaut de paiement à surmonter leurs difficultés. La *Banque Internationale pour la Reconstruction et le Développement* (la BIRD) assure les investissements à long terme nécessaires à leur croissance.

Grâce à ces mesures et à l'aide unilatérale (le plan Marshall) que les États-Unis consentent aux anciens belligérants, le système économique mondial renaît. Dès la fin des années 1950, le problème préoccupant n'est plus celui du manque de devises étrangères – de dollars, en fait – que rencontreraient la plupart des pays, mais celui du déficit sans cesse accru de la balance des paiements américaine.

Le Président Nixon renonce en 1971 à combler ce déficit et met fin à la convertibilité en or du dollar : il impose un nouveau système de règlements internationaux : celui des changes flottants. Le cadre dans lequel s'est effectuée la reconstruction disparaît.

1971 : retour aux changes flottants ; 1972 : rapport Meadows, conférence de Stockholm et prise de conscience généralisée des limites de la croissance ; 1973 : premier choc pétrolier. Le système économique qui prévalait depuis 1945 et les attitudes qui l'accompagnaient et le justifiaient disparaissent en moins de trois ans. Un monde nouveau se dessine, que modèlent deux autres traits.

La remise en cause de la planification et la fin de l'aménagement

Au cours de l'entre-deux-guerres, des régions industrielles nées au XIXe siècle commencent à être touchées par des crises, comme en Grande-Bretagne ; certaines zones rurales stagnent ou s'enfoncent dans la misère, comme dans les Appalaches aux États-Unis. Depuis le début du XXe siècle, les malfaçons de la ville moderne sont partout dénoncées.

L'idée de corriger les mécanismes de marché s'impose : les politiques d'urbanisme se multiplient dès la première décennie du XXe siècle. La Grande Crise des années 1930 force les gouvernements à intervenir pour rétablir l'équilibre entre leurs régions : la Grande-Bretagne crée des zones industrielles pour attirer des emplois dans les aires où le chômage est permanent. Les États-Unis de Roosevelt confient à la *Tennessee Valley Authority* la mission de revitaliser les régions déprimées des Appalaches.

L'interventionnisme d'État se généralise après-guerre. Les politiques de bien-être social et les transferts qu'elles impliquent se multiplient. Des mesures d'urbanisme et d'aménagement du territoire les complètent. Au niveau international, les pays en voie de développement doivent triompher de la misère grâce aux aides qu'ils reçoivent.

Les résultats de cet interventionnisme sont décevants tant au niveau national qu'au niveau international. Son principe est remis en cause dans les années 1970 : imposer aux entreprises de s'installer dans des régions qui ne leur conviennent pas leur coûte cher et nuit à leur compétitivité à un moment où elles ont plus de peine à écouler leur production. L'aide au Tiers Monde ne sert souvent qu'à conforter la position d'élites parasites ou de dictateurs sans scrupules : son efficacité est limitée. Dans le même temps s'affirme le succès des États d'Asie du Sud-Est, Corée du Sud, Taiwan, Hong Kong, dont l'avantage essentiel est de pouvoir exporter librement aux États-Unis.

Le cadre dans lequel s'étaient inscrites les politiques économiques menées depuis 1945 est ainsi remis en cause.

La dérégulation

L'interventionnisme de l'État était déjà critiqué par certains économistes à la fin de la Seconde Guerre mondiale. Ils s'attaquaient alors au protectionnisme douanier et à toutes les manipulations monétaires imaginées par les États pour s'isoler du marché mondial. Les accords de La Havane, signés en 1948, ouvrent la voie à la baisse des tarifs protecteurs. Les négociations en vue de leur réduction progressive et, à terme, de leur élimination, ne cessent depuis de progresser dans le cadre du *General Agreement on Tariffs and Trade* (GATT) puis de l'Organisation Internationale du Commerce.

Ce qui se passe au cours des années 1970 va beaucoup plus loin : le principe même de l'intervention publique est remis en cause par les économistes libéraux, ceux qui s'inspirent de Friedrich Hayek ou du monétarisme de Milton Friedman. À la fin des années 1970 et au début des années 1980, leurs idées sont appliquées par Margaret Thatcher en Grande-Bretagne, Ronald Reagan aux États-Unis, Brian Mulroney au Canada ou Augusto Pinochet au Chili. Avec eux commence le démantèlement systématique des règlementations qui bridaient jusque-là l'initiative des banques et celle des entrepreneurs. On entre dans l'ère de la dérégulation.

PENSER GÉOGRAPHIQUEMENT LES MUTATIONS DU MONDE CONTEMPORAIN

C'est par étapes que j'apprends à penser en géographe les mutations du monde contemporain.

La révolution des communications et des transports rapides, et la métropolisation

Au début des années 1980, la communication est en pleine transformation. L'utilisation des ondes hertziennes, des satellites ou des fibres optiques réduit le coût de l'acheminement des informations à longue distance et augmente le débit des chenaux utilisés à cette fin.

En 1982, j'enseigne un semestre à l'Université du Minnesota à Minneapolis-Saint Paul. C'est une des métropoles importantes des États-Unis : depuis la fin du XIXe siècle, elle domine et structure la partie septentrionale de l'Ouest des États-Unis. Ce que j'observe me surprend : la ville abrite quelques entreprises multinationales, comme *Kellog, 3M* ou *Northwestern*. Son aéroport constitue un *hub* (un « moyeu ») important des réseaux nord-américains. Les grandes sociétés qui ont leur siège sur place traitent avec le reste du monde sans transiter par Chicago, New York ou Los Angeles.

Dans l'immédiat, je ne tire pas de publication de ces observations. Milton Santos me demande en 1986 de diriger le doctorat qu'une étudiante brésilienne, Leila Dias, consacre à l'impact de l'informatisation sur l'économie brésilienne. Pour la conseiller, je m'appuie sur la réflexion que j'ai menée aux États-Unis et sur des lectures parallèles (Williamson, 1975 ; Coase, 1937). J'approfondis mon travail sur les coûts de commutation et l'agencement des systèmes de communication.

La structure des réseaux urbains et l'organisation des grandes entreprises changent. Dans une liaison à longue distance, il n'est plus nécessaire de faire remonter les informations d'échelon hiérarchique en échelon hiérarchique, jusqu'à un centre à partir duquel la relation est établie avec le partenaire recherché. Deux niveaux suffisent désormais : celui des standards téléphoniques de proximité, des petits aéroports ou des quartiers d'affaires locaux, et celui des grands standards, des *hubs* aériens et des métropoles. À partir d'une grande ville il est possible avec les moyens actuels d'établir des relations directes et rapides avec les autres métropoles mondiales. Les grandes agglomérations attirent de plus en plus d'activités (je propose en 1986 de parler de métropolisation) ; les niveaux inférieurs des réseaux urbains connaissent un déclin corrélatif.

Je rencontre alors Jean-Louis Guigou, qui dirige la DATAR et lui fais part de mes observations sur la métropolisation. Je lui envoie au début de 1986 un texte qui résume ces idées. Le thème de la métropolisation est dès lors abondamment traité par la DATAR.

La révolution des télécommunications et des transports rapides et les transformations de l'entreprise

Les entreprises profitent des nouvelles facilités de communication. La nécessité de maintenir des contacts fréquents entre les usines où s'effectuaient leurs fabrications interdisait de les disperser – pas plus de 250 km entre elles : l'aller et retour en train ou en voiture en une journée, en disposant de temps de travail sur place. La plupart des établissements impliqués dans une fabrication se situaient donc au sein d'un même espace national. Avec les nouveaux moyens de communication, les usines peuvent désormais s'installer très loin du siège social. Si les directives et les exigences de l'État deviennent trop lourdes, délocaliser les productions ne pose plus de problème. La liberté des entreprises n'a jamais été aussi totale.

Dans le même temps, la structure interne des grandes sociétés se transforme. La difficulté des communications menaçait la cohérence de leur action. Pour l'éviter, les responsables locaux devaient rapporter sans délai et fidèlement tout ce qui se passait dans leurs services et se conformer en tout point aux instructions reçues.

Ces précautions deviennent inutiles avec les nouvelles conditions de communication : grâce à la transmission automatique et instantanée d'une multitude de données, le siège social est informé en temps réel de ce qui se passe dans ses établissements. Ce que l'on demande dès lors aux subordonnés, c'est de faire preuve d'inventivité et d'imagination.

Les nouvelles facilités de communication et de contrôle allègent la structure de l'entreprise : celle-ci sous-traite ce qui n'est pas essentiel dans ses fabrications, afin de réagir très vite aux indications du marché. La flexibilité devient essentielle.

UN EFFORT DE SYSTÉMATISATION :
LA GÉOGRAPHIE DU XXIe SIÈCLE (2003c)

Ma curiosité reste en éveil au cours des années 1990. Le groupe RURE (Rural and Urban Restructuring in Europe) du Conseil de l'Europe, dont je fais partie, s'attache à la désindustrialisation qui frappe l'Europe de l'Ouest et aux effets de l'effondrement du communisme sur les ex-démocraties populaires. Je lis beaucoup sur la globalisation, dont la progression s'accélère.

La géographie du XXIe siècle, que je publie en 2003, s'attache aux mutations contemporaines de la distribution des hommes et des activités à la surface du globe. Au cours des quarante dernières années, des transformations profondes sont intervenues dans trois domaines : (i) les technologies du transport, de la communication et du calcul, (ii) les relations politiques (avec la chute du Mur et la fin de la guerre froide) et (iii) les attitudes, les conceptions de la vie et la critique des savoirs.

Pour penser le monde du XXIe siècle en géographe, (i) les enseignements de la géographie économique, de la géographie urbaine et de la géographie régionale font comprendre l'impact des innovations technologiques ; (ii) l'approche culturelle rend compte du bouleversement des attitudes et de la montée des critiques à l'encontre de la pensée occidentale.

L'impact des mutations techniques : transports, télécommunications, numérique

Dans les années d'après-guerre, les géographes prennent conscience des changements spectaculaires qui interviennent dans les transports de biens. Le tonnage des cargos affectés au transport en vrac des minéraux ou du charbon est multiplié par cinq, puis par dix. Celui des pétroliers l'est par vingt. On construit des voies ferrées qui acheminent au loin des convois de 10 ou 15 000 tonnes de minerais ou de charbon. Le diamètre des oléoducs et des gazoducs passe de dix à vingt puis à quarante pouces. Le courant électrique circule sur des lignes à 750 000 volts. Le conteneur fait disparaître les coûts de transfert d'un mode de transport à l'autre (Le Lannou, 1964) et révolutionne ainsi les déplacements de marchandises diverses. L'avion et le TGV accélèrent les mouvements de personnes.

La télévision, dont les premiers essais datent des années 1930, connaît un essor fulgurant. Les relais hertziens, les câbles et les satellites bouleversent les télécommunications.

La révolution du numérique accroît l'effet de ces mutations. À l'origine équipement lourd imaginé pour traiter les données nécessaires à l'élaboration de la bombe atomique, l'ordinateur permet aux entreprises de suivre leurs flux de fabrications et l'état de leurs stocks. Il allège ceux-ci en planifiant les déplacements *just in time,* en temps réel. Une discipline nouvelle en résulte : la logistique.

La numérisation unifie les systèmes de mémorisation. L'ordinateur portable naît de la miniaturisation des composants et des circuits électroniques. La démocratisation des nouveaux procédés de calcul et de traitement de textes progresse à pas de géants. Internet crée un réseau mondial accessible à tous, et de partout. Le téléphone portable met en rapport les gens où qu'ils se trouvent. D'un point à l'autre du globe, les relations deviennent plus directes : on parle de *glocalisation* pour dire que les lieux sont plus proches du niveau global.

La révolution numérique facilite la modélisation des opérations complexes, le suivi d'une multitude de flux, la conduite de calculs qui seraient sans cela hors de portée, et la liaison de centaines de millions d'opérateurs à la surface du globe.

La nouvelle scène économique

Une main-d'œuvre capable de participer aux productions de masse existe désormais dans tous les pays. Des formes concentrées d'énergie sont mobilisables en tout lieu. Les entreprises en profitent pour installer nombre de leurs fabrications dans les pays émergents.

Les protectionnismes sont désormais voués à l'échec s'ils cessent d'être des moyens de corriger des crises brutales ou de prévenir des concurrences déloyales. L'industrie glisse d'Europe, des États-Unis ou du Japon vers de nouveaux producteurs. Le centre de gravité du monde passe des rives de l'Atlantique à celles du Pacifique.

Les entreprises des pays développés s'organisent pour faire face à l'émergence des nouveaux pays producteurs. Elles se tournent vers l'entreprenariat logistique ou misent sur l'innovation. Devenues multinationales ou transnationales, elles opèrent sur divers marchés, sur lesquels elles écoulent des brevets, des licences ou des produits de haute technologie.

L'espace sur lequel se déroule la compétition économique n'est plus fragmenté par les droits de douane et les contingentements. Les grands espaces économiques ont le vent en poupe. Ils le doivent à la manière dont ils rationalisent et unifient les normes et facilitent les transactions. Du point de vue économique, le monde n'est pas divisé en 196 nations, mais en une demi-douzaine de grands systèmes de références et de standards.

Les transformations de l'économie entraînent une uniformisation rapide de la planète.

Les nouvelles formes d'organisation de l'espace

Il y a quarante ans, certains craignaient que le développement des échanges ne renforce la concentration des activités dans les aires centrales des États et du monde. D'autres pensaient que le temps de la contre-urbanisation avait sonné. C'est finalement un compromis entre les tendances à la dispersion et à l'agglomération que l'on observe : celui de la métropolisation. Les centres de niveau supérieur des réseaux de communication sont pratiquement à égalité ; toutes les grandes agglomérations bénéficient d'avantages à peu près semblables et attirent des entreprises, des centres financiers et des services de recherche.

Tous les pays juxtaposent aujourd'hui des secteurs dynamiques et d'autres qui le sont moins, des populations aisées et d'autres qui vivent dans le dénuement ; les groupes à faibles revenus demeurent moins nombreux dans les pays du Nord que dans ceux du Sud, mais c'est au prix de systèmes de redistribution qui nuisent à leur compétitivité. À l'image de nations économiques fortement structurées et développées s'opposant aux zones faiblement organisées et peu productives du Tiers Monde s'en substitue une autre : celle d'espaces inégalement développés faits partout, au Nord comme au Sud, de secteurs qui réussissent et d'autres qui stagnent, régressent ou sombrent dans la pauvreté.

Avant la Première Guerre mondiale, en France, le but du mouvement régionaliste était de mobiliser toutes les potentialités économiques du pays afin de faire match égal avec l'Allemagne. Lorsque la région redevient à la mode, dans les années 1950, c'est encore du côté de l'Allemagne que l'on regarde : on rêve d'entités aussi puissantes et aussi dynamiques que les nouveaux *Länder*. L'espace est alors conçu comme structuré par des régions sur lesquelles l'État s'appuie pour mener à bien ses politiques.

Les gens désirent aujourd'hui être informés des problèmes qui concernent l'espace où ils vivent ; ils veulent participer à l'élaboration des décisions qui les concernent directement. Ils n'acceptent plus les hiérarchies comme allant de soi. Les attitudes à l'égard de l'organisation de l'espace ont changé du tout au tout.

De profondes mutations culturelles

La culture oriente l'action des hommes ; elle exprime ce qu'ils sont, ce qu'ils pensent être et ce qu'ils veulent être. Son contenu technique, les savoir-faire qu'elle offre, la manière dont elle façonne les sensibilités et les horizons qu'elle fixe à la vie individuelle ou collective différencient les individus et les groupes.

Les cultures d'aujourd'hui diffèrent par bien des points de celles du passé : les savoir-faire populaires, à base orale, des travailleurs ruraux ou des artisans et petits commerçants des bourgs et des villes s'opposaient aux connaissances des élites, qui faisaient une large part à l'écrit. Laminées par le développement de l'instruction publique, les cultures populaires ont été sauvées par les nouveaux médias qui assurent la diffusion à distance du geste, de l'image et de la parole – mais elles se sont transformées en cultures de masse. Les cultures des élites sont devenues des cultures savantes et techniques, qui assurent la diffusion des connaissances indispensables à la production et à l'échange, mais ont perdu une large part de leur contenu normatif et du sens que celui-ci donnait à la vie individuelle ou collective.

Aujourd'hui, les innovations surgissent de partout. Elles ne se propagent plus linéairement, d'un lieu à l'autre, ou hiérarchiquement, d'un centre à celui qui se trouve en dessous. Elles résultent de l'ébranlement universel que la globalisation a créé et font naître une instabilité générale.

Les gens sont désemparés par la perte des repères matériels auxquels s'accrochaient leurs identités. En réaction, ils investissant l'espace de valeurs nouvelles et en contrôlent les usages pour mieux préserver la qualité de leur vie. Ils s'attachent aux paysages dans lesquels ils évoluent et conservent ceux qui leur paraissent beaux ou sont intimement liés à leur histoire ; ils les utilisent pour mettre en scène leur existence et souligner le sens qu'ils lui donnent.

Ville en archipel et crise de l'urbanité et de la citoyenneté

Les voies et les places publiques étaient au cœur de la vie sociale des villes d'hier. Le rôle des grandes artères est aujourd'hui différent : elles permettent à des aires urbaines démesurément élargies de fonctionner, et aux gens d'aller travailler ou de rencontrer des partenaires à 5, 10, 20, voire 50 ou 100 km de leur domicile. S'agissant d'axes de circulation rapide, les accès y sont peu nombreux ; leur traversée est souvent impossible sur de longues distances. Les axes de communication fragmentent donc l'espace qu'ils structurent et y délimitent des îlots sans continuité réelle les uns avec les autres. La combinaison voies rapides/multiplication des zones à vocation centrale fait passer de l'espace mono-centré à l'archipel urbain.

La structure en archipel ne réduit pas l'efficacité des grandes villes : celles-ci répondent toujours aux besoins d'interaction des populations qui les habitent ou qui les fréquentent. La fin de la centralité unique et la naissance de l'archipel modifient cependant la manière de vivre l'agglomération. La dissociation des fonctions centrales rend moins sensible l'avantage global que crée l'ensemble urbain. Les grands symboles perdent leur lisibilité. Les citadins se sentent plus libres de former des petits groupes et d'affirmer leur spécificité : les communautarismes fleurissent.

Dans des agglomérations démesurément élargies, la vie urbaine est soumise aux défis qui naissent des contacts de cultures multipliés par la mobilité accrue des populations. L'urbanité, qui était au cœur du processus de civilisation, en souffre.

Aux XIXe et XXe siècles, les populations urbanisées avaient le sentiment de tirer avantage des centres dans lesquels elles vivaient. Avec la fin du plein-emploi et la remise en cause des philosophies du progrès, la contestation de l'ordre urbain prend de l'ampleur.

Les villes contemporaines ne sont pas des mécanismes bien huilés où s'épanouirait une société paisible. Ce sont des arènes où se juxtaposent et s'affrontent les groupes sociaux, les communautés culturelles et les intérêts économiques. Les formes de sociabilité que l'on y observe sont souvent frustes et brutales. La ville gardera-t-elle sa fonction civilisatrice ?

Les contraintes de milieu changent de forme

Lorsque les géographes de la première moitié du XXe siècle analysaient les relations hommes/milieux, ils mettaient volontiers l'accent sur l'avarice de la nature. Venue de Malthus, cette perspective avait inspiré aux économistes la loi d'airain des salaires et suggéré à Charles Darwin la sélection naturelle. D'origine évolutionniste, la géographie humaine voyait dans le milieu le facteur limitant et se focalisait sur les contraintes auxquelles se heurtaient les activités productives.

L'analyse écologique contemporaine met en évidence une autre forme de contrainte : les *écosystèmes* sont capables d'absorber des flux supplémentaires de matière ou d'énergie, ou de supporter des pénuries, sans être profondément bouleversés tant que ces variations restent en dessous de certains seuils. Ces limites franchies, les interactions changent de nature. C'est à un autre écosystème que l'on a affaire. Ses propriétés diffèrent de celui qu'il supplante : il a cessé d'être *résilient*.

C'est cette seconde forme de limites écologiques qui pèse aujourd'hui le plus directement sur la vie des hommes. Elle se manifeste à l'échelle locale, régionale ou globale par la mise en péril d'un nombre croissant d'écosystèmes.

Le progrès technique ne libère pas les hommes des contraintes du milieu : c'est sous une autre forme (le bouleversement des écosystèmes) et à une autre échelle (elle est souvent globale) que celles-ci se manifestent désormais (Claval, 2006c).

PENSER LE BOULEVERSEMENT DE NOUVEAUX SECTEURS

Les mutations qui s'accélèrent depuis les années 1970 affectent progressivement de nouveaux secteurs.

Régions d'économie productive et d'économie résidentielle

La facilité accrue des mouvements de personnes et des transferts de revenus oppose de plus en plus deux types d'espaces économiques : ceux où les revenus résultent d'activités productives, et ceux où ils viennent d'ailleurs grâce à l'afflux des touristes, à l'installation de retraités ou aux possibilités nouvelles du télétravail ; dans certains espaces prédomine une économie productive ; dans d'autres règne une économie non-productive ou résidentielle. Laurent Davezies distingue ainsi quatre France :

> « une *France productive, marchande et dynamique*, concentrée dans les plus grandes villes, où se forgent les nouveaux atouts de la compétitivité du pays, dans laquelle vit 36 % de la population ; une *France non productive, non marchande et pourtant dynamique*, située à l'ouest d'une ligne Cherbourg-Nice, qui vit d'une combinaison de tourisme, de retraites et de salaires publics, rassemblant 44 % de la population ; une *France productive, marchande et en difficulté*, composée de bassins industriels déprimés, principalement dans la moitié nord du pays, dont le déclin semble difficile à enrayer et qui regroupe 8 % de la population ; et enfin une *France non productive, non marchande et en difficulté*, située également dans le nord-est du pays et faite de territoires si frappés par le déclin industriel qu'ils dépendent essentiellement de l'injection de revenus sociaux, regroupant 12 % de la population » (Thématique : « Les fractures territoriales de la France », émission de Philippe Meyer, le 10 mars 2013, France-Culture).

Dans la mesure où les revenus des zones d'économie résidentielle – retraites, recettes touristiques – sont protégés, ils ne sont pas affectés par la compétition internationale –, mais ils le sont lorsque celle-ci contraint à revoir à la baisse les transferts sociaux.

La libéralisation de la finance : la standardisation et la titrisation

Le système bancaire a profondément évolué depuis un demi-siècle. Son rôle était de drainer l'épargne des ménages pour assurer la trésorerie des entreprises et faciliter le placement des actions et des obligations.

Comment élargir la base sociale et géographique de ces jeux financiers ? Le nombre des entreprises cotées en Bourse était si élevé que seuls des professionnels pouvaient y opérer. En substituant un petit nombre de sociétés détentrices de titres – les SICAV – aux innombrables entreprises industrielles et commerciales, on standardise les informations relatives aux actions et aux obligations. Ceux qui ignoraient tout de ce monde peuvent désormais opérer en bourse. La mutation s'opère dans les années 1950.

À partir des années 1980, aux États-Unis et au Royaume Uni, les établissements hypothécaires multiplient les prêts accordés à une clientèle peu solvable : la valeur des maisons que ces crédits permettent d'édifier ne constitue-t-elle pas une garantie suffisante ? Ces prêts sont alors achetés par des banques d'investissement qui les incorporent dans un nouvel outil financier, une *collateralized debt obligation,* qui est une combinaison d'emprunts primaires (on parle de *titrisation*) (Jeancourt-Galignani, 2008-2009, p. 980). Ces combinaisons sont alors évaluées par les grandes agences de notation ; elles leur accordent généralement une note positive à cause de la contrepartie que constituent les constructions. Les *subprimes* entrent ainsi dans le circuit bancaire normal. La solvabilité de ces titres est douteuse, mais ils sont bien rémunérés. Dès qu'une chute des cours de l'immobilier s'amorce, en 2007, la pyramide de crédit s'écroule.

Ces mécanismes bénéficient en large partie aux zones d'économie résidentielle, où la demande de logements principaux et secondaires est forte. Des bulles spéculatives se forment. Elles bénéficient beaucoup aux espaces touristiques au climat agréable, mais souvent mal pourvus d'activités productives compétitives – comme on le voit dans l'Europe méditerranéenne, en Grèce, en Espagne et au Portugal, mais aussi en Irlande. Ces pays sont particulièrement touchés par la crise de 2007.

La remontée des inégalités

Au cours des trente glorieuses, l'essor de l'économie s'était accompagné de la réduction des écarts de revenus et de fortune. L'évolution a pris un tour différent au cours des quarante dernières années (Piketty, 2013).

Les dirigeants d'entreprise recevaient de fortes rémunérations, mais insuffisantes pour devenir de gros détenteurs de capitaux. À la fin des années 1970, on se met à leur distribuer des *stock-options* pour les intéresser plus directement aux résultats financiers : la gamme des rémunérations s'élargit ainsi vers le haut.

Dans le même temps, la compétition internationale conduit nombre d'entreprises à délocaliser leurs fabrications vers les pays émergents, où la rémunération de la main-d'œuvre est plus faible. La crainte du chômage les aide aussi à faire baisser les salaires dans les établissements qu'elles conservent dans les pays développés.

Dans les pays anciennement industrialisés, l'échelle des revenus et des fortunes recommence à s'élargir. Elle se réduit un peu dans les pays émergents, dans la mesure où les masses rurales sous-payées trouvent de l'emploi en ville – mais l'écart entre les plus riches et les plus pauvres y demeure inquiétant.

Des poches de pauvreté et de précarité apparaissent dans les pays anciennement développés sans se résorber dans ceux qui bénéficient depuis une trentaine d'années d'une croissance exceptionnelle.

LA PENSÉE POLITIQUE, L'ESPACE ET LE TERRITOIRE AU XXIe SIÈCLE

Une curiosité toujours en éveil

Je continue à suivre l'évolution de la géographie politique et de la géopolitique. Certains ouvrages me passionnent. Bertrand Badie aborde la vie internationale sous un jour nouveau : l'État occidental tel qu'il a été importé en Afrique ou au Moyen Orient y a fait faillite (Badie, 1992) ; l'institution étatique moderne est menacée là même où elle s'était développée : les conditions actuelles de la communication et de la vie économique la vident de son contenu (Badie, 1995). On vit dans *Un monde sans souveraineté* (Badie, 1999), où se joue la comédie *De la diplomatie des droits de l'homme* (Badie, 2002)

La formation de zones de libre-échange ou d'unions économiques, nécessaire pour bénéficier pleinement des économies d'échelle, mine l'État westphalien par le haut ; les initiatives de régions ou de villes prêtes à tout pour attirer les entreprises et les emplois dont elles ont besoin l'affaiblissent par le bas. Les ONG favorisent la diffusion internationale des informations : une opinion publique globale se constitue, qui soumet les États à une critique impitoyable.

L'État westphalien trouvait ses justifications dans les philosophies de l'histoire associées au libéralisme ou au socialisme. Voici que le progrès fait l'objet de critiques de plus en plus vives.

> « Les nations n'ont apparemment jamais tenu une aussi grande place qu'au seuil du XXIe siècle [...], mais leur triomphe n'est que de façade. La souveraineté est partout menacée par l'évolution de la vie de relation et de l'économie. La globalisation s'est accélérée [...]. Le monde était fait d'une mosaïque d'espaces dotés d'une certaine autonomie. Ce sont les réseaux qui retiennent aujourd'hui l'attention » (Claval, 2003c, p. 223).

L'organisation politique du monde s'en trouve radicalement modifiée :

> « La forme d'articulation [entre systèmes politiques et sociétés civiles] qui prévalait depuis quatre siècles, celle de l'État westphalien et d'un monde dominé par une puissance hégémonique, [...] est en train de disparaître sous l'effet des révolutions contemporaines des transports rapides et de la communication. Au lieu de la juxtaposition de territoires souverains, on voit se mettre en place des hiérarchies de territoires emboîtés qui se partagent la souveraineté selon des modalités variables et en renégociation constante [...].
>
> « Le processus d'adaptation des systèmes politiques aux conditions nouvelles est loin d'être achevé – les traits de la nouvelle scène internationale demeurent encore flous » (Claval, 2003c, p. 221-222).

Pour comprendre de telles transformations, la manière de penser l'espace politique doit être revue (Claval, 2010).

Les espaces de la politique (2010)

Il convient d'abord de souligner l'omniprésence des faits de pouvoir :

> « Les visages que prend le pouvoir sont multiples. Il est présent à tous les niveaux de la vie sociale. Le féminisme l'a rappelé : la sujétion des femmes, qui se met en place dès les origines de l'humanité, est un fait politique majeur, tout aussi manifeste dans les sociétés premières que dans celles qui ont acquis la forme étatique » (Claval, 2010, p. 383).

Le cadre imaginé à la fin des années 1970 pour penser la géographie politique et la géopolitique reste en revanche valable :

> « Pour comprendre comment les faits politiques modèlent l'espace, il est indispensable de suivre à la fois les jeux du pouvoir dans la société civile et dans la sphère politique. Celle-ci s'autonomise avec le développement des religions et des idéologies qui confèrent à certains une autorité reconnue, et avec la monétarisation de l'économie, qui permet d'effectuer des prélèvements importants. Autonomisation ne veut pas dire indépendance : la prise en compte simultanée des deux niveaux, celui des relations institutionnalisées au sein de la société civile et celui des systèmes politiques, demeure indispensable » (Claval, 2010, p. 383).

Dans la partie de l'ouvrage intitulée « Les logiques spatiales du politique », je reprends l'essentiel de ce que j'avais écrit sur ce thème dans *Espace et pouvoir*. J'y ajoute une étude sur le rôle des réseaux. Les développements suivants soulignent que l'État westphalien n'est qu'une des formes possibles d'organisation politique de l'espace : apparu au XVIIe siècle, il dépérit sous nos yeux au profit de structures qui font une plus large place aux réseaux.

On peut toujours analyser avec les outils mobilisés il y a une génération la géographie politique des sociétés premières et l'évolution des empires, des royaumes et des cités-États jusqu'à la Renaissance. Les études de Geoffrey Parker (1988) sur la révolution militaire intervenue entre 1500 et 1800 mettent en évidence le rôle de la guerre dans la genèse de l'État moderne ; les travaux de Braudel resituent celui-ci dans l'économie-monde. La réflexion sur le jeu de la dissuasion dans la vie internationale est systématisée.

Au XXe siècle, des idéologies qui trouvent leur justification dans l'inconscient des individus, dans les mécanismes profonds de la langue ou de l'économie, et dans la nouvelle révérence pour la nature se substituent aux philosophies du progrès et de l'histoire. Le présent est un temps de remises en cause liées aux dynamiques démographiques et économiques du monde contemporain, à la crise de l'État et à une vie internationale dont les acteurs se multiplient.

Le pouvoir structure l'espace de plusieurs façons. Le consensus qui légitime l'autorité suppose que la totalité – ou la majorité – de la population de certaines aires adhère aux mêmes valeurs, aux mêmes religions ou aux mêmes idéologies : malgré le progrès des communications, la distance gêne toujours le transfert des informations et introduit des portées-limites dans l'exercice du commandement ; la surveillance implique toujours la délimitation d'espaces sans laquelle elle ne peut s'exercer.

L'organisation de l'espace politique qui triomphe avec l'État westphalien est liée à une conjoncture particulière : elle naît de l'évolution de l'art de la guerre, devenu trop coûteux pour qu'il puisse être mis en œuvre par des particuliers ; elle résulte des progrès de la monétarisation de l'économie, qui autorise le système politique à ponctionner plus largement la société civile ; elle tire parti de l'imprimerie et de la diffusion de l'instruction, qui facilitent la mise en place d'une organisation bureaucratique de l'espace ; elle porte la marque d'un temps où les sphères de la politique s'élargissent plus vite que celles de l'entreprise, ce qui permet à l'État de mener d'ambitieuses politiques économiques. L'État westphalien confère à l'Europe un avantage qui lui donne la maîtrise du reste du monde.

Une opinion publique internationale se forme. Au XIXe siècle, elle émane pour l'essentiel d'Europe occidentale et d'Amérique du Nord ; elle défend de nobles causes comme l'abolition de l'esclavage, mais exige de tous les pays qu'ils traitent les ressortissants européens ou américains comme ceux-ci le sont dans les pays occidentaux. Lorsque ce n'est pas le cas, la presse demande aux grandes puissances de ramener à la raison les pays qui refusent l'ordre européen : elle justifie l'expansion impérialiste.

À partir de la fin du XIXe siècle, l'opinion publique internationale plaide pour une autorité mondiale qui servirait d'arbitre et réglerait les conflits avant qu'ils ne s'enveniment. C'est ce que cherchent à réaliser la Société des Nations puis l'Organisation des Nations Unies. Les fondements de l'impérialisme sont sapés et la décolonisation s'effectue en moins de trente ans. Tous les pays qui accèdent à l'indépendance prennent la forme d'États-nations. L'ONU garantit internationalement leurs frontières.

La scène internationale est en fait régie par un double standard : en parole, elle est dominée par une opinion mondiale dans laquelle les pays en voie de développement ou récemment émergés pèsent de plus en plus ; dans les faits, les rapports de force y tiennent une place essentielle : les jeux de dissuasion y comptent davantage que les procédures pacifiques d'arbitrage.

Dans le même temps, la puissance des moyens de destruction est devenue telle que le recours à la violence prend une autre forme, celle du terrorisme ;

les progrès de la mobilité font disparaître les moyens de pression que les États possédaient sur les entreprises ; les nouveaux moyens de communication donnent un poids accru à une opinion internationale qui réduit la liberté des gouvernements.

Le monde est couvert d'États nationaux, mais tous n'ont pas les moyens de faire fonctionner les institutions qui garantiraient effectivement leur indépendance. Pour vivre, ils monnaient leur souveraineté : les États faillis, ou sur le point de l'être, deviennent des paradis fiscaux, blanchissent l'argent sale, abritent des sociétés-écrans qui rendent opaques les opérations financières et permettent aux contribuables et aux entreprises de ne pas payer d'impôts dans leurs pays d'origine ; ils servent de base à des entreprises mafieuses et terroristes.

Les tâches de l'État ont tendance à se réduire à la surveillance des hommes et au rendu de la justice. L'organisation en réseau prend souvent le dessus sur la division en États et les équilibres de dissuasion l'emportent sur les formes de paix civile qui avaient paru triompher. Les frontières entre États voient leur rôle diminuer. Dans le même temps, les espaces nationaux se fragmentent, les puissants s'isolent dans des lotissements gardés et surprotégés, *condominios fechados* du Brésil, *gated communities* du monde anglophone. De telles formes d'organisation étaient fréquentes dans les sociétés traditionnelles : elles sont moins neuves que ne le pensent souvent ceux qui les étudient. Elles témoignent de l'échec des manières de maîtriser et de sécuriser l'espace à l'échelle de vastes étendues qu'avait inventées la modernité.

Géopolitique et géographie politique

Géopolitique, géostratégie et géo-économie relèvent du domaine des pratiques : elles sont inséparables de l'exercice du pouvoir politique, du commandement militaire ou de la direction des entreprises. Longtemps transmises par apprentissage au sein des élites responsables, la réflexion académique n'a commencé à s'attacher à elles qu'à la fin du XIXe siècle. Elle les a désertées durant une génération, de 1945 à la fin des années 1970.

Ces disciplines se présentent comme des sciences de l'action située et localisée. Elles ne partent pas des données physiques, mais des acteurs. Ceux-ci s'appuient sur des bases territoriales, qui leur assurent des ressources. Ils s'organisent en réseaux.

La géopolitique s'attache plus particulièrement aux situations où de multiples acteurs territoriaux sont en concurrence et entrent en conflit. Elle précise la nature du différend qui les oppose, décrit le théâtre où ils se s'affrontent et présente la distribution des forces à la disposition des uns et des autres. Elle analyse les manœuvres que conçoivent les parties en présence, la publicité qu'elles leur font ou le secret dans lequel elles les tiennent.

Les décisions prises par les uns et par les autres dépendent de l'analyse qu'ils font de la situation et des stratégies qu'ils savent mettre en œuvre. L'urgence les contraint à opérer des choix alors même que l'information dont ils disposent demeure imparfaite.

La prise en compte des jeux du pouvoir souligne le rôle des acteurs, de leurs aspirations et de leurs rêves dans le façonnement du réel ; elle met en évidence le poids des systèmes de relations institutionnalisées dans les jeux d'influence ou de domination, comme dans la structuration de l'espace ; elle rappelle l'impact qu'exercent les techniques sur les relations sociales : n'assurent-elles pas une meilleure prise sur les ressources ? Ne réduisent-elles pas les distances ?

Pour être appréhendées d'une manière satisfaisante, les réalités politiques doivent l'être à deux échelles, sous deux perspectives : celle du temps court des délibérations, des choix, de la conception et de la mise en œuvre des stratégies – c'est la géopolitique ; celle des tensions, des équilibres et des distributions qui en résultent – c'est la géographie politique.

9. PENSER L'HISTOIRE DE LA GÉOGRAPHIE

À la fin des années 1950, la géographie française connaît un malaise ; celui-ci écarte de la discipline bon nombre de jeunes qui comprennent mal ses finalités, les satisfactions qu'elle procure et les possibilités de carrière qu'elle offre. À partir de 1960, j'enseigne l'histoire de la géographie afin de stimuler l'intérêt d'étudiants de première année pour une discipline qu'ils n'ont pas aimée dans le secondaire. Les difficultés que j'ai rencontrées au cours de mes études, et après, s'éclairent du même coup.

Mon propos est à la fois ambitieux (offrir une image dépoussiérée de la discipline) et limité (je n'aborde que son versant humain et ne remonte pas à la géographie grecque). La période traitée est celle où la géographie humaine, conçue comme une écologie de l'homme, se développe sous l'influence de l'évolutionnisme, dans la seconde moitié du XIXe siècle.

Cette première géographie humaine, que fondent Friedrich Ratzel en Allemagne et Vidal de la Blache en France, rend mal compte des dynamiques à l'œuvre dans un monde qui s'industrialise et s'urbanise de plus en plus : ses faiblesses deviennent évidentes après la Seconde Guerre mondiale. Les chercheurs imaginent alors une géographie applicable au monde actuel – celle que Peter Gould qualifie en 1968 de *New Geography.* C'est ce changement que narre *L'essai sur l'évolution de la géographie humaine* (Claval, 1963).

Je n'ai pas l'intention de m'investir de manière permanente dans l'histoire de la géographie, mais les circonstances en décident autrement. Je m'intéresse à la cartographie thématique : son histoire commence à peine à être écrite. J'en précise certains points dans *La cartographie thématique comme méthode de recherche* (Claval et Wieber, 1970). La discipline continue à se transformer : je ne peux l'ignorer. Je commence à mieux connaître l'évolution des autres sciences de l'homme et de la société : comment ne pas les rapprocher de la géographie ?

Cela fait plus d'un demi-siècle que je reviens sans cesse à l'histoire de la discipline. Pourquoi ? Pour expliciter les postulats souvent implicites sur lesquels reposent ses démarches, se défaire de ses rigidités et promener sur le réel un regard plus aigu

J'aurais pu aborder ces questions d'un point de vue épistémologique. J'ai tardé à le faire tant je tenais à coller aux problèmes rencontrés par les chercheurs ; un danger existait en effet : celui de transposer au domaine particulier dont je traitais, et sans adaptation, ce qui avait été fait ailleurs, à d'autres échelles et pour d'autres aspects de la pensée scientifique. En tant qu'étude de la surface terrestre, la géographie est une science naturelle.

S'attachant et à la manière dont les hommes vivent, exploitent et aménagent le monde, c'est une science sociale. Les emprunts ne doivent jamais faire oublier les spécificités du domaine étudié.

À LA SUITE DE L'*ESSAI SUR L'ÉVOLUTION DE LA GÉOGRAPHIE HUMAINE*, DÉCOUVRIR LA DIVERSITÉ DES INTERPRÉTATIONS QUE CELLE-CI SUSCITE

L'*Essai sur l'évolution de la géographie humaine* commence à être connu à l'étranger : j'en mets à jour le texte en vue de ses traductions néerlandaise, japonaise, espagnole et italienne. Le livre ainsi revu et augmenté est republié en 1976.

La Nouvelle Géographie se diffuse rapidement dans le courant des années 1960. Ses formes et ses contours se précisent : c'est cela d'abord qu'il faut présenter. Mais de nouvelles interprétations de la discipline se dessinent. Les interrogations sur le sens des lieux, qui se multiplient après 1968, conduisent à une approche plus soucieuse des couleurs, des formes et des hommes. Elle cesse de privilégier les structures et s'attache aux individus. Yi-fu Tuan (1976) parle d'une orientation humaniste. Elle tire une partie de son inspiration de la phénoménologie.

Les évènements de 1968 mettent la contestation à la mode. Le mouvement affecte la discipline : on reproche à la Nouvelle Géographie de s'être montrée trop docile vis-à-vis de l'économie, et d'ignorer la misère et la souffrance des hommes. Un courant radical se forme. Aux États-Unis, il est animé par la revue *Antipode*. William Bunge (1971) met en évidence la mécanique qui oppresse les Noirs des ghettos de Detroit. David Harvey (1973) donne une orientation marxiste à la critique géographique des malfaçons du monde moderne.

Des rencontres avec les spécialistes de l'histoire de la géographie

Le cercle de ceux avec lesquels je discute d'histoire de la géographie s'élargit. Vincent Berdoulay me rend visite à Besançon au début de l'été 1969. Il prépare à Berkeley un doctorat sur la formation de l'École française de géographie. David Hooson qui le dirige, lui recommande une approche contextuelle. Séjournant à Paris pour les dépouillements indispensables à sa thèse, il me rencontre toutes les semaines.

De 1976 à 1978, un doctorant finnois, Jussi Raumolin me parle de l'évolution de l'écologie et du rôle des géographes russes dans l'essor de la discipline avant la Révolution d'Octobre ; il m'initie à l'histoire des idées religieuses.

À son arrivée à la Sorbonne, au milieu des années 1960, Philippe Pinchemel se tourne vers l'histoire de la géographie. En 1968, il obtient de l'Union Géographique Internationale la création d'une Commission d'Histoire de la Géographie. Il me demande d'en faire partie. J'y rencontre le Père de Dainville, Germaine Aujac, Monique Pelletier, George Kish, Walter Freeman, David Hooson, Anne Buttimer, Josefina Gomez-Mendoza – et bien d'autres.

Au printemps 1971, Philippe Pinchemel me charge de préparer un ouvrage sur *La pensée géographique,* où seraient exposées les ambitions de la Commission. Le livre paraît en 1972 et me donne l'occasion d'aborder toutes les composantes de la géographie depuis ses origines grecques – la cartographie en particulier. Les travaux que le Père de Dainville, George Kish et Monique Pelletier consacrent à la carte et à son évolution me passionnent.

LA *GÉOGRAPHIE HUMAINE ET ÉCONOMIQUE CONTEMPORAINE* (1984A), OU EMBRASSER TOUT LE XIXe SIÈCLE ET EN FINIR AVEC KUHN

L'évolution de la géographie humaine est si rapide et les études qu'elle suscite si nombreuses qu'il me semble indispensable de proposer une interprétation plus à jour de l'histoire de la discipline. Les séminaires que je donne à Paris-IV et les cours sur l'histoire de la géographie que je dispense à l'Université de Montréal en 1977 et à l'Université du Minnesota à Minneapolis en 1982, m'aident à clarifier mes idées – les deux chapitres du livre consacrés à l'analyse géographique d'espaces nord-américains le rappellent.

La démarche que j'adopte est largement contextuelle. L'époque retenue commence au début du XIXe siècle. L'ouvrage paraît sous le titre *Géographie humaine et économique contemporaine* (Claval, 1984a).

Les racines de la géographie humaine

Deux points me retiennent d'abord. (i) La géographie humaine qui naît des travaux de Friedrich Ratzel et de Paul Vidal de la Blache tire une partie de son inspiration des travaux plus anciens d'Alexandre de Humboldt et de Carl Ritter (Claval, 1981b). (ii) Dans l'*Essai sur l'évolution de la géographie humaine,* je n'ignorais pas le rôle du contexte, qu'il soit intellectuel (le choc de l'évolutionnisme) ou politique (la montée des nationalismes et des impérialismes, la guerre franco-prussienne de 1870-1871), mais je n'avais pas suffisamment insisté sur son influence.

Pour Immanuel Kant, la géographie a pour vocation d'étudier la différenciation régionale de l'écorce terrestre. Cette interprétation se retrouve chez

Alexandre de Humboldt, dont elle explique l'intérêt pour le paysage – un sujet nouveau en géographie. Elle est également présente chez Carl Ritter, qui consacre l'essentiel de sa vie à la rédaction d'une monumentale *Géographie générale comparée,* qui s'attache à la physionomie de chaque contrée.

Pour Johann-Gottfried Herder, disciple hétérodoxe de Kant, l'inventaire de la différenciation régionale de la terre apporte bien autre chose qu'un constat ; il montre comment chaque peuple construit son destin ; son génie naît de sa manière de tirer parti du milieu où il vit et d'en faire la base de sa civilisation.

Ces idées exercent une forte influence sur les sciences sociales allemandes et sur la géographie : les acteurs de l'histoire ne sont plus les individus isolés du début du XVIIIe siècle ; ce sont les peuples, qui partagent un même héritage, utilisent la même langue et modèlent leur génie aux aspérités du milieu où ils vivent et aux difficultés de le dire.

Carl Ritter emprunte à Herder le principe qui guide sa description comparée du monde :

> « Peut-être le temps viendra-t-il un jour où des chercheurs [...] capables de saisir d'un même coup d'œil le monde naturel et le monde humain [...] seront en mesure de prédire, à partir de données générales, la cadence nécessaire à l'évolution d'un peuple donné en un lieu donné et qui devrait être fixée et adoptée par ce peuple pour qu'il accède à la prospérité impartie par le Destin éternel et équitable aux peuples qui se sont montrés fidèles à eux-mêmes » (Ritter, 1974, p. 44).

D'autres influences et d'autres thèmes jouent chez Ritter (Claval, 1981b). Il doit beaucoup à Pestalozzi (élève de la première école pestalozzienne allemande, il envisage un temps de diriger le grand centre pestalozzien d'Yverdon) et au-delà, au Rousseau de l'*Émile* : la géographie n'est pas une discipline de cabinet ; elle naît des leçons de choses que nous offre l'observation de la terre. Cette composante explique l'influence de Ritter sur Élisée Reclus, formé lui aussi dans une école pestalozzienne – et sur la géographie d'inspiration anarchiste, si dynamique dans les dernières décennies du XIXe siècle (Ferretti, 2007).

Ritter emprunte à Varenius « la dialectique de l'ensemble et de la partie » (Claval, 1984a p. 62) : l'explication des faits observés à une échelle doit faire appel à des forces qui jouent à d'autres échelles. Cette géographie des positions – de la relativité des positions, pour être plus exact – est pour lui la marque de l'esprit géographique.

Ratzel et Vidal de la Blache empruntent l'un et l'autre beaucoup à Ritter ; cela explique ce que partagent leurs conceptions de la discipline.

Le poids du contexte

La géographie humaine porte la marque du contexte dans lequel elle naît – dans le domaine politique d'abord. Dans l'Europe de la fin du XIXe siècle, les nationalismes s'exacerbent : les hommes politiques désirent former des citoyens dévoués à leur pays. Rien ne les prépare mieux à apprendre les contours, les forces et les faiblesses de celui-ci, que l'étude de la géographie.

Dans une société plus mobile, les hommes deviennent plus conscients de leur diversité : en France par exemple, le sentiment des identités régionales se consolide aux alentours de 1860, au moment même où l'élargissement de l'économie fait perdre aux vieilles autarcies leur raison d'être. Le régionalisme, qui fait alors son apparition dans le paysage politique français, motive nombre de géographes.

La compétition entre nations se joue largement hors d'Europe : en quelques décennies, toute l'Afrique intérieure, la plus grande partie de l'Extrême-Orient et le Pacifique Sud s'ouvrent à l'entreprise coloniale. La géographie a parti lié avec l'impérialisme : elle prépare ses avancées ; elle organise et diffuse les savoirs sur les terres à conquérir ou nouvellement conquises.

Au contexte politique s'ajoute l'arrière-plan institutionnel et intellectuel : les travaux de Vincent Berdoulay (1981) mettent en évidence la professionnalisation de la discipline dans les dernières décennies du XIXe siècle. Les cercles de pensée, dont il montre le jeu complexe, s'appuient sur la diversité des institutions où l'on pense la géographie.

Les mutations de la géographie et le rejet de la thèse de Thomas Kuhn (1962)

Le grand problème, c'est d'interpréter les mutations que connaît la géographie à la fin des années 1960 et au début des années 1970. À la façon de Thomas Kuhn, on parle volontiers, à leur sujet, de révolution scientifique. Mais peut-on ainsi qualifier des transformations qui surviennent à peine quinze ans après les premiers pas de la Nouvelle Géographie, alors qu'en physique, 300 ans se sont écoulés entre la révolution galiléenne et la révolution quantique ? Et qu'est-ce qu'une science qui connaît simultanément deux révolutions scientifiques, celle de l'approche humaniste et celle du courant radical ? Quelque chose ne marche pas dans le modèle kuhnien.

Derek Gregory, un jeune collègue marxisant dont je fais la connaissance à Cambridge, traite de ce problème dans l'ouvrage qu'il publie alors (Gregory, 1978a) et dans deux de ses articles (Gregory, 1978b ; 1981). Il est conscient de la difficulté que pose la multiplication des révolutions scientifiques. Il fait de la géographie humaniste une simple étape vers la mutation essentielle, celle que marque la géographie critique. Il s'inspire en cela des réflexions de Jürgen Habermas dans *Knowledge and Human Interests* (1972) :

> « [Pour Jürgen Habermas], la recherche est guidée par les intérêts humains : pour vivre, les gens ont besoin de maîtriser leur environnement [...]. Ils élaborent des *sciences de la nature*, dont la finalité pratique est évidente.
> « Vivant en groupes, les hommes ont ensuite besoin de communiquer [...]. Les *disciplines herméneutiques*, pour retenir le terme qu'emploie Habermas, répondent de la sorte au second besoin fondamental des groupes humains.
> « [...] Chacun cherche à s'épanouir pleinement et pour cela, à se libérer de toutes les contraintes arbitraires et inutiles qui pèsent sur lui. C'est à cet intérêt que correspond la troisième catégorie de sciences – les *sciences critiques*, qui apprennent à dénoncer les limitations que rien ne justifie en raison » (Claval, 1984a, p. 124).

Richard J. Bernstein propose en 1976 une interprétation du mouvement de la théorie politique et sociale qui est basée sur les vues d'Habermas : la crise post-positiviste et post-behavioriste, celle qui secoue les sciences sociales dans les années 1970, marque la naissance de la perspective critique – après l'épisode phénoménologique, qui est celui des sciences herméneutiques. Tout rentre donc dans l'ordre : la prise en considération du sens constitue une étape nécessaire dans la construction de la science moderne, mais ce n'est en quelque sorte qu'une propédeutique. Le vrai savoir, c'est celui qu'autorisent les vues critiques (Claval, 1984a, p. 124).

C'est ce schéma que reprend Gregory : l'interprétation qu'il propose en 1978 applique aux mutations des années 1960 et 1970 les vues de Bernstein. (i) La première phase de la transformation se situe dans une optique où la spécificité des sciences de l'homme n'est pas encore comprise. (ii) L'orientation herméneutique est évidente parmi tous ceux qui se réclament de la phénoménologie. La géographie qu'ils pratiquent n'ignore rien de la difficulté qu'il y a établir une communication claire entre les hommes. (iii) Un raisonnement qui en reste à ce stade demeure incomplet, car il ne révèle pas la part d'illusion et de conditionnement derrière les valeurs que les gens croient authentiques. Pour Derek Gregory, c'est donc à une démarche d'inspiration marxiste qu'il faut faire appel pour « franchir le seuil de la vraie science, de la vraie géographie humaine » (Claval, 1984a, p. 124-125).

Le schéma que propose Gregory m'intéresse car il s'écarte un instant de celui de Kuhn, mais il ne me satisfait pas, puisqu'il y retourne à la fin. Le problème est de comprendre des mutations qui se succèdent à court intervalle : naissance de la géographie humaine à la fin du XIXe siècle, formation de la Nouvelle Géographie à la fin des années 1950, approche humaniste et angle d'attaque critique dans les années 1970. Le contexte a joué, comme la logique interne de la discipline. Quelle est la part qui revient à chacun ? La question se pose d'abord au moment de la naissance de la géographie humaine.

La discipline répond aux questions posées par l'évolutionnisme, mais son succès s'explique surtout par le contexte politique du temps : pour tenir le rôle que le nationalisme et l'impérialisme leur valent, les géographes doivent faire preuve de sérieux : ils s'alignent sur le modèle des sciences naturelles.

Le contexte social pèse également dans les années 1950 : le souci de rendre la géographie applicable explique le malaise des jeunes géographes, comme l'accueil qu'ils réservent à l'économie spatiale, facile à mobiliser dans la perspective de l'aménagement.

Depuis 1968, le souci de justice sociale renforce l'influence du courant radical. Suffit-il cependant d'invoquer le contexte pour rendre compte de ces évolutions ? Non : dans le même temps, les problèmes d'écologie, qui inquiètent de plus en plus l'opinion, sont délaissés par la géographie alors même qu'elle les avait découverts avant les autres, à la fin du XIXe siècle.

Les géographes partagent les humeurs du temps : la foi néo-positiviste dans les démarches rigoureuses au seuil des années 1960, comme le pessimisme dominant dans les années 1970. Les références qu'ils font aux doctrines à la mode, aux recherches épistémologiques et aux résultats d'autres disciplines sont là pour appuyer leur point de vue sur une autorité qu'ils pensent incontestable beaucoup plus que pour indiquer des emprunts réels.

Si l'on refuse à la fois le schéma kuhnien revu par Gregory et l'explication par le contexte social, comment interpréter les transformations que la géographie connaît depuis les années 1950 ?

Les changements des années 1950-1980 sont motivés par le besoin qu'éprouvent les géographes de donner des bases plus cohérentes à leur discipline. Ils les cherchent du côté des sciences humaines. Les hommes exploitent le milieu, le transforment, produisent ce qui leur est indispensable et s'organisent pour faire régner un minimum de paix et d'harmonie à la surface de la terre. Pour traiter de ces questions, les sciences sociales mobilisent des modèles de l'homme et des modèles de la société. Les géographes ont recours aux seconds : ils trouvent, chez les économistes, une réflexion cohérente sur les dimensions spatiales des processus économiques, qu'ils étendent, dans les années 1970, aux processus sociaux et politiques.

Le choix des modèles de société élaborés par les économistes ne peut satisfaire toutes les curiosités : ils ne disent rien du sens que l'homme donne à l'environnement dans lequel il est plongé. Il y a donc place pour d'autres formes d'interprétations : celles qui insistent davantage sur les modèles de l'homme que sur les modèles de société.

Ces modèles prennent à la fois en compte les dimensions individuelles et les dimensions sociales du vécu : la géographie humaniste s'attache au sens des lieux, aux paysages. Les courants radicaux des années 1970 attirent l'attention sur les injustices, le sort des défavorisés, les tares des systèmes économiques et sociaux.

La géographie humaine et économique rompt avec l'idée des révolutions scientifiques de Kuhn et avec la séquence science positive/science herméneutique/science critique que Derek Gregory avait emprunté à Habermas et à Bernstein. L'ouvrage met l'accent sur la logique interne à la discipline. Le décalage chronologique entre la prise en compte des modèles de la société, à la fin années 1950, et celle des modèles de l'homme, à partir de 1970, fournit une interprétation des mutations successives qu'elle connaît.

EMBRASSER L'ENSEMBLE DE L'HISTOIRE DE LA GÉOGRAPHIE, DE *DILIXUE SIXINGSHI* À *L'HISTOIRE DE LA GÉOGRAPHIE FRANÇAISE DE 1870 À NOS JOURS*

La géographie grecque, la crise du XVIIIe siècle et les nouvelles orientations de la géographie

La vision que j'ai l'histoire de la géographie ne cesse de s'élargir. La thèse de Christian Jacob (1989 ; 1990 ; 1991) éclaire la genèse de la géographie grecque. Tout part des premières cartes élaborées en Ionie au VIe siècle avant notre ère : celles-ci enserrent les pays dans des figures géométriques qu'elles situent les unes par rapport aux autres. Hérodote écrit *Les Histoires* avec les yeux fixés sur un de ces documents.

Le génie des géographes grecs, c'est d'avoir alors appris à lire la forme de la terre dans l'observation des étoiles : la cartographie grecque détermine en effet la position des lieux par leurs coordonnées, latitude et longitude. Cette conception, formulée par Ératosthène et systématisée par Hipparque, est déjà celle de la cartographie moderne. Faute d'instrument pour conserver le temps, la mesure des longitudes est impossible. Pour les évaluer, on ne peut tabler que sur le dépouillement des récits de voyage – travail d'érudition qu'Ératosthène, directeur de la bibliothèque d'Alexandrie, maîtrise parfaitement. Le géographe-cartographe devient ainsi un homme de cabinet.

Sur ces bases cartographiques, les géographes grecs, à l'image de Strabon, proposent une description fort précise de l'écoumène ; à l'exemple de Denis d'Alexandrie, ils localisent et décrivent les lieux de mémoire de la religion et de la culture grecques.

L'impossibilité de mesurer précisément la longitude des lieux perdure jusqu'à l'invention de techniques astronomiques de mesure des longitudes, puis de chronomètres capables de garder le temps en mer : les premières datent de la Renaissance mais sont très lourdes à mettre en œuvre (Capel, 1981). Les secondes sont opérationnelles aux alentours de 1750.

Les ouvrages consacrés à la cartographie de la Renaissance et de l'époque classique m'intriguent. *Le langage des géographes* du Père de Dainville (1964), consacré à la cartographie des XVIe, XVIIe et XVIIIe siècles, rappelle que le qualificatif de géographe s'applique alors aux cartographes. Franck Lestringant (1991) souligne la différence entre les cosmographes et les chorographes ; les premiers travaillent à partir du globe terrestre, dessinent des méridiens et des parallèles et découpent ainsi le monde comme au moment de la signature du traité de Tordesillas ; les seconds partent des levers de terrain qui commencent à se multiplier et fournissent des images précises d'un lieu ou d'une région.

Le métier que les géographes avaient élaboré depuis Ératosthène pour estimer les longitudes se trouve brutalement dévalorisé par l'invention du chronomètre (Godlewska, 1999) : les deux façons de construire la carte, par mesures astronomiques ou par levers de terrain, sont réconciliées ; la géographie de cabinet devient inutile. Ainsi s'ouvre une crise qui couvre le dernier tiers du XVIIIe siècle et le début du XIXe : il faut rebâtir la géographie.

Grâce à Linné, les sciences naturelles offrent une nomenclature universelle des plantes et des animaux que complète une typologie précise des minéraux et des roches : la description des milieux naturels devient plus facile. Pour rendre compte des établissements humains et des paysages façonnés par les hommes, les sciences sociales naissantes proposent également des outils, mais un demi-siècle plus tard. La cartographie thématique, dont les procédés s'élaborent entre le milieu du XVIIIe siècle et la fin du XIXe, facilite, à une autre échelle, l'analyse des distributions. La géographie peut ainsi devenir une description précise du monde actuel – ou de ses états passés.

La géographie (et la cartographie) comme techniques de surveillance

L'impact de *Surveiller et punir* de Michel Foucault (1975) est considérable : l'analyse qu'il propose du *Panopticon* de Bentham fonde une théorie du contrôle, que celui-ci soit carcéral ou simplement administratif.

Le thème connaît un immense succès dans le monde anglophone à partir des années 1980 : la géographie devient une discipline du regard. Elle repose sur la carte, cette représentation du réel qui permet de le saisir à des échelles variées, comme si on le voyait de plus ou moins haut. Les distributions qu'elle révèle sont indispensables à qui élabore des stratégies – des géostratégies. Pour Gerald O'Thuatail (1996) *la carte* constitue un *instrument de domination* dont le rôle est essentiel dans l'expansion coloniale et dans la prise en main des territoires. L'entreprise menée par les géographes anglais qui travaillent en Irlande à partir du XVIe siècle le prouve :

> « La bataille entre la structure de pouvoir gaëlique en Tirconnell et la Couronne britannique était un conflit de souveraineté créé par un État expansionniste [...]. La mission [de Bartlett, un cartographe] est de redessiner l'espace du Tirconnell de telle manière qu'il puisse passer sous la coupe de l'État [anglais]. Son travail est de géo-dessiner *[to geo-graph]* le sol de l'Ulster pour en faire une *terra incognita,* un territoire impérial de telle sorte que son étrangeté résistante puisse être éradiquée et qu'un espace élizabéthain reconnaissable lui soit substitué » (Ó Tuathail, 1996, p. 11).

Ó Tuathail décrypte ainsi les visions du monde et les calculs impérialistes qui se cachent derrière les travaux de la géopolitique : le regard géographique n'a jamais été innocent !

La prise en compte des ethno-géographies

Je découvre les travaux d'ethno-géographie à la fin des années 1980. Ils ouvrent des perspectives originales sur les cultures des sociétés premières ou des sociétés traditionnelles, et sur la manière dont leur connaissance de l'espace est incorporée dans la géographie « scientifique ».

En parcourant son terrain d'étude, le géographe ne se contente pas de regarder : il parle avec ceux qu'il rencontre ; il mène des enquêtes ; il interroge les agriculteurs, les bergers ; il rend visite aux notables. Lorsqu'il ne peut se déplacer, il envoie des questionnaires à des correspondants qu'il juge fiables. Les résultats qu'il présente ne proviennent pas tous de ses observations personnelles. Ils transcrivent souvent les connaissances vernaculaires des populations qui vivent dans les espaces qu'il étudie, et qui appartiennent à la grande famille des ethno-géographies. Le rapport entre la géographie scientifique et les savoirs qui l'ont précédée est ainsi posé sous un jour nouveau.

Le cours de Taipeh et sa publication tardive en chinois (*Dilixue Sixishingsi*, 2003a-2005a)

En 1992, je suis invité à enseigner un semestre à l'Université Nationale Normale de Taipeh. On me demande de présenter l'histoire de la géographie dans son ensemble : occasion de tirer parti de mes réflexions récentes.

Je donne cet enseignement en anglais et distribue chaque semaine aux étudiants une version rédigée de ce qui sera exposé lors du séminaire. Je reprends l'ensemble des leçons à la fin du cours, les annote et y joins une bibliographie. Je laisse le manuscrit à Flora Sheng-hua Cheng, la collègue qui m'a invité.

C'est la première fois que je traite de l'ensemble de l'histoire de la géographie. Je l'aborde avec les yeux d'un Européen – c'est ce que l'on attend de moi –, mais travaillant pour des étudiants chinois, je m'efforce de mener parallèlement l'histoire de la géographie occidentale et celle d'autres traditions, dans le monde arabe, en Extrême-Orient, en Chine et au Japon en particulier.

Flora Sheng-hua Cheng traduit le texte en chinois, le fait illustrer de vignettes et le publie chez Wunan, à Taipeh (2003a). Une seconde édition, augmentée (Flora Cheng m'a demandé d'y intégrer certains passages de *La géographie du XXI*e *siècle)* sort chez le même éditeur en 2005. Une version en caractères chinois normalisés voit le jour à Pékin en 2007.

Les Presses Universitaires de France me demandent en 1994 d'écrire un volume de la collection *Que sais-je ?* sur l'histoire de la géographie. L'ouvrage (Claval, 1995b) reprend en français mon cours de Taipeh et lui doit sa perspective œcuménique et la place faite aux géographies non-occidentales.

Histoire de la géographie française de 1870 à nos jours (1998)

Toujours dans la même optique, je propose à Nathan d'écrire une histoire de la géographie française de 1870 à nos jours. L'ouvrage est publié en 1998.

Pourquoi ne pas remonter au-delà de 1870 ? (i) Il existe déjà d'excellentes études sur l'histoire de la géographie française de la Renaissance au XIXe siècle (Broc, 1974 ; 1994-1995). (ii) L'accent est mis sur la géographie humaine, qui ne se constitue que dans les trois dernières décennies du XIXe siècle. (iii) C'est un moment où le contexte devient favorable à la discipline : la défaite de 1870 met en lumière les déficiences de l'enseignement de la géographie en France ; elle exacerbe le nationalisme français et pousse au développement de l'empire colonial.

J'applique au cadre français les idées que j'ai développées depuis trente ans sur la logique de l'évolution de la discipline. J'insiste également sur les deux guerres mondiales. La Première affecte profondément une discipline dont beaucoup de représentants disparaissent sur les champs de bataille ou reviennent blessés ou diminués ; elle clôt la phase la plus dynamique de l'École française de géographie ; celle-ci garde beaucoup d'éclat durant l'entre-deux-guerres, mais ne parvient pas à se renouveler.

La Seconde Guerre mondiale entraîne moins de pertes que la Première. La volonté de rompre avec les pesanteurs de la société française, déjà sensible dans les années 1930, prend de l'ampleur au cours du conflit. Les Français de 1945 savent qu'il leur faudra beaucoup travailler, mais sont prêts à le faire. En géographie, cela se traduit par la remise en cause de la géographie classique, impuissante à guider les actions de reconstruction et d'aménagement que demande le pays.

Dynamique générale de la pensée géographique et spécificités du contexte français sont ainsi combinées. Les limites du renouveau de l'après-guerre sont également soulignées : la géographie française perd la position éminente qu'elle avait depuis la fin du XIXe siècle pour avoir commencé trop tard son *aggiornamento* et avoir négligé certaines des avenues qui s'offraient à elle. Peut-on le reprocher aux géographes ? Ils n'ont fait ni mieux, ni moins bien que leurs collègues des autres sciences sociales.

GÉOGRAPHIES ET GÉOGRAPHES (2006b), OU PRENDRE DU RECUL

Ma curiosité pour l'histoire de la géographie s'est progressivement élargie : je suis passé des trois-quarts de siècle de la brève histoire de la géographie humaine aux deux millénaires et demi de l'itinéraire global de la discipline ; j'ai ajouté à la tradition géographique occidentale celles qui ont fleuri ailleurs. Le temps est venu de réfléchir à la portée d'ensemble de ces recherches. La première partie de *Géographies et géographes* (2006b) en présente les résultats.

La géographie, à partir de quand ?

La géographie partage avec l'histoire la singularité d'être née dans la Grèce antique. Les sciences naturelles prennent généralement la forme que nous leur connaissons au XVIIIe siècle, les sciences de l'homme et de la société du XVIIIe au XXe.

La surface de la terre peut donner naissance à plusieurs types de connaissances : le voyageur nous parle des itinéraires qu'il a empruntés ; le géographe décrit les lieux et les intègre dans des ensembles plus vastes, contrées, pays, régions, nations.

Hérodote est déjà un géographe, puisque c'est de pays, tels qu'il en perçoit les contours sur une carte ionienne, qu'il nous entretient :

> « La Scythie a donc la forme d'un grand quadrilatère : [...] 4 000 stades de traverse le long des côtes et 4 000 autres stades à prendre droit par le milieu des terres. Telle est l'étendue du pays » (Hérodote, IV, 101 ; cité par Jacob, 1991, p. 61).

De la géographie physique de cet ensemble, Hérodote ne nous apprend pratiquement rien. De ses peuples, il nous dit qu'ils sont nomades. C'est sur les mœurs de leurs rois qu'il est disert : on a coutume de les enterrer sous de grands tertres avec leurs chevaux, leurs femmes et leurs serviteurs immolés pour l'occasion. Cinq siècles plus tard, Strabon se montre plus précis ; il circonscrit les contrées, décrit les villes, nous parle de leurs productions agricoles et artisanales. Il y a donc une géographie grecque.

Cette géographie est-elle déjà scientifique ? Oui, mais imparfaitement : les traits physiques lui échappent parce qu'elle manque de connaissances pour définir les formes et l'évolution du relief ou pour montrer la spécificité des formations végétales ; des peuples, elle ne retient que les institutions politiques et les mœurs, car ce sont les seuls domaines où l'on dispose déjà de solides savoirs. Pour vraiment devenir une science, la géographie a besoin d'outils efficaces pour décrire les paysages et ceux qui les habitent : les Grecs ne les ont pas.

La géographie des Grecs est cependant plus qu'une ébauche de science, parce qu'elle repose sur une cartographie où les lieux sont définis par leurs coordonnées. Scientifique dans son principe dès Ératosthène et Hipparque, la cartographie souffre de ne pouvoir pas mesurer les longitudes.

Les formes scientifiques de la géographie physique et de la géographie humaine qui naissent à partir du XVIIIe siècle de la révision drastique que la discipline connaît alors s'appuient sur les sciences naturelles puis sur les sciences de l'homme pour appréhender le monde.

Comme il traite de réalités étendues, le géographe a besoin de mobiliser des données collectées par d'autres, celles que les États relèvent sur le nombre de leurs sujets et les richesses qu'ils possèdent en particulier. La géographie dépend donc de la construction des États modernes – et de la cartographie thématique qui rend leurs statistiques interprétables.

Indépendamment de la tradition cartographique de source grecque, la géographie s'est également développée dans les pays précocement dominés par des États bureaucratiquement organisés : monde islamique, Inde moghole ou Chine.

À la fin du XIXe siècle : la demande pour un nouveau savoir sur l'homme et la terre se précise

Pour raconter l'histoire de la géographie humaine, il convient aujourd'hui comme hier de partir de la fin du XIXe siècle et de l'impact de l'évolutionnisme – qu'il soit darwinien ou lamarckien. La discipline se forme à une époque où les informations géographiques et les savoirs que l'on peut en tirer se multiplient. Plusieurs pistes sont alors explorées pour construire des interprétations cohérentes de l'organisation spatiale du monde.

1- La *géographie économique*, déjà esquissée par Ritter, se dessine en Allemagne avec les travaux de Karl Andrée (1861-1874) ; elle trouve sa forme classique en Grande-Bretagne avec Chisholm (1889), que Dubois et Kergomard reprennent en France en 1898. Ernst Friedrich (1904) souligne les bases écologiques que doit prendre en compte toute géographie économique. Ce point est capital : Jean Brunhes le comprend, qui en fait une clef de sa géographie humaine.

Cette première géographe économique éclaire les courants d'échange que les progrès de la globalisation font naître, et les marchés vers lesquels convergent les itinéraires. Faute de disposer de bases théoriques, sa démarche demeure descriptive.

2- Les mutations rapides de la carte politique du monde et le développement des empires coloniaux appellent la *géographie politique*. Le terme apparaît en 1898 sous la plume de Friedrich Ratzel, mais la manière dont Paul Vidal de la Blache souligne les conséquences de l'ouverture du canal de Suez (1873), analyse la construction de la France (1903) et s'intéresse à son expansion coloniale, montre que ses préoccupations sont parallèles de celles de son collègue allemand. Avec l'Amiral Mahan (1890-1899) aux États-Unis et Mackinder (1904) en Grande-Bretagne, l'orientation politique est plus claire encore – mais il manque à tous ces auteurs une analyse systématique des jeux de pouvoir pour aller au fond des problèmes.

3- Le besoin de disposer d'une géographie humaine pour aménager le monde se traduit par la naissance de *géographies appliquées*, à la manière de celle de Marcel Dubois (1895). Elles rassemblent des savoirs utiles aux administrateurs coloniaux ou aux hommes d'affaires, mais qui restent disparates.

4- Pour répondre à la demande de connaissances applicables au façonnement de l'espace, un courant, particulièrement fort en Allemagne, fait de la géographie une *science des paysages*. Cette option a pour elle d'accorder autant d'attention aux forces de la nature qu'à l'action des hommes à un moment où beaucoup craignent que la naissance de la géographie humaine ne nuise à l'unité de la discipline. L'approche est originale, mais purement descriptive et historique.

5- Élisée Reclus élabore une conception de la géographie qui souligne de plus en plus ses composantes humaines : *La Terre* (1868-1869) met l'accent sur la géographie physique. *La nouvelle géographie universelle* (1876-1894) est axée sur la description régionale, et insiste sur le rôle des villes dans l'organisation de l'espace. Dans un cadre historique, *L'Homme et la Terre* (1905-1908) offre une vue synthétique de l'humanisation de la planète et du rôle que tiennent toutes les formes de coopération dans la maîtrise de l'environnement. Peu de choses manquent pour systématiser cette géographie humaine.

À la fin du XIXe siècle, les travaux qui s'attachent au rôle des hommes dans le façonnement de la planète ne manquent pas, mais la plupart n'arrivent pas à se structurer. La géographie humaine rencontre un tout autre écho parce qu'elle est mieux construite.

La naissance de la géographie humaine

Qu'apporte la discipline que Ratzel en Allemagne et Vidal de la Blache conçoivent à la fin du XIXe siècle ? En quoi leurs vues sont-elles similaires et en quoi se différencient-elles ?

La discipline qu'élaborent ces deux auteurs partage avec les autres courants de pensée de l'époque la volonté de développer un savoir positif et rationnel.

Elle cherche à répondre à la grande question posée par l'évolutionnisme : quelle influence l'environnement exerce-t-il sur le comportement et le destin des hommes ? Inspirée par Ritter, leur démarche souligne enfin que ce qui se passe à une échelle dépend de forces qui jouent à d'autres échelles :

> « Si rien n'existe isolément dans l'organisme terrestre, [...] la tâche du géographe prend un caractère différent de celui qui lui est attribué. Quelle que soit la fraction de la Terre qu'il étudie, il ne peut s'y enfermer. Un élément général s'introduit dans toute étude locale » (Vidal de la Blache, 1896, p. 122).

Pour expliquer la trame des densités et des activités humaines à la surface de la terre, la géographie humaine analyse l'influence qu'exerce le milieu sur les groupes (c'est le problème que pose l'évolutionnisme), et les relations que ceux-ci nouent en leur sein, ou entre eux, et qui s'expriment dans la circulation (c'est la part d'inspiration héritée de Ritter). En explorant le jeu des forces qui poussent à l'enracinement et de celles qui conduisent à la mobilité, la géographie humaine propose ainsi un principe d'explication général et efficace.

L'étude des relations « verticales » prend en considération toutes les portions de l'espace terrestre et fait de l'analyse régionale une pièce essentielle de la nouvelle discipline. L'analyse des relations « horizontales » interdit au géographe de considérer chaque unité repérable à la surface de la terre comme un ensemble refermé sur lui-même.

La perspective évolutionniste enferme malheureusement l'étude des relations que les groupes humains entretiennent avec leur environnement dans un débat sans issue : ou bien elle met en relief les conditionnements subis (on parle alors de déterminisme), ou bien elle insiste sur l'inventivité des groupes qui finissent par venir à bout des contraintes du milieu (c'est l'essence du possibilisme). La géographie humaine n'échapperait ainsi aux dangers de l'environnementalisme qu'en renonçant à établir des résultats généraux. Comme le souligne Lucien Febvre (1922), les ambitions de cette discipline indispensable devraient nécessairement rester modestes.

On a longtemps opposé de manière radicale les leçons que Ratzel et Vidal de la Blache tiraient de prémisses voisines : d'un côté, le déterminisme borné de Ratzel, de l'autre, le possibilisme éclairé de Vidal de la Blache. Les travaux récents soulignent que la différence a été grossie – ce qui ne veut pas dire que leurs vues soient similaires.

Ratzel travaille dans une perspective herdérienne : pour lui, la donnée immédiate que découvre le géographe, c'est le peuple. Les peuples de nature s'opposent aux peuples de culture. Les premiers ont peu de moyens de s'affranchir des contraintes physiques. Les seconds y parviennent et développent leur sens de l'espace, leur *Raumsinn,* et leur aptitude à structurer l'étendue par un appareil politique, l'État en particulier – la perspective devient hégélienne.

Pour Vidal de la Blache, la réalité première n'est pas le peuple, mais le groupe. L'analyse des genres de vie que pratique ce dernier montre comment les cellules humaines s'enracinent dans un milieu en répondant aux défis que pose celui-ci. Plusieurs types de rapports sont possibles, que l'approche régionale apprend à distinguer. En opérant ainsi, Vidal de la Blache rend compte à la fois de la personnalité des entités territoriales longuement mûries par l'histoire, comme la France, et des bouleversements qu'entraînent la révolution des transports et la révolution industrielle.

La géographie humaine de Vidal de la Blache débouche sur une riche description-explication des réalités régionales, qui se distinguent à la fois par leurs campagnes (bocages ici, campagnes là), par leurs genres de vie (avec les diverses formes prises par l'agriculture et l'élevage) et par leurs villes (points de rencontre qui structurent la vie de relation et organisent l'espace). La démarche débouche aussi sur une géographie politique originale, puisqu'elle fait comprendre comment les groupes se fondent dans un peuple, façonné par, et adapté à un cadre territorial ainsi que le montre *Le tableau de la géographie de la France* (1903).

De la géographie classique à la Nouvelle Géographie

La figure de Vidal de la Blache domine la géographie française, mais les Vidaliens restent fidèles aux enseignements qu'ils ont reçus de leur maître lorsqu'ils suivaient ses cours : ils ne mesurent pas l'approfondissement de sa pensée au cours des quinze dernières années de sa vie (Claval, 1993d). À la manière de Lucien Gallois, ils font de la région naturelle transformée en région géographique par l'activité humaine l'objet de toutes leurs analyses au moment même où Vidal souligne le rôle essentiel des villes et des réseaux de communication dans le façonnement de l'espace d'un monde qui s'industrialise. Ils ont tendance à concevoir les régions qu'ils étudient comme des univers clos sur eux-mêmes alors que l'approche vidalienne repose sur la dialectique des échelles.

La géographie classique s'illustre donc plutôt en développant des sous-secteurs au sein de la géographie humaine (géographie urbaine, géographie rurale, étude des paysages agraires, géographie politique, etc.), qu'en prolongeant la réflexion théorique de Vidal. Axée sur la dimension environnementale de la discipline, une partie du programme vidalien, la circulation, est négligée.

Les concepts et les méthodes que mobilise la géographie classique conviennent mal à une société dont l'industrialisation et l'urbanisation ne cessent de progresser. La Nouvelle Géographie naît pour répondre à ces problèmes. Elle innove par les méthodes qu'elle mobilise, mais apparaît beaucoup plus comme un prolongement et un complément de la géographie humaine classique que comme une démarche fondamentalement neuve : en se penchant sur l'interaction spatiale, elle met l'accent sur la partie négligée de la géographie humaine. En optant pour le néo-positivisme, elle adapte aux goûts de l'heure les fondements épistémologiques que la géographie humaine s'était donnés aux alentours de 1900. La rupture dont tout le monde parle dans les années 1960, et dont je suis le premier à retracer l'histoire, est moins totale qu'il n'apparaît. La mutation fondamentale est encore à venir.

La mutation majeure : le tournant culturel

Aux alentours de 1970, la géographie humaine est une science positive qui peine à appréhender les flux immatériels et refuse de s'intéresser aux représentations et aux convictions des individus qu'elle analyse. De la réalité, elle retient ce qui est stable : les formes prises par les établissements humains paraissent plus significatives que l'éclat fugace des fêtes. La géographie politique traite des États, de leurs frontières et de leurs capitales, mais ne parle pas des conflits armés.

Géographie humaniste et approches critiques s'imposent dans les années 1970. Une profusion de nouvelles orientations marque les années 1980 : la *New Cultural Geography* apparaît dans les pays anglophones ; beaucoup professent que la discipline doit prendre une forme postmoderne ; né en architecture, ce courant prend une dimension philosophique lorsque François Lyotard (1979) souligne la vanité des grands discours qui marquent la pensée occidentale depuis trois siècles. Le mouvement postcolonial complète bientôt le mouvement postmoderne.

Dans les pays anglophones, la philosophie française à la mode de Michel Foucault et de Jacques Derrida suscite un mouvement de déconstruction systématique, qui va bien au-delà de ce que proposait le courant critique des années 1970 – celui-ci est d'ailleurs attaqué pour son manque d'intérêt pour l'environnement, la cause des femmes, les minorités de tous ordres, etc.

Comment donner un sens à l'inquiétude profonde que traduit cette avalanche de mutations ? Ces secousses qui se suivent et se répètent ne marquent-elles pas une transformation plus profonde, qu'il conviendrait de qualifier ?

Les sciences de l'homme et de la société prennent tour à tour conscience de l'infléchissement de leur cours. Dans les années 1980, les historiens se penchent sur le *tournant linguistique* que traverse une discipline beaucoup plus dépendante des catégories du langage qu'on ne le pensait jusqu'alors. Les travaux d'Anthony Giddens (1987/1984) conduisent au même moment les sociologues à parler du *tournant spatial* qui affecte leur discipline. Dans les pays de langue anglaise, les géographes analysent le *tournant culturel* que traverse leur science à partir de 1996-1997 (Cook *et al.,* 2000 ; Barnett, 2004). En deux ans, l'expression s'impose partout.

L'emploi du mot « tournant » traduit une chose simple : les sciences de l'homme et de la société n'évoluent pas selon le mode des révolutions scientifiques ; les mutations qu'on y observe concernent le regard que les chercheurs portent sur le réel[2]. Les documents que mobilise l'histoire sont de nature linguistique, avec toute la subjectivité et l'imprécision que cela comporte ; parler d'un tournant spatial en sociologie, c'est admettre que la société n'est pas une entité homogène, mais une réunion contingente d'hommes unis par la proximité et divisés par la distance. Invoquer le tournant culturel de la géographie, c'est rappeler que les catégories mobilisées par les géographes sont construites avec des mots par des hommes et des femmes qui vivent en tel ou tel lieu à tel ou tel moment. Comme tous les chercheurs en sciences sociales, les géographes ont affaire à des constructions linguistiques ou à des images : à des réalités culturelles.

C'est dans ce cadre qu'il faut concevoir l'évolution de la discipline. La géographie cesse d'apparaître comme un domaine scientifique aux frontières étanches. Les savoirs vernaculaires l'intéressent, comme les dimensions géographiques de l'art. Les échelles retenues se diversifient : régions et nations ne sont plus les seules réalités à focaliser l'attention ; l'accent est volontiers mis sur le micro-local (les espaces domestiques) ou sur le global.

La géographie était conçue comme une forteresse ; elle était fractionnée en sous-disciplines, qui constituaient autant de bastions. Ces murs tombent : la géographie économique explore les déterminations culturelles des comportements de consommation ou des structures d'entreprises, et la part de l'échange qui répond à la logique du don. Les faits de pouvoir ne sont pas le monopole des États, comme la géographie politique le supposait naguère : ils sont présents dans toutes les relations sociales : c'est à cette dimension longtemps ignorée que s'attachent les travaux sur la gouvernance.

Il n'y avait pas de domaines plus étanches que ceux de la géographie urbaine et de la géographie rurale. La mobilité croissante et les télécommunications permettent aujourd'hui de bénéficier partout d'avantages et de formes de relations qui étaient naguère le privilège des zones agglomérées. Le cadre bâti retient donc moins l'attention que les formes de sociabilité qui s'y développent.

La mobilité accrue prive d'enracinement une part croissante de la population. Toute une pédagogie s'était mise en place dans le courant du XIXe siècle pour faire connaître aux citoyens les cadres nationaux qui répondaient

---

[2] Comme on le verra au chapitre suivant, c'est en me penchant sur l'épistémologie de la géographie que j'en arrive, aux alentours de 2000, à concevoir le tournant culturel comme un changement de perspective responsable, depuis 1970, des vagues d'innovation que connaît successivement la discipline.

aux exigences de la modernité. Voici qu'ils sont remis en cause : cela conduit à une crise générale des identités.

Parler du tournant culturel de la géographie, c'est souligner la spécificité des transformations que connaît la discipline. Ceux qui travaillent à sa modernisation mettent l'accent sur la déconstruction de ses formes anciennes. Une reconstruction est parallèlement en cours. On en parle peu. Quels contours la discipline prend-elle ?

D'AUTRES PERSPECTIVES SUR L'HISTOIRE DE LA GÉOGRAPHIE

Pour comprendre la géographie, l'accent a été mis tour à tour – ou simultanément – sur l'apport des grands chercheurs, la logique des idées qui structurent le champ et le poids du contexte.

Généalogie intellectuelle, histoire des idées ou approche contextuelle

Les géographes d'aujourd'hui ont eu des prédécesseurs : au niveau le plus modeste, l'histoire de la discipline est celle d'un arbre généalogique.

Dans la première moitié du XXe siècle, on s'intéresse plutôt aux concepts, au moment où ils apparaissent et à la manière dont ils s'appellent les uns les autres : ils s'inscrivent dans une même logique ou s'opposent aux développements antérieurs. L'histoire de la géographie fait partie de l'histoire des idées.

Une telle perspective ne retient d'une époque que les travaux qui ont une postérité et ignore les finalités qu'ils poursuivaient réellement. Chercher l'essence d'une discipline dans un contexte où la vision du monde, l'épistémè dominante, la conception du savoir ne cessent de se transformer constitue une intenable gageure.

Les approches contextuelles sont nées de la critique de l'histoire des idées. Leur apport est irremplaçable : telle que proposée par Vincent Berdoulay (1981), l'analyse des cercles d'affinité au sein desquels la géographie française s'élabore à la fin du XIXe siècle ouvre des perspectives nouvelles sur les curiosités du moment, les intérêts en jeu, la manière dont ils se croisent, le poids des institutions académiques ou des médias. Dans *The Geographical Tradition* (1992), David Livingstone resitue systématiquement les géographes dans leur contexte et analyse leurs motivations : le long commerce de la géographie avec l'astrologie et la magie est exploré ; les desseins politiques sont analysés. À partir du moment où l'on renonce à reconnaître des lignes logiques dans l'évolution de la discipline, un risque apparaît cependant : les choix effectués comportent une part d'arbitraire. David Livingstone le reconnaît :

> « Dans cet ouvrage, mon but est d'illustrer ce à quoi ressemblait la géographie à certains moments-clefs du passé. Cela veut dire que l'histoire que j'ai à raconter […] est intentionnellement sélective : j'ai choisi certains moments dans l'histoire de la géographie pour illustrer à quel type l'histoire que je défends pourrait commencer à ressembler. […] Ma présentation est donc biaisée. Elle est biaisée en faveur de ce que je considère comme des époques importantes. Elle est biaisée en faveur de l'anglais, non pas parce que les autres traditions sont sans importance, mais parce qu'elles sont trop importantes pour être parodiées comme elles le sont à la manière des manuels traditionnels » (Livingstone, 1992, p. 30-31).

David Livingstone a le mérite d'être franc. Mais peut-on le croire lorsqu'il présente le privilège qu'il accorde à l'anglais comme un témoignage de son honnêteté intellectuelle ? Non ! L'histoire qu'il raconte privilégie les auteurs protestants de langue anglaise : l'approche contextuelle peut, elle aussi, se montrer partiale.

Les diverses démarches imaginées pour reconstituer l'histoire de la géographie comportent toutes des biais. Pour y échapper, les travaux actuels jouent sur le champ historique qu'ils retiennent.

Le passé mobilisé dans les débats contemporains

La vérité scientifique résulte de procédures contradictoires ; elle implique des discussions ; son établissement est conflictuel. Les travaux contemporains insistent tous sur cet aspect de la connaissance.

Dans les empoignades qui secouent le milieu intellectuel, tous les moyens sont bons. Pour rassembler les combattants des luttes actuelles, les grandes figures du passé sont mobilisées.

En France, c'est à Paul Vidal de la Blache que les géographes qui se veulent révolutionnaires s'en prennent ; ils préfèrent se réclamer d'Élisée Reclus, dont l'action au sein du mouvement anarchiste est bien connue. *La géographie, ça sert, surtout, à faire la guerre* d'Yves Lacoste (1976) donne l'exemple. Au lieu de s'attacher aux grands problèmes de l'heure, Vidal de la Blache aurait donné la priorité à l'approche régionale pour faire de la géographie une discipline « bonasse ». Son influence aurait été d'autant plus grande que c'était un homme de pouvoir :

> « [Vidal de la Blache] fut en France le premier maître de la géographie des professeurs : sans rival, il choisit ses disciples, lesquels, installés dans leur chaire de province, firent de même, en s'attachant à la fidèle reproduction des orientations fondamentales, en veillant surtout, même sans s'en rendre compte, à ce qu'aucune réflexion théorique ne risque de les mettre en cause » (Lacoste, 1976, p. 86).

La figure d'Élisée Reclus est en revanche exaltée :

> « Cependant Élisée Reclus [...] fait une grande place aux villes, aux industries et à ces problèmes économiques, sociaux et politiques qui seront éludés par la suite : Reclus prend l'État comme espace de conceptualisation préférentiel, ce qui lui permet d'appréhender ces problèmes » (*ibidem*, p. 90).

Des bornes temporelles qui varient avec le projet retenu

Pour concevoir une discipline scientifique, le choix du point de départ de sa trajectoire est essentiel, car il oriente tout le récit.

Des exemples pour la géographie humaine ? Pour Peter Gould (1985), la géographie ne prend un caractère scientifique qu'à la fin des années 1950. Tout ce qui précède n'est qu'une préhistoire couverte par un chapitre liminaire. Commence alors ce qui compte vraiment : la révolution essentiellement quantitative que connaît la discipline dans les années 1950. Elle est la fille des temps technologiques et tire un large parti de l'utilisation de l'ordinateur.

John Paul Jones III et Wolfgang Natter (1999) situent au XVIIIe siècle le moment où se structure la géographie actuelle. La discipline souffre de la coupure qui existe entre les théories de l'espace et celles de la représentation. La division entre espace et représentations, ou entre science et poésie, est une conséquence du rationalisme des Lumières et résulte des jeux du pouvoir :

> « À travers les documents de planification qui scellent le destin géométrique de l'espace et des sujets qui s'y trouvent présents, à travers les textes régionaux et les images qui rendent cohérentes les relations entre certaines personnes et certains lieux, et à travers les discours normatifs qui normalisent les frontières des espaces privés et publics, l'hégémonie est complice des constructions à finalité stabilisatrice que constituent à la fois les représentations et l'espace social » (Jones III et Natter, 1999, p. 244).

Pour restituer à la discipline ses vraies dimensions et la rendre critique, il importe de réunifier ces deux formes de rapports au monde :

> « Dans une perspective épistémologique et ontologique, qui considère [l'espace et les textes qui le représentent] comme des produits du pouvoir social, et donc, comme des objets interconnectés d'analyse, la possibilité se fait jour de re-théoriser la relation entre l'espace et les représentations, et ainsi de dépasser la coupure actuelle entre les théories de l'espace et de la représentation » (Jones III et Natter, 1999, p. 240).

La géographie est restée captive du pouvoir jusqu'à la fin des années 1980, moment où de nouvelles perspectives critiques sont apparues. Elle est enfin libre et libératrice.

Les savoirs géographiques ont souvent une dimension appliquée : ils se focalisent sur ce qui facilite la prise de contrôle du territoire. Dans *Critical Geopolitics,* Gerald Ó Tuathail se fait l'historien du géo-pouvoir qui, à partir de la Renaissance, permet à l'État de venir à bout des formes antérieures d'organisation de l'espace et de devenir impérialiste.

Par suite de la force du système politique, les changements intervenus en géographie depuis la Renaissance n'ont pas touché au rôle de la discipline comme technologie de la domination. Il a fallu attendre la dernière génération pour qu'un tournant révolutionnaire intervienne. Rendu possible par la montée des attitudes critiques postmodernistes, postcoloniales et poststructuralistes, il entraîne un changement profond dans l'épistémologie de la géographie.

CONCLUSION

Toute activité intellectuelle génère des traditions. Celles-ci sont d'autant plus partiales et manipulables qu'elles demeurent orales : c'est le cas lorsqu'il s'agit de récits transmis au hasard des conversations au sein d'une équipe de recherche ou d'un laboratoire. Le fait de noter et de publier ces traditions constitue un progrès : la mémoire du groupe devient objective ; elle est plus aisément soumise à un examen critique.

Les pages qui précèdent montrent cependant qu'il ne suffit pas de donner une forme écrite aux traditions pour doter d'une base solide la pensée scientifique. Qu'elle soit orale ou écrite, la mémoire est en permanence réinterprétée à la lumière des perspectives nouvelles qu'ouvre la recherche. L'histoire des disciplines scientifiques est un chantier sans fin. La tradition orale se présente souvent comme unitaire. Le support écrit peut donner lieu à des interprétations plus nuancées.

Celles-ci naissent des progrès de la réflexion et d'une meilleure connaissance du passé : l'histoire de la géographie humaine telle qu'on la reconstituait au début des années 1960 diffère profondément des récits que l'on trouve aujourd'hui significatifs : les modes ont changé. L'histoire des idées s'est doublée d'approches contextuelles. On est devenu sensible à la pluralité des savoirs géographiques.

On mesure mieux (i) ce que la géographie humaine a reçu des grands pionniers de la première moitié du XIXe siècle, de Carl Ritter en particulier, (ii) ce qu'elle a emprunté aux préoccupations épistémologiques de chaque époque, la référence aux sciences naturelles en particulier, et (iii) ce qu'elle doit à la montée des nationalismes et de l'impérialisme. La « révolution épistémologique » des années 1960 paraît moins profonde que ses protagonistes ne le pensaient : le néo-positivisme logique qui les inspire prolonge le positivisme de la fin du XIXe siècle, même s'il l'amende.

C'est au cours de la dernière génération que la discipline connaît ses mutations essentielles. Les géographes s'attachent aux problèmes émergents et traitent d'un monde globalisé où la mobilité des hommes et des informations s'accroît au point de remettre en cause les cadres culturels et sociaux de la vie de chacun : la crise des identités, les difficultés de l'intégration, l'instabilité des milieux urbains sont au cœur de beaucoup de recherches. Le souci du développement durable révèle combien le thème des limites de la planète est pris au sérieux. Les changements les plus significatifs ont toutefois une autre origine : ils témoignent d'un approfondissement de la réflexion.

L'outillage mental avec lequel les hommes appréhendent le réel contribue à le modeler : le géographe cesse de n'intervenir qu'après les autres spécialistes des sciences sociales, auxquels revenait le privilège de fournir les explications essentielles. Les États et les autres constructions politiques, les sociétés ou les cultures, ne sont pas des données objectives et permanentes. Ce sont des constructions humaines : elles reposent sur des paris, des choix, des orientations qui reflètent l'imparfaite maîtrise de l'environnement et la mobilité limitée de ceux qui les élaborent – leur condition géographique donc. L'approche géographique est ainsi indispensable dès le départ : elle s'inscrit sur le même plan que les autres démarches des sciences sociales.

Au-delà, ce sont les contours des institutions et la manière dont elles s'inscrivent dans l'espace qui reflètent les préoccupations dominantes des populations qu'elles structurent : il n'y a pas de géographie humaine possible sans prise en compte des jeux de la culture.

Cet élargissement des curiosités traduit un nouveau regard sur le monde : ce qui est désormais au cœur des préoccupations des géographes, ce sont les représentations des groupes qu'ils étudient, les fins qu'ils poursuivent, les discours qu'ils tiennent, l'imaginaire qui les hante.

10. PENSER L'ÉPISTÉMOLOGIE DE LA GÉOGRAPHIE

À Toulouse, durant mes études, les professeurs ne parlent jamais d'épistémologie. Les cours magistraux traitent de quelques axes de la discipline. L'explication de carte et la cartographie thématique forment le regard. Les sujets de maîtrise sont arrêtés au cours d'un entretien d'une vingtaine de minutes – et vous voilà lâché dans la nature ! Éventuellement, le directeur de la maîtrise passe avec vous une journée sur le terrain lorsque le travail est déjà avancé.

Pas d'enseignements méthodologiques, hormis ceux consacrés à la carte et quelques sorties de terrain. Le chercheur se forme sur le tas, en hésitant beaucoup. Nombreux sont ceux qui abandonnent en cours de route la préparation de leur mémoire.

Certains estiment que l'initiation à la recherche doit être étroitement dirigée : c'est ce que propose *Le métier de sociologue* (Bourdieu *et al.,* 1968). Les futurs étudiants y sont mis en garde contre toute pratique de la discipline qui ne serait pas régie par des principes épistémologiquement corrects.

Le libéralisme que j'ai connu me paraît excessif. La normativité prônée par Bourdieu et ses collègues me fait peur. Je cherche une voie plus réflexive et plus incitative : elle passe pour moi par l'histoire de la discipline et de ses méthodes.

Un de mes anciens étudiants brésiliens, Paulo Cesar da Costa Gomes, m'aide à surmonter les réticences que j'éprouve à l'égard de l'épistémologie : il souligne l'opposition entre l'épistémologie à la manière d'Émile Meyerson, qui part de la démarche des chercheurs, et les versions normatives de la discipline, à l'image de celle de Bourdieu, la seule qui m'était jusqu'alors familière.

Durant quarante ans, je n'aborde qu'indirectement les bases épistémologiques de la géographie et me contente de rassembler de temps en temps les résultats de cette réflexion dans des articles : « Qu'est-ce que la géographie ? » (Claval, 1967a), « La théorie des villes » (Claval, 1968b), « L'espace en géographie humaine » (Claval, 1970b) etc.

« EPISTEMOLOGY AND THE HISTORY OF GEOGRAPHICAL THOUGHT » (1980b)

En 1967, un de mes étudiants, Jean-Pierre Nardy, me recommande *Les mots et les choses* de Michel Foucault. L'épistémologie que celui-ci y présente me convient dans la mesure où elle s'appuie sur une reconstitution précise des attitudes, des courants de pensée et des mots utilisés pour dire les choses. Je lis avec plaisir l'*Anthropologie du savoir* dès sa publication, en 1969.

Certaines interprétations me gênent cependant. Les deux ouvrages reposent sur la distinction de deux types de sciences de l'homme et de la société : certaines ont un réel pouvoir explicatif parce qu'elles sont centrées sur l'inconscient (économique pour le marxisme, psychologique pour la psychanalyse, linguistique chez de Saussure) (Foucault, 1966, p. 356-378). Les autres ne sont que des discours sans fondement scientifique ; il est intéressant de les étudier pour ce qu'elles révèlent sur les sociétés qui les ont secrétées, mais leur « acquis » est sans valeur. Je n'admets pas la distinction qu'opère ainsi Foucault.

Publié en 1975, *Surveiller et punir* marque un changement. Foucault y aborde l'espace dans la perspective du regard et de la surveillance : son travail me paraît essentiel pour notre discipline.

À la différence des épistémologies positivistes, qui considèrent que le langage ne joue aucun rôle dans la théorie de la connaissance, Michel Foucault s'attache à la relation qui existe entre les mots et les choses. Celle-ci change avec le temps :

1- Au XVIe siècle, le monde se révèle à travers les mots qui désignent les choses et à travers les rapports symboliques qui lient les premiers aux secondes.

2- L'épistémè qui s'impose au XVIIe siècle situe les objets étudiés dans un grand *tableau animé.* Les sciences sont des grammaires générales qui permettent de classer ce que l'on observe.

3- Dans son mouvement d'approfondissement, à la fin du XVIIIe siècle et au début du XIXe, l'épistémè moderne découvre des similarités de fonctionnement derrière les analogies de forme. Les chercheurs s'intéressent désormais aux mécanismes en œuvre plus qu'aux apparences. La science ne se réduit plus à un langage, mais explore une réalité qui ne se confond plus avec lui.

4- À mi-chemin de cette période moderne, Foucault note un changement de perspective : les présupposés sur lesquels repose le progrès ne sont pas remis en cause, mais ils ne sont plus appliqués de la même façon. L'accent est mis sur la norme plus que sur la fonction, sur la règle plus que sur le conflit, sur le système linguistique plus que sur le sens. On entre dans un monde qui s'intéresse aux articulations de la réalité, aux formes d'encadrement et aux assemblages structurés. Dans *Surveiller et punir,* Foucault analyse les techniques de division de l'espace et de surveillance qui dotent progressivement les sociétés occidentales des instruments nécessaires à leurs actions de contrôle.

Foucault analyse ainsi la manière dont les hommes d'État, les militaires, les financiers et les marchands pensent l'espace, l'utilisent et le transforment : n'est-ce pas un domaine essentiel pour les géographes ?

À Édimbourg, en 1977, je présente cet aspect de l'œuvre de Foucault dans une communication intitulée : *Epistemology and the history of geographical thought*. J'y souligne l'inflexion qu'est en train de connaître la pensée de Foucault : à l'origine, celui-ci mettait l'accent sur les épistémès ; il passe désormais aux techniques du pouvoir. Je manque de recul pour rendre compte de ce second souffle, mais montre ce que chacun des deux grands moments de sa réflexion apporte à la géographie (les logiques propres à chaque épistémè pour le premier, les pratiques du pouvoir pour le second). Je note également la fragilité d'une interprétation qui ne retient comme vraies disciplines de l'homme que la psychanalyse, l'économie et la linguistique.

Cet article me fait connaître dans le monde anglophone. *Progress in Human Geography* me demande de tenir la rubrique « épistémologie de la géographie ».

Je n'aborde à nouveau de front les questions épistémologiques que quinze ans plus tard.

UN PEMIER ESSAI DE SYNTHÈSE : *L'ÉPISTÉMOLOGIE DE LA GÉOGRAPHIE* (1994c)

Gérard Hugonie me demande en 1992 d'écrire le chapitre sur l'épistémologie de *La géographie au collège et au lycée* que dirige Pierre Desplanques. Le livre sort en 1994. J'élabore un texte d'une cinquantaine de pages. J'y pars d'un constat : celui de l'impuissance des épistémologies à la mode à rendre compte du travail des géographes.

Pour appliquer à la discipline les catégories imaginées par Thomas Kuhn (1962), par exemple, il faut repérer les phases « normales » de sa croissance et les périodes où des révolutions scientifiques la rénoveraient. L'exercice souligne le caractère décisif de certaines phases et les longues plages où les progrès sont plus lents. Mais son caractère artificiel apparaît vite : la géographie n'a pas connu les remises en cause totales qu'impliquent les changements de paradigme et les phases de restructuration complète du savoir qui s'ensuivent. Lorsque des innovations apparaissent, elles font naître des orientations qui s'ajoutent à celles jusqu'alors retenues, les complètent mais ne les suppriment pas.

La démarche géographique

1- Au départ, une idée simple : la démarche du géographe porte sur des aires et pas seulement sur des points ou sur des lignes. Hérodote devient géographe lorsqu'à l'itinéraire du voyageur qu'il était, il substitue l'évocation d'un pays découvert comme d'en haut sur la carte que les Ioniens viennent d'inventer (Jacob, 1991).

La démarche géographique associe ainsi deux étapes : (i) l'observation directe de ce qui se passe en tel ou tel point, et (ii) la transcription des résultats sur une carte. Une saisie d'ensemble se substitue à la perception locale.

Les géographes grecs ont l'idée de ce que doit être la discipline, mais leurs descriptions restent sommaires et les cartes qu'ils utilisent sont imparfaites. Il faut attendre le XVIIIe siècle pour que ces deux faiblesses soient surmontées et pour que la démarche géographique prenne sa forme moderne.

2- En changeant d'échelle, la géographie risque de perdre de vue les vrais problèmes. Le XVIIIe siècle établit un juste équilibre entre l'observation des données et la saisie des ensembles. Les savoirs que transmettait l'enseignement de la discipline portaient surtout sur le lointain et étaient purement verbaux. Avec Jean-Jacques Rousseau (1764), un tournant est pris : l'enfant doit être confronté aux choses, aux êtres et à la nature si l'on veut éviter qu'il ne devienne un perroquet savant. Une révolution pédagogique transforme la géographie. Dans l'optique rousseauiste, ce sont d'abord les lieux, les paysages et les gens qu'il importe d'observer, de connaître et de comprendre. Le renouveau de la géographie est lié au souci d'éviter les pseudo-savoirs détachés du réel.

3- Mon exposé tire alors les leçons de l'histoire de la pensée géographique (déjà présentées au chapitre précédent), puis passe à la partie proprement épistémologique de l'analyse.

L'approche épistémologique et ses concepts clefs

L'épistémologie analyse la démarche géographique, son objet – l'espace – et les conditions qui en rendent l'étude possible. Elle repose sur quelques concepts-clefs.

Elle s'interroge sur l'e*space géographique* et sur les phénomènes que l'on y observe. Sur une carte à petite échelle les observations se localisent en des *points* ou dessinent des *lignes* ou des *surfaces*. Les points se dispersent ou s'alignent selon certaines *directions* ; ils sont plus ou moins *denses*, *s'agglomèrent* dans certains secteurs. Les *surfaces* sont limitées par des *frontières* linéaires ou sinueuses, ou se projettent par des caps que prolongent des semis de taches et de points : l'image globale est alors celle d'une constellation. Dans nombre de cas, les distributions sont structurées par des *alignements* ou se présentent sous la forme de *hiérarchies* récurrentes de points ou de taches plus ou moins importantes. Les *flux* parcourent des *réseaux* dont les lignes convergent vers des *nœuds*.

Derrière la *régularité* des *semis*, la *hiérarchisation* des *points*, la *polarisation* des *flux*, on imagine des *forces* à l'œuvre. Certaines lient ce qui s'observe en un même lieu (elles sont, en gros, « verticales »), d'autres se développent entre des implantations différentes (elles sont « horizontales ») ; elles définissent des *champs* et expliquent les distributions ou leur évolution.

La géographie explique les faits de localisation ainsi constatés. Les moyens qu'elle met en œuvre pour y parvenir ne sont pas les mêmes selon les époques : la recherche géographique s'inscrit dans une histoire qu'il faut comprendre. Elle s'appuie sur des méthodes qui se perfectionnent.

Deux interprétations de l'évolution de la géographie s'opposent. Dans l'ambiance épistémologique qui prévaut généralement jusqu'aux années 1950, la marche en avant de la connaissance est conçue sur le mode cumulatif. Au début des années 1960, l'idée d'une croissance linéaire et continue, déjà critiquée dans les années 1930 (Bachelard, 1934 ; 1938), est abandonnée. Le parcours des sciences est marqué par des ruptures, des remises en cause et par l'instauration de nouvelles façons de voir et de raisonner (Kuhn, 1962 ; Foucault, 1966 ; 1969).

La géographie prend longtemps comme modèle les sciences naturelles ou physiques. Son ambition est d'établir une explication causale des distributions mises en évidence. Celles-ci dessinent des régions : les géographes parlent d'organisation de l'espace et assimilent les ensembles territoriaux à des *organismes*. L'espace national est un organisme d'une autre échelle, dont les parties sont complémentaires et expliquent le fonctionnement.

Le modèle de la *machine* est tout aussi simple : dans un moteur, le jeu des pistons, des bielles, des arbres et des engrenages transforme de l'énergie mécanique ou chimique en un mouvement maîtrisé ; comme une machine, les parties du réel géographique sont liées par des flux, des relations et des enchaînements causaux.

La Nouvelle Géographie étend les privilèges du modèle de la machine. En attirant l'attention sur le rôle de la distance comme frein à la vie de relation, elle souligne les frictions qu'introduit l'éloignement dans la circulation des biens, des personnes, des informations et des symboles. Quelles configurations choisir pour que la machine sociale fonctionne avec le minimum de pertes et le maximum d'efficacité ? Les grandes conquêtes de l'époque – la théorie des lieux centraux et celle de la localisation des activités économiques – s'inscrivent dans cette perspective.

Le modèle mécanique a des limites auxquelles les géographes sont vite sensibles : il ignore l'aptitude des gens à modifier leur comportement en prenant en compte des informations qui leur arrivent. Au lendemain de la Seconde Guerre mondiale, les effets de rétroaction, les *feed-backs*, reçoivent une attention accrue.

Ce qui intéresse désormais les chercheurs, c'est la façon dont les *systèmes* sont *régulés*. On repère les flux, les transferts d'énergie et les mouvements qui se déroulent dans un compartiment du réel. Les informations prélevées à l'aval modulent, en amont, les entrées et assurent la régulation de l'unité étudiée.

L'univers social peut être conçu comme un système autorégulé : les économistes le savent depuis longtemps, qui montrent comment, dans une économie de marché, les interactions de l'offre et de la demande conduisent (ou peuvent conduire) à l'ajustement des décisions.

Les mathématiques modernes offrent des instruments de formalisation beaucoup plus variés que ce n'était le cas dans le passé. Depuis une génération, de nouveaux outils ont été forgés. À la manière des fractales de Mandelbrot (1975), ils décrivent le désordre géométrique qui caractérise tant de tracés géographiques. À la façon de la théorie des catastrophes de Thom (1974), ils montrent que les situations d'équilibre ne sont qu'une des configurations vers lesquelles tendent les systèmes. Certaines distributions résultent du croisement d'influences si nombreuses qu'ils sont imprévisibles, ce qui ne les empêche pas de produire des configurations spécifiques (Pumain *et al.,* 1989).

Le but que se proposent les spécialistes des distributions humaines n'est pas seulement d'expliquer : il est de comprendre comment le monde est vécu, de mettre en évidence les représentations que s'en font ceux qui le vivent et d'analyser les rêves qui les animent lorsqu'ils essaient de le transformer. L'homme agent de son destin, qui fut le grand absent de la géographie humaine durant trois quarts de siècle, y retrouve une place. C'est à la linguistique ou à la critique littéraire que les géographes empruntent désormais leurs interprétations.

Le *modèle du jeu* met l'accent sur le rôle des acteurs. Il connaît un succès précoce et éclaire les situations sociales en prenant en compte les calculs et les décisions des agents individuels ou collectifs.

On fait moins souvent référence au *modèle du théâtre*. Il est cependant très utile. La vie sociale peut être présentée comme la réalisation d'un scénario dont les rôles ont été distribués à des acteurs. Ceux-ci les jouent sur une scène. L'espace se divise entre *scène* et *coulisses* : le domaine public et celui de la vie privée s'opposent ; le décor, important sur la scène, disparaît en coulisse.

L'utilisation du *modèle du texte* est plus récente. Elle est née de la réflexion sur le rôle du critique littéraire face au discours qu'il étudie. Dans la démarche de celui qui écrit, il y a en filigrane le (ou les) public(s) qu'il vise, les formes de discours qu'il peut mobiliser pour les atteindre, le jeu des attentes et des complicités qui correspond à chacun.

Les modèles qu'inspire la linguistique ou la critique littéraire ne suffisent pas à traiter de tous les problèmes de sens et de signification que désirent aujourd'hui éclairer les géographes. Sous sa forme actuelle, la discipline cherche à comprendre ce qui anime les individus et à percer le jeu de leurs préférences, de leurs ambitions, de leurs frayeurs et de leurs plaisirs. Elle vise également à percer le ressort des réactions collectives. Ce qui est en cause, c'est la manière dont les hommes se conçoivent et conçoivent la société et la nature.

La présentation que je donne ainsi de l'épistémologie de la géographie est destinée à des élèves-maîtres ; j'y intègre ce qu'apportent les développements récents de l'histoire de la géographie et ce qui vient de la réflexion purement épistémologique. Le texte passe en revue cette dernière, mais sans toujours souligner sa cohérence.

L'ÉPISTÉMOLOGIE DE LA GÉOGRAPHIE (2001) ET *LA CAUSALITÉ EN GÉOGRAPHIE* (2003d)

Entre 1998 et 2003, je rédige deux ouvrages sur les problèmes épistémologiques de la géographie. Nathan me commande en 1998 un manuel sur ce thème ; il paraît en septembre 2001. En 1999-2000, Myriam Houssay-Holzschuch m'invite à traiter de la causalité en géographie à l'École Normale Supérieure de Lyon. C'est ainsi que prend naissance *La causalité en géographie* (2003d). La préparation des deux livres s'étant télescopée, ils constituent un tout.

Le premier problème épistémologique que pose la géographie vient de ce qu'il existe deux niveaux de discours géographiques, dont il importe de comprendre les rapports :

> « 1- Dans la vie de tous les jours, [la géographie] regroupe des savoir-faire de bon sens pour se diriger, se retrouver et tirer parti des lieux : les connaissances géographiques ne sont pas toutes scientifiques ; personne ne peut vivre sur Terre sans apprendre à se repérer, à se reconnaître ; un groupe ne peut subsister sans disposer de techniques de mise en valeur du milieu et d'aménagement de l'habitat.
> « 2- Derrière le paysage et la distribution des hommes et des activités, la réflexion scientifique fait découvrir la genèse des milieux naturels, leur équilibre souvent fragile et la prise en main des lieux par des groupes qui les modèlent, les exploitent et les font vivre, les aménagent ou les ruinent, s'y sentent en exil ou s'y épanouissent. Pour déchiffrer ce que le paysage lui révèle, le géographe fait appel à des connaissances qu'il emprunte aux géologues, aux botanistes, aux écologistes et aux pédologues. L'humanisation des paysages implique un regard sur l'histoire. Elle repose sur la mise en œuvre de savoirs agronomiques [et artisanaux]. L'économie et la société naissent de rapports organisés et généralement institutionnalisés et régulés, qu'ex-

plorent les sciences économiques, sociales et politiques » (Claval, 2001, p. 4).

La géographie comme discours : les géographies préscientifiques

La première partie de l'*Épistémologie de la géographie* est consacrée aux géographies préscientifiques, qu'il s'agisse des savoir-faire vernaculaires des sociétés primitives et des couches populaires des sociétés historiques, ou des tableaux descriptifs qu'élaborent les grands États traditionnels pour éclairer leurs administrations et satisfaire la curiosité de leurs élites.

Dans les savoirs vernaculaires des sociétés d'ethnographes, le départ n'est généralement pas fait entre ce qui a trait à l'orientation et au repérage des lieux, et ce qui concerne les techniques de mise en valeur du milieu. Béatrice Collignon (1996) le souligne chez les Eskimos du Cuivre, les Inuitnait, dans le Grand Nord canadien :

> « Chasseurs et nomades, les Inuitnait associent étroitement la géographie aux déplacements et à la chasse, considérés comme les deux faces d'un même savoir, reconnu pour occuper une place spécifique dans le champ de la connaissance. Les conversations qui s'y attachent se concentrent plus sur la pratique que sur le savoir qui la sous-tend, de sorte qu'il s'agit d'un savoir peu verbalisé » (Collignon, 1996, p. 73)

Les géographies préscientifiques reposent sur des grilles d'analyse que l'on retrouve dans tous les savoirs relatifs à l'espace. Il s'agit d'abord de *grilles d'orientation* : pour ne pas se perdre, il faut disposer d'un référentiel de directions repérables en tout point. Certains peuples s'appuient sur les éléments les plus visibles du cadre naturel, cours d'eau ou chaînes de montagne. D'autres se réfèrent à un lieu symbolique, le mont Méru des sociétés hindouistes ou bouddhistes. La plupart utilisent les astres, la course du soleil du levant au couchant et l'étoile polaire (ou la croix du Sud).

Pour maîtriser l'orientation, il ne suffit pas de déterminer des directions de référence. Il faut communiquer ce que l'on a observé. Pour y parvenir, on baptise le terrain que l'on couvre ainsi d'un tapis de toponymes. Cette *grille de repérage et de localisation* permet de parler des lieux même lorsqu'on en est loin. Le partage des savoirs géographiques devient possible, ce qui élargit l'espace verbalement connu.

À chaque lieu, on peut désormais associer des informations relatives à son relief, à son climat, à sa végétation, aux populations qu'on y trouve, à leur langue, à leurs costumes, à leurs coutumes, à leurs activités. La *grille toponymique* sert ainsi de support à une *grille d'informations géographiques*.

La familiarité avec le terrain y révèle des ensembles régionaux. Dès qu'ils ont reçu un nom, celui-ci permet d'engranger sous une même rubrique les savoir-faire et les connaissances progressivement accumulés à leur sujet. La régionalisation aboutit à une socialisation de l'espace, qui prend en compte les qualités de ses différentes parties.

L'imperfection des *grilles d'orientation* (qui ne valent que pour un espace restreint partout où elles ne reposent pas sur les points cardinaux), des grilles de *repérage et de localisation* (lorsqu'elles ne dépassent pas la forme *toponymique*) et des grilles d'information géographique (qui associent aux *lieux* ou aux régions des *savoir-faire* et non des connaissances verbalisées) limitent la diffusion de ces géographies premières.

Les sociétés historiques dans lesquelles les élites savent tirer parti de l'écriture se contentent parfois de ces géographies vernaculaires : celles-ci restent fragmentaires, mais pour mettre en œuvre sa politique, le Prince s'appuie localement sur des représentants dont chacun connaît l'aire qui lui est confiée. En jouant sur les connaissances propres à chaque groupe, des ensembles territoriaux étendus peuvent être ainsi soumis au même pouvoir.

Les gouvernants ont généralement recours à l'écrit pour rendre plus mobiles et plus transmissibles les connaissances géographiques dont ils ont besoin. Ils font dresser la liste des lieux habités de chaque circonscription. Ils recensent les populations et les ressources. Ils collationnent les informations sur les itinéraires et les résument dans des figurations topologiques à la manière de la table de Peutinger. Ils mettent en œuvre une cartographie qui donne à voir, à diverses échelles, les territoires contrôlés. Ils éditent des recueils où sont consignées ces données – c'est le sens premier de la statistique, telle qu'elle se développe en Europe à partir du XVIe siècle.

À ces géographies administratives s'ajoutent des publications destinées au public instruit et curieux : récits de voyage ou descriptions des régions du pays ou de contrées étrangères.

On ne comprend vraiment la géographie comme science qu'en analysant ce qu'elle partage avec les savoir-faire et les connaissances géographiques qui l'ont précédée, en montrant ce qu'elle leur emprunte et en soulignant ce par quoi elle s'en différencie.

La géographie comme discours : les grilles de base de la géographie scientifique

La géographie scientifique diffère des géographies vernaculaires et de celles qui étaient en œuvre dans les grandes sociétés du passé par la mise au point d'une *grille d'orientation universellement valable.* L'idée en revient aux Grecs : fondée sur des connaissances cosmographiques, elle situe chaque lieu par ses coordonnées.

Le report sur la carte des noms de lieux donne une forme nouvelle à la *grille de repérage des localisations*, qui sert de base à tout savoir géographique. L'inventaire ne repose plus sur un catalogue des noms de lieux complété par le jeu des confronts – le territoire de A jouxte celui de B au Nord, de C au Nord-Ouest, etc. La localisation se lit directement sur la carte.

Les *grilles d'informations géographiques* qui énumèrent les caractéristiques des lieux sont alimentées par les services officiels, par des sociétés privées qui procèdent à des sondages et par des chercheurs qui mobilisent toutes les sources possibles. Une partie des données que récoltent ces derniers provient des savoir-faire géographiques des gens qu'ils interrogent. Nombre d'éléments des géographies vernaculaires ou administratives se trouvent ainsi recyclés dans les géographies scientifiques.

La carte thématique donne une vision simplifiée des systèmes d'informations géographiques. Les atlas de villes, de régions ou de nations en proposent une image synthétique. Le stockage électronique des données et leur exploitation informatique rendent infiniment plus rapide et plus facile l'exploitation des systèmes d'informations géographiques et leur traduction graphique.

La géographie comme discours : le récit géographique

Les géographes décrivent le monde pour le faire connaître. Ils désirent restituer avec exactitude les informations qu'ils ont recueillies et les sentiments qu'ils ont éprouvés face à ce qu'ils ont découvert. Pour rendre vivante leur présentation, ils parlent, écrivent et accompagnent leurs propos de cartes, de croquis, de photographies, de films ou d'enregistrements sonores.

Dresser le tableau des réalités spatiales que l'on a observées est difficile, car une inadéquation fondamentale existe entre la logique narrative qui doit emporter l'auditeur ou le lecteur, et le caractère statique du tableau. On a un temps résolu le problème en faisant de la géographie le récit de la découverte de la terre : cela lui donnait une dimension épique – mais comme c'était l'expérience occidentale qui était présentée, l'exercice était biaisé. Raconter l'histoire de l'humanisation de la terre, de la domestication des plantes et des animaux, puis de leur diffusion, met en œuvre la dynamique narrative sans présenter les mêmes inconvénients (Hahn, 1896 ; Sauer, 1952 ; Clarke, 1949). Pour échapper à la dimension ponctuelle et statique du récit, et depuis les géographes grecs, on recourt également au survol aérien à la manière d'Icare (Jacob, 1989 ; 1990).

Dans la seconde moitié du XIXe siècle, les géographes en général, et Vidal de la Blache en particulier, inventent d'autres procédés d'animation. Dans ce que l'œil embrasse ou que la carte figure, ils décrivent de courts cheminements qui incitent à aller au-delà de la vision proche et rendent sensibles les grands ensembles auxquels se rattachent les éléments du paysage (Tissier, 2000). Ces brefs déplacements mettent également en évidence des rapports de causalité : les bancs durs de calcaire qui arment le front des côtes laissent les eaux s'infiltrer ; celles-ci alimentent la ligne de sources qui concentre l'habitat à leur pied.

Comme René Clozier (1942) le souligne, c'est en devenant ainsi explicative que la description échappe à l'ennui qu'elle suscite lorsqu'elle demeure statique.

Les spécificités de la démarche géographique

La géographie s'attache à la dimension spatiale des réalités naturelles et sociales, ce qui soulève des problèmes spécifiques.

Dans le cas le plus simple, la cause (ponctuelle, régionale ou globale) d'un phénomène et ses effets sont de même dimension : la simple superposition de la carte des faits étudiés et de celle(s) du ou des facteur(s) susceptibles de l'expliquer suggèrent le lien. Pour mesurer l'intensité de celui-ci, la procédure cartographique ne suffit pas : il convient de mettre en œuvre des moyens statistiques dont beaucoup ont été développés à partir de 1960.

Dans la plupart des cas, les forces qui interviennent et leurs résultantes ne se situent pas à la même échelle. Cela rend plus difficile l'établissement du lien : comment s'explique le réchauffement climatique actuel ? Pourquoi est-il inégal ?

La réalité est généralement complexe : un même phénomène peut être le résultat de plusieurs causes de même échelle ou d'échelles différentes. Comment démêler le poids de chacun de ces facteurs ? Les méthodes quantitatives, l'analyse factorielle en particulier, ont ouvert de nouvelles perspectives dans ce domaine.

Les relations causales que la géographie met en évidence sont parfois suffisamment fortes pour que l'on puisse parler de loi spatiale : en géographie physique, le continent hypothétique de Köppen met en évidence les liens existant entre latitude, position au sein des masses continentales et climat ; la géographie humaine insiste sur la régularité et la hiérarchie des lieux centraux – mais dans ce cas, la loi spatiale est contingente, car liée à l'état des techniques de transport et de communication, et aux biens et services échangés. En dehors du domaine naturel, les liens que mettent en évidence les géographes sont trop complexes pour s'exprimer par des lois. C'est pour cela qu'il convient de s'arrêter sur la notion de causalité.

La notion de causalité

L'épistémologie souligne la variété des liens qui existent entre les phénomènes.

(1) Aristote distingue cause matérielle, cause formelle, cause motrice et cause finale, mais l'idée que la cause de tout mouvement réside dans la chose elle-même bloque le développement de la physique. L'idée de cause finale souligne en revanche la spécificité de l'action humaine.

(ii) Pour la physique du XVIIe siècle, les choses ne sont plus mues par un mouvement intérieur ; elles reçoivent leur impulsion de l'extérieur. C'est la *causalité linéaire* : elle suppose l'existence d'un temps univoque (la cause précède l'effet) et d'un espace continu (c'est par action directe sur les éléments présents au lieu où s'observe le phénomène qu'intervient le facteur considéré).

(iii) Pour la biologie, les organismes sont des homéostats dotés d'une dynamique qui les rend stables, alors même que les forces auxquelles ils sont soumis varient : ainsi s'introduit l'idée de *causalité systémique*. Celle-ci est liée aux jeux de rétroaction : ce qui détermine le présent, c'est le passé très proche de l'information réinjectée aux entrées de l'ensemble pour en régulariser le fonctionnement.

(iv) Pour l'évolutionnisme, des mutations peuvent entrainer, d'une génération à l'autre, une modification des organismes. La pression du milieu élimine les moins aptes : la *causalité environnementale* combine la causalité linéaire (la pression de l'environnement), les jeux du hasard (les mutations) et la causalité systémique (la stabilité interne des organismes).

(v) Certaines sciences sociales acceptent (en l'adaptant) le modèle des sciences physiques : les économistes croient au jeu de la causalité linéaire dans un univers peuplé d'êtres rationnels, que l'on peut donc traiter comme des atomes dont les réactions sont prévisibles.

Pour d'autres, les sciences sociales doivent prendre en compte les caractéristiques de l'histoire humaine : Hegel parle des ruses de la Raison ; il partage avec Marx le recours à la *dialectique* où deux facteurs sont en interaction, et où, de leurs rapports conflictuels, résulte une transformation puis une fusion dans une nouvelle réalité synthétique.

L'historicisme propose une autre solution : pour lui, le problème n'est pas d'expliquer mécaniquement une réalité construite par des êtres pensants, mais de comprendre comment ils agissent et réagissent. Le *type-idéal* de Max Weber combine explication (le jeu de la causalité) et compréhension (la variété des valeurs qui motivent les gens).

(vi) La plupart des modèles explicatifs situent la cause dans le passé (causalité linéaire) ou dans le passé très proche des effets de rétroaction (causalité systémique). Mais l'action humaine est orientée par l'image que les gens se font du futur : dans la *causalité utopienne,* le réel que construisent les hommes tire son inspiration des imaginaires et des utopies dont ils sont porteurs.

Des modes d'explication et d'interprétation de plus en plus sophistiqués

La géographie moderne se structure à partir de la fin du XVIIIe siècle pour la géographie naturelle, de la fin du XIXe pour la géographie humaine. Ses promoteurs prennent modèle sur des disciplines déjà constituées, physique ou sciences naturelles.

1- L'*évolutionnisme* qui fait naître la géographie humaine, propose une explication simple : les groupes sont modelés par l'environnement où ils vivent et par les contraintes que celui-ci leur impose. Un lien de *causalité environnementale* existe entre milieu et société : les géographes parlent de *déterminisme* ou *d'environnementalisme*.

L'hypothèse environnementaliste est beaucoup plus vieille que l'évolutionnisme : sous les formes qu'elle a successivement revêtues – la théorie hippocratique des humeurs, le sensualisme de l'époque des Lumières ou l'harmonie qui se crée entre le peuple et le pays où il vit, à la manière de Herder –, elle postulait des correspondances ou une influence plutôt qu'une causalité directe et massive. La forme que lui donnent Darwin et ses successeurs suppose un lien beaucoup plus direct. Il apparaît très vite que le déterminisme ainsi conçu est intenable.

2- Trois façons de tempérer l'environnementalisme se développent à la fin du XIXe siècle et au début du XXe :

a- Dans le cadre de l'évolutionnisme, certains collègues s'inspirent de *Lamarck* plutôt que de *Darwin* (Berdoulay et Soubeyran, 1991) et se montrent sensibles à l'*hérédité des caractères acquis* : c'est à travers les *habitudes* qu'ils contractent que les organismes – et les groupes humains – s'adaptent à leur environnement. Un niveau intermédiaire se dessine ainsi entre l'environnement et l'individu : le *genre de vie* (Vidal de la Blache, 1886).

b- L'attention accordée aux genres de vie permet d'aller plus loin : ceux-ci ne naissent pas d'une adaptation passive aux contraintes locales. Ils intègrent des *innovations.*

c- Les géographes mettent l'accent sur les effets d'échelle : depuis Varénius et surtout Carl Ritter, ils ont compris que pour expliquer un fait, le géographe doit prendre en compte des facteurs dont l'influence ne s'exerce pas à la même échelle, n'a pas les mêmes foyers et ne s'étend pas aux mêmes aires. Mettre en évidence la complexité de ces jeux d'influence est au cœur de l'*analyse de situation,* et de l'étude de la *circulation* qui l'accompagne. En développant des relations avec l'extérieur, les groupes échappent aux limitations locales.

Le *possibilisme* repose sur les deux premières de ces trois démarches (Febvre, 1922) : l'environnement pèse sur le destin des hommes, mais l'innovation donne aux groupes humains une certaine liberté. Comme le moment où se produit une invention est imprévisible, le géographe constate, mais ne peut expliquer.

Le terme de possibilisme est forgé par Lucien Febvre. Vidal de la Blache l'ignore : il est à la fois sensible au poids de l'environnement, à la capacité inventive des hommes et aux jeux de la mobilité. La liberté qu'il reconnaît aux groupes est plus grande que celle retenue par Lucien Febvre ; la mobilité permet de repousser les contraintes : la géographie ne se contente pas de constater, elle explique, comme le montre l'interprétation que donne Vidal de la Blache des effets de la révolution des transports sur l'organisation de l'espace.

Le possibilisme, qui devient très vite la philosophie dominante des Vidaliens, évite les interprétations simplistes auxquelles aboutit le déterminisme, mais conduit à renoncer à l'explication : la géographie établit des faits, mais s'arrête là.

3- L'échec de l'application à la géographie humaine des schémas de la causalité environnementale est patent : la nouvelle discipline n'établit pas de lois et ne permet pas la prévision. Pour surmonter ces difficultés, les géographes développent d'autres modes d'explication.

4- La discipline consacre une large partie de ses efforts à analyser et à décrire la diversité du monde. Ce travail conduit à la mise en évidence de *structures* qu'il s'agisse de *régions* ou de *paysages*, de *paysages agraires* en particulier.

La structure que constitue un paysage agraire, par exemple, reflète l'existence d'un écheveau de relations entre le groupe local et le terroir qu'il exploite (Meynier, 1958) : droits de propriété individuelle ou collective, systèmes d'assolement, intégration de l'élevage et de la culture, hiérarchie sociale, etc. Plusieurs logiques sont possibles pour combiner ces éléments : la diversité des paysages agraires en témoigne.

André Cholley (1951) est le théoricien de cette forme d'approche. Il met l'accent sur le rôle des *combinaisons* de facteurs physiques, biologiques ou sociaux qui donnent naissance à ces structures. La géographie française de la première moitié du XXe siècle consacre une part essentielle de ses efforts à l'analyse de ces individualités géographiques.

5- La quête d'explication peut conduire à une autre lecture des faits. Les formes que les géographes repèrent dans les paysages, qu'il s'agisse des champs, des chemins et des routes, des bâtiments d'exploitation ou d'habitation, remplissent certaines *fonctions*.

Face à la diversité foisonnante du réel, les géographes éprouvent le besoin de classer : il leur paraît indispensable d'établir des *typologies*. Pourquoi ne s'appuieraient-elles pas sur les fonctions que remplissent les éléments appréhendés ? Cette idée domine l'entre-deux-guerres. Elle est exploitée par Albert Demangeon (1920b) lorsqu'il se penche sur l'habitat rural : la diversité des matériaux qu'utilise ce dernier et des formes architecturales qu'il revêt est immense, mais tout s'éclaire lorsqu'on met l'accent sur les opérations qui prennent place dans les bâtiments. Le géographe précise le rôle dévolu aux différentes parties de la ferme.

Georges Chabot (1948) propose dans le même temps d'éclairer la diversité des villes en soulignant les fonctions qu'elles remplissent : il s'agit, selon les cas, de centres commerciaux, de foyers industriels, de localités résidentielles ou de centres touristiques. Dans le courant des années 1950, la distinction entre les activités domestiques (celles qui sont destinées à la population urbaine) et les activités de base (qui assurent au centre les revenus indispensables à l'acquisition de ce qui n'est pas produit sur place), affine ces typologies.

6- La *Nouvelle Géographie* va beaucoup plus loin car elle rend pleinement *explicatives* les interprétations *fonctionnalistes* : pour vivre, toute société produit, distribue et consomme ce qui est indispensable à son existence. Elle repose sur la division du travail et la distribution de rôles et de statuts. Elle est dominée par un système politique, qui assure sa régulation et définit ses orientations générales. L'approche fonctionnaliste conçoit les sociétés comme des machines ou comme des organismes étalés dans l'espace.

Cette forme d'analyse remporte des succès éclatants à la fin des années 1950 et dans les années 1960. Ne conduit-elle pas à l'élaboration de lois spatiales, c'est-à-dire à une explication scientifique des distributions humaines ?

7- L'ordre que les travaux des années 1960 ont appris à reconnaître dans l'organisation spatiale des sociétés humaines résulte parfois de la volonté planificatrice d'instances dirigeantes, politiques ou économiques. Il provient plus souvent du jeu des mécanismes de rétroaction qui permettent l'ajustement des décisions prises par une multitude d'individus.

Les recherches menées durant la Seconde Guerre mondiale et immédiatement après font mieux comprendre la *causalité systémique* : elle naît les circuits en retour de l'information. C'est grâce au jeu de *feed-backs* que les formes biologiques se maintiennent tout au long de la vie (Bertalanffy, 1968). Les boucles de rétroaction tiennent une place essentielle dans le fonctionnement des marchés, et donc dans la vie économique. C'est parce qu'ils fonctionnent comme des systèmes – une multitude de causes conduisant à des effets hiérarchisés et contrôlés grâce au jeu de rétroactions – que beaucoup de faits sociaux donnent naissance à des structures spatiales.

Dans les années 1960 et 1970, les approches structurales ou fonctionnelles sont ainsi intégrées dans le cadre plus large de l'analyse systémique. Tansley avait proposé dès 1935 de concevoir l'écologie comme une étude des *écosystèmes*. En 1963, le géographe russe Sochova (1963) introduit la notion de *géosystème.* Au cours de la décennie suivante, c'est l'ensemble des réalités physico-chimiques, biologiques, écologiques, économiques et sociales que l'on aborde dans la perspective systémique.

L'approche systémique prend en compte des totalités ; elle donne une dimension concrète à l'idée de dialectique. Ses faiblesses proviennent de la démesure des programmes qu'elle implique et à l'impossibilité de quantifier tous les flux qu'elle détecte : cela l'empêche de prévoir la dynamique des systèmes sociaux qu'elle prétend expliquer. À partir d'un certain niveau de complexité, il devient impossible de faire des projections fiables.

Quelles conclusions tirer de cette analyse ?

> « Dès le début du XXe siècle, les géographes se sont rendu compte que les schémas de causalité linéaire qu'ils avaient appris des physiciens ou des naturalistes s'appliquaient mal aux réalités qu'ils étudiaient. Ils ont donc été amenés à en réduire la portée en pratiquant l'analyse de situation et en invoquant la liberté humaine (à travers le possibilisme). Dans leur recherche de schémas d'explication mieux adaptés aux distributions qu'ils analysaient, les géographes imaginent, entre les années 1900 et les années 1970, trois ensembles de démarches : le structuralisme, qu'ils présentent comme l'art d'étudier des combinaisons ; le fonctionnalisme, qui leur donne un instant l'impression de déboucher, comme les physiciens, sur des lois à valeur universelle (les lois spatiales) ; l'analyse systémique, qui couvre tous les aspects de la réalité et semble donner une certaine consistance au thème des évolutions dialectiques.
>
> « Ces trois schémas d'interprétation, si utiles, laissent cependant échapper une partie de ce que les situations géographiques doivent à leurs composantes écologiques ou humaines » (Claval, 2003d, p. 91-92).

Après 1970, la géographie comme interprétation, ou comment comprendre l'action humaine de l'intérieur

Les géographes d'hier adhéraient-ils aux crédos scientifiques dominants, celui du positivisme à la fin du XIXe siècle et celui du néo-positivisme logique au milieu du XXe ? Oui, dans la mesure où ils essayaient d'imiter les sciences « dures » ; non, car la plupart ne suivaient que de loin les réflexions épistémologiques ou les ignoraient. Les modèles qu'ils adoptaient avaient des sources plus proches : sciences naturelles aux alentours de 1900, économie dans les années 1950 et 1960.

Ces orientations sont remises en cause dans les années 1970 parce qu'on prend conscience de la spécificité des formes de causalité en œuvre dans les sciences de l'homme et de la société :

> « Dans les démarches que nous avons jusqu'ici passées en revue, le but était d'expliquer le monde tel qu'il se révélait à nos yeux à partir de ses états passés ou de ses états présents. Dans les interprétations qu'elles proposent du réel, les recherches actuelles font une place de choix au futur. Ce n'est pas là une idée nouvelle : Vico soulignait, dès le début du XVIIIe siècle, que les faits sociaux différaient des faits naturels par leur caractère construit, volontaire : les sociétés sont ce qu'elles sont parce que les hommes les ont modelées » (Claval, 2003d, p. 93).

Les nouvelles orientations sont présentes dès 1952 chez Éric Dardel :

> « Pour Dardel, [...] le sens des lieux et la signification de la vie [...] introduisent [...] une rupture fondamentale avec les préoccupations épistémologiques jusque-là dominantes : les réalités matérielles dont s'occupe le géographe n'ont d'importance que parce qu'elles sont interprétées et valorisées par ceux qui y sont confrontés, parce qu'elles les aident à espérer ou les installent dans le désespoir » (Claval, 2003d, p. 95).

Le changement d'optique se limite-t-il aux chercheurs qui se réclament de l'herméneutique ? Nullement, comme le montre Henri Lefebvre :

> « Créer (produire) l'espace planétaire comme support d'une vie quotidienne métamorphosée, ouverte aux possibilités multiples, tel s'ouvrirait l'orient, à l'horizon. [C'est] ce qu'ont annoncé les grands "utopiens" (qui ne furent pas des utopistes, car ils montraient les possibles), Fourier, Marx, Engels, dont le rêve et l'imagination autant que les concepts stimulent la pensée théorique… » (Lefebvre, 1974, p. 485 dans rééd. 2000).

Au même moment, Cornelius Castoriadis (1975) explique l'institution du social par les jeux de l'imaginaire. Voici donc des chercheurs qui rendent compte de la réalité sociale par la capacité qu'ont les individus à se projeter dans ce qui va advenir.

Les formes que revêt le futur dans l'esprit des gens naissent d'une projection vers l'avenir. Celle-ci prend deux formes : (i) l'image de l'au-delà, du ciel des religions ou de l'utopie des idéologies, dessine un monde idéal dont les règles s'imposent ; (ii) chacun regarde ce qui se fait autour de lui et se nourrit de l'exemple de ceux qui ont réussi ; ne pourrait-il pas jouir de ce dont certains bénéficient déjà ? Les horizons d'attente résultent d'un bricolage où se mêlent respect des normes et anticipation de jouissances diverses.

Dans le courant des années 1970, phénoménologie et courants radicaux aboutissent ainsi à une inflexion majeure dans les approches retenues par la géographie : les forces à l'œuvre dans le façonnement du réel ne naissent pas seulement des déterminations passées et des boucles de régulation présentes ; elles s'enracinent dans le futur qu'imaginent les hommes pour donner un sens à leur vie. En prenant en compte des formes de *causalité utopienne* où l'avenir projeté et désiré intervient, la géographie cesse de s'inspirer des sciences dures ou naturelles.

La géographie comme interprétation : le tournant qui s'esquisse dans les années 1970 revêt plusieurs visages à partir des années 1980

Le renoncement aux formes classiques de la causalité remet en doute les postulats sur lesquels reposait l'idée de modernité. Comment celle-ci se définissait-elle ? Un exemple pris dans le domaine de l'art le fait comprendre ; un rôle-clef y était dévolu à l'avant-garde :

> « Derrière [la] conception de l'art comme saisie de ce qui est en train de se structurer, il y a une métaphysique de l'histoire : nous vivons dans un monde en transformation – c'est l'essence de la modernité. Les forces à l'œuvre échappent à l'immense majorité de ceux qui les vivent au quotidien : le progrès existe, mais il ne résulte pas d'une volonté générale et concertée. Il est guidé par la Raison qui avance en multipliant ses ruses. Le rôle de l'artiste dans le domaine des formes comme celui de l'intellectuel dans celui des idées, c'est de saisir ce qui est nouveau : l'un et l'autre dégagent les lignes de force des évolutions en cours, ce qui permet à l'ensemble des sociétés où ils vivent d'appréhender au moins partiellement le sens des transformations dont elles sont l'objet, d'adhérer aux valeurs qu'elles comportent et de faciliter ainsi les mutations en cours » (Claval, 2003d, p. 99).

Qu'arrive-t-il lorsqu'on ne croit plus au sens de l'histoire ? Frédéric Jameson le souligne au début des années 1980 :

> « La postmodernité se distingue de la modernité par la place différente qu'y tiennent l'espace et le temps. Dans la conjoncture qui a vu s'épanouir la modernité, tout est ramené à l'évolution. La durée constitue la donnée essentielle pour qui veut comprendre la société. [...] L'espace ne joue qu'un rôle secondaire – ce qui se traduit, au plan universitaire, par le statut effacé de la géographie et la réussite des sciences historiques.
> « Les conditions ont changé. Les hommes ont cessé de se battre pour que leurs enfants connaissent un avenir meilleur. [...] Ce à quoi les gens aspirent aujourd'hui, c'est à vivre dès maintenant et ici dans des

> cadres qui correspondent à leurs aspirations. Ce qui compte, ce n'est plus la durée, c'est l'espace » (Claval, 2003d, p. 100-101).

Pour réformer leur discipline, les géographes se livrent à la déconstruction des discours et des images qu'elle produisait naguère.

Comment conclure ? La géographie est une vieille dame que des métamorphoses successives ne cessent de rajeunir. Sa vocation – étudier et comprendre la surface de la Terre – est universelle. Même scientifique, elle ne peut oublier les savoirs vernaculaires, les récits de voyage et les géographies administratives qui l'ont précédée.

Même si les moyens que met en œuvre la *géographie classique* sont limités, son apport est capital : sa curiosité pour les genres de vie la conduit à s'intéresser aux couches modestes des populations, agriculteurs, éleveurs, artisans, à un moment où l'histoire traite surtout des hommes politiques et des militaires, et où la sociologie n'a d'yeux que pour le lien social. Elle devance ainsi l'*École des Annales,* qu'elle influence fortement.

La *Nouvelle Géographie* des années 1950 et 1960 répond à un besoin nouveau : celui de prendre en compte l'espace dans des sociétés où la mobilité et la circulation jouent un rôle croissant. Dans un monde plus profondément humanisé, le chercheur part des hommes et non plus des lieux. La démarche éclaire la localisation des activités productives et le rôle des lieux centraux dans la communication. Elle s'attache au jeu des économies d'échelle et des économies externes dans les processus d'accumulation qui expliquent l'opposition centre/périphérie. Elle donne également une nouvelle assise à la géographie sociale et à la géographie politique.

Ceci ne suffit pas à éclairer les distributions géographiques et leur dynamique. Une autre famille de processus est explorée à partir des années 1970. Elle place l'homme, ses représentations, ses rêves et ses aspirations au centre de la démarche. Les précédentes approches mettaient plutôt l'accent sur le passé et sur le présent. La démarche culturelle confère un poids égal au futur. Elle fait place à une forme de causalité jusque-là négligée, la *causalité utopienne*, celle qui se nourrit d'imaginaires.

Cette nouvelle perspective est partagée par tous les mouvements qui agitent successivement la scène géographique : approche humaniste, approche radicale, postmodernisme, postcolonialisme. Tous mettent l'accent sur la culture et témoignent du *tournant culturel* qui caractérise l'ensemble de la discipline depuis les années 1970.

La place qu'occupe la géographie dans le concert des sciences de l'homme et de la vie collective n'est pas marginale, mais centrale : les savoirs sur la société, l'économie, la vie politique ou la culture ne naissent pas dans un univers en lévitation. *Les sociétés sont fondamentalement des réalités spatiales.*

Le but de la géographie n'est pas d'énumérer des lieux et de les situer sur une carte. Son ambition est de comprendre le monde tel que les hommes le vivent et le façonnent : elle parle de la sensibilité des uns et des autres, des paysages qu'ils ont modelés, des patrimoines auxquels ils sont attachés, des enracinements qu'ils ressentent ; elle décrit la mobilité croissante des individus, la confrontation des cultures et les réactions de repli que celle-ci engendre, mais souligne aussi l'explosion des multiculturalismes et la fécondité des contacts renouvelés.

Faire de la géographie aujourd'hui, c'est se pencher sur les défis auxquels l'humanité est ainsi confrontée, c'est explorer les changements d'attitude qu'elle doit effectuer, c'est imaginer les nouvelles normes dont elle doit se doter. C'est participer à la refondation du pacte qui unit les hommes à la planète. C'est inventer le sens qu'il convient de donner à l'existence dans un monde affranchi de ses cloisonnements traditionnels.

EXPÉRIENCE GÉOGRAPHIQUE ET GÉOGRAPHIE SCIENTIFIQUE

La réflexion que je consacre à l'épistémologie se poursuit. Elle me conduit à remanier les deuxième (2007) et troisième (2015) éditions de l'*Épistémologie de la géographie.* Elle s'exprime dans des articles récemment parus ou à paraître. *De la Terre aux hommes,* que je publie en 2012, lui fait une place importante.

L'imparfaite coïncidence de l'expérience géographique de tout un chacun et des savoirs scientifiques

De la Terre aux hommes revient sur certains des problèmes abordés dans l'*Épistémologie de la géographie.* En 2001, je partais de l'idée que les savoirs géographiques vernaculaires s'attachaient essentiellement aux problèmes d'orientation et d'inventaire des lieux : c'est sous cet angle que les abordait l'ouvrage d'ethnogéographie publié en 1995 en collaboration avec Singaravélou. Les travaux de Béatrice Collignon (1996) soulignaient un autre aspect de ces savoirs : la connaissance de l'espace acquise par les jeunes Inuitnait était inséparable de leurs pratiques de la chasse et de la pêche. Je n'en avais pas tiré toutes les conséquences.

Dans « Terre des hommes » (la première partie *De la Terre aux hommes*), je souligne que les savoirs géographiques des peuples primitifs ou traditionnels sont beaucoup plus divers qu'on ne le pensait : ils portent à la fois sur l'orientation et sur toutes les pratiques et connaissances mobilisées pour exploiter l'environnement et pour s'insérer dans la société. Ils sont relatifs à la pêche, à la chasse, à l'élevage ou à l'agriculture, à l'exploitation minière et aux activités de transformation, de transport et de communication.

À ces connaissances s'ajoute l'expérience que les hommes ont du monde et qu'ils acquièrent en habitant ou voyageant. Elle se double de l'image – méta-géographique – de ce qui se situe au-delà des horizons connus, dans d'autres mondes souvent célestes ou souterrains.

Grâce à leurs connaissances astronomiques et à leurs réflexions sur la forme de la Terre, les Grecs donnent des bases scientifiques aux savoirs relatifs à l'orientation, à la représentation du globe et à la cartographie. Ils s'intéressent également aux manières d'habiter et aux procédés de mise en valeur qu'ils découvrent chez les peuples qui les entourent.

En mettant l'accent sur les genres de vie, la géographie humaine naissante incorpore tout l'arsenal de pratiques et de techniques que les groupes mettent en œuvre pour habiter et exploiter les milieux où ils vivent. Elle est consciente du rôle de la circulation, mais n'aborde son étude qu'avec timidité.

La Nouvelle Géographie fait sauter cette barrière : cette fois, ce sont tous les savoir-faire et toutes les connaissances relatives à l'échange économique, à la vie sociale et aux rapports politiques qui sont pris en compte. La totalité des savoirs géographiques est enfin abordée dans une perspective scientifique. Un seul domaine manque encore : celui de l'expérience du monde. Le tournant culturel l'embrasse enfin. La discipline traite de tout ce qu'il y a de géographique dans les savoir-faire et l'expérience des groupes humains.

L'histoire de la géographie scientifique est donc celle de la lente prise en compte de la totalité de ce qui fait des hommes des êtres capables de maîtriser l'espace : l'art de s'orienter et de repérer les lieux, les manières de tirer parti de l'environnement naturel et de s'insérer dans les systèmes de relations sociales, l'expérience de la vie sédentaire et du voyage, et l'ensemble des espaces imaginaires qui servent à penser le cosmos, la nature, la société et l'individu, et à leur donner un sens.

Le paysage, l'œil du géographe et regard des autres

On définit parfois la géographie comme la science du regard que les hommes portent sur la Terre (Claval, 2012b, p. 149-260). L'idée est bonne et doit être creusée. La modernisation de la géographie qui s'opère à la fin du XVIIIe siècle et au début du XIXe en fait une discipline de terrain, qui rend compte de la diversité concrète du monde. Le paysage devient son sujet majeur.

L'opération demande plus d'un siècle : le géographe doit apprendre à observer ce qui l'entoure, à l'analyser et à classer les éléments qu'il y distingue. En parcourant un pays, il met en évidence des ensembles, il note la convergence des routes vers certains lieux. Le géographe transforme ainsi la perception horizontale ou oblique de ce qui l'entoure en une vision globale, celle que l'on découvrirait du ciel, celle d'Icare survolant le monde. Le paysage ainsi défini a une étendue, si bien qu'il peut se cartographier. Il coïncide avec la surface de contact entre la lithosphère, l'hydrosphère, l'atmosphère – c'est-à-dire avec la biosphère, que Teilhard de Chardin propose de compléter par la noosphère. Il a donc une certaine épaisseur, où jouent des processus.

Les géographes donnent de plus en plus de profondeur à leur appréhension du paysage : ils s'intéressent à la géologie et au sous-sol, qui fait comprendre la genèse du relief ; ils comparent à différents moments les formes qu'il doit à l'humanisation, ce qui met en évidence les processus sociaux, économiques et politiques qui y sont à l'œuvre.

On assiste depuis quarante ans à un revirement de l'attitude des géographes à l'égard du paysage. Ils ne se contentent plus d'éduquer leur vue pour la rendre plus objective et plus pénétrante. Ils s'attachent au regard que les autres portent sur le monde : le paysage est perçu à travers le filtre des représentations, des pulsions et de l'imaginaire des populations étudiées. Empreint de subjectivité, leur regard porte à la fois la marque d'héritages multiples et celle des imaginaires qui projettent l'homme dans le futur et guident son action.

Rien ne montre mieux la nature du *tournant culturel* que ce passage de « l'œil du géographe » au « regard des autres ».

DES ÉPISTÉMOLOGIES DE LA CURIOSITÉ AUX ÉPISTÉMOLOGIES DU DÉSIR

Les épistémologies de la curiosité

Une évolution de la conception du savoir est en cours. Elle conduit à une réflexion plus poussée sur les fondements de l'épistémologie. On cesse de privilégier le « mouvement des idées » : l'aspect concret des démarches et leurs conditions matérielles sont pris en compte.

Le mouvement s'accentue dans les années 1990. Ce qui motivait la pensée scientifique, c'était la *curiosité*. Le terme s'applique à la « tendance qui porte à apprendre, à connaître des choses nouvelles » (Robert). C'est un « appétit », une « soif de connaître ». Dans cette perspective, la science résulte d'un mouvement de l'esprit, qui le porte à explorer le réel pour le comprendre et l'expliquer.

La géographie naît ainsi de la tendance à connaître les milieux proches et ceux qui s'étendent au-delà de l'horizon et que l'on découvre en voyageant. À la fin du Moyen Âge et à la Renaissance, lorsque l'épistémologie moderne commence à se constituer, elle se nourrit du regard que l'on promène sur un monde que l'on découvre parce qu'il est inondé de lumière. Depuis Roger Bacon et Robert Grosseteste, au XIIIe siècle, un courant de la pensée chrétienne s'intéresse à la lumière parce qu'elle a été créée par le Seigneur dès le premier jour de la Genèse : elle apparaît comme l'énergie que Dieu met en œuvre pour modeler l'univers – comme le véhicule de sa Grâce.

Au XVe siècle et comme le souligne André Chastel, la réflexion des Platoniciens de Florence va dans le même sens :

> « Les principes philosophiques de la perspective se ramènent en effet à l'idée que l'espace est entièrement traversé par la lumière (il est par là "intelligible") et de structure mathématique (il est par là "mesurable"). Ces deux points, que l'on trouvait déjà chez certains savants du XIIIe siècle, occupent une place centrale dans la "physique" du XVe siècle et dans la doctrine de Ficin. Un de ses traités de jeunesse, *Quaestiones de luce,* insiste sur le fait que la propagation des rayons n'est pas un déplacement d'éléments corporels. La lumière est *cosa spirituale* et ne peut engendrer que des effets intelligibles. Le commentaire au *Timée* consolidera cette intuition par la théorie de l'âme du monde et la conception mathématique de l'espace qui en découle... Tel est l'ordre platonicien qui développe l'intuition du cosmos harmonieux » (Chastel, 1982/1959, p. 305-306).

Cette conception du savoir se modifie sous l'influence d'une autre composante de la pensée médiévale, le nominalisme qui, pour cerner la vérité, impose la garantie de l'expérience personnelle des choses. Le dialogue entre l'esprit de l'individu et le monde s'effectue grâce au jeu du regard et de la lumière.

Le corps n'est impliqué dans la construction de la vérité qu'à travers la vue – qui échappe, puisqu'elle perçoit une chose spirituelle, à la plupart des déterminations matérielles. Cela a plusieurs conséquences. (i) La cartographie tient une place essentielle dans la géographie car elle résume et met à la portée de tous ce que l'œil découvre. (ii) La géographie explore le monde à travers la vue, ce que renforce, à partir de Humboldt, au début du XIXe siècle, l'accent mis sur l'expérience directe de l'espace étudié et sur les paysages que le chercheur y découvre – et que l'image permet de communiquer. 3- Science du regard, la géographie apparaît évidemment comme un outil de surveillance, comme le soulignent, depuis une quarantaine d'années, les travaux inspirés par le *Surveiller et punir* de Foucault.

Les épistémologies critiques du désir

La transformation des perspectives épistémologiques résulte en bonne partie d'une façon nouvelle d'analyser la démarche des chercheurs en général et celle des géographes en particulier. Isabelle Lefort (2012, p. 472-475) parle du « désir de terrain » :

> « Ce qui meut le géographe au terrain, ce n'est pas seulement le désir d'entrer dans la carrière, c'est le désir tout court de s'approprier un pan du monde et qu'on lui en soit reconnaissant [...]. Ainsi vécu et exprimé, le rapport au terrain n'engage sûrement pas le seul intérêt

> intellectuel du géographe, mais toute sa personne, dans ses dimensions psychologiques et intimement personnelles » (Lefort, 2012, p. 472).

Dans cette nouvelle perspective, le géographe est motivé par le désir plus que par la simple curiosité. Toute la discipline s'en trouve modifiée : elle n'est plus le fait de purs esprits. Elle a des assises corporelles, trop longtemps négligées. Il faut réparer cet oubli. C'est ce à quoi des collègues commencent à s'employer à partir des années 1990.

CONCLUSION

1- Cela fait soixante ans que je suis avec passion le développement de la géographie : celle-ci me paraît à la fois indispensable à l'intelligence du monde et inégale à ce que j'en attends.

Une discipline scientifique est une création collective sans cesse reprise, retouchée, amendée, refondée. La structure qu'elle offre est plurielle et changeante. La définition que l'on peut en donner évolue.

Ma première ambition est de suivre les dynamiques géographiques du monde et des outils que propose la géographie pour en rendre compte. La seconde est de participer à l'*aggiornamento* que la discipline connaît ainsi. Cela me lance dans une navigation dont je ne prévois pas les péripéties. Je louvoie longuement dans les eaux des disciplines voisines : économie de 1955 au début des années 1970, anthropologie, sociologie et sciences politiques à partir de 1970, études culturelles depuis 1980. Je cabote aussi de l'urbain au régional. Pour évaluer les transformations en cours et mesurer leur impact, j'interroge sans cesse l'histoire de la géographie ; je me penche parallèlement et de plus en plus sur ses fondements épistémologiques.

Les mouvements qui transforment la discipline depuis 60 ans m'apparaissent comme des tsunamis qui balaient tout. Certains démêlent plus vite que d'autres les perspectives nouvelles et les logiques qu'elles expliquent, mais rares sont ceux qui, tel Vidal de la Blache, pèsent sur les destins collectifs. Personne, sur la scène géographique contemporaine, n'offre une stature comparable à la sienne.

2- Quel a été mon apport aux transformations en cours ? Tous me reconnaissent un rôle de *passeur* : j'ai fait connaître aux collègues français (et à beaucoup de collègues étrangers) ce qui se passait sous d'autres cieux (ceux du monde anglophone) ou dans d'autres disciplines, qu'il s'agisse d'économie spatiale et de Nouvelle Géographie dans les années 1960, de géographie humaine, sociale et politique et d'études urbaines et régionales dans les années 1970, d'approche culturelle depuis 1980. Au départ, ce que je mettais en circulation était avidement reçu par une partie de la génération montante, qui en comprenait les aspects innovants. La situation change après 1968 et surtout après ma nomination en Sorbonne ! J'ai intégré l'*establishment* de la discipline, à un moment où la faveur va aux rebelles et aux révolutionnaires. Le travail que j'effectue pour repenser la géographie humaine, sociale et économique en transposant à ces domaines ce qu'ont apporté les nouvelles approches économiques est tenu pour négligeable. Ce que j'écris après 1980 sur l'approche culturelle a plus d'écho, mais ne touche qu'une partie du public géographique : beaucoup de collègues dont la sensibilité est de gauche s'opposent sans l'avoir lu à ce que je propose sous le prétexte que les dimensions économiques et sociales de la réalité y sont ignorées – alors que je leur ai consacré vingt ans d'un travail dont les apports sont intégrés dans mes nouvelles orientations.

La jeune génération m'ignore. Je le comprends un jour, au Festival International de la Géographie de Saint-Dié. Il fait beau. Je m'assieds sur un banc. Un jeune homme vient s'y installer. J'engage la conversation : il est étudiant et prépare une thèse de doctorat à Besançon. Il s'étonne que je connaisse si bien le département de géographie de son Université. Je lui indique :

> « J'y ai enseigné douze ans.
> – Comment vous appelez-vous ?
> – Claval
> – Je n'ai jamais entendu parler de vous ! »

Cela rend modeste !

3- La plupart des collègues ne voient donc en moi qu'un *passeur* – et un passeur dont l'influence s'est peu à peu amenuisée. Rares sont ceux qui me considèrent comme un *éveilleur.* C'est pourtant le rôle que je joue à partir de 1965, après la publication de l'*Essai sur l'évolution de la géographie humaine* et avec la parution annuelle de ma « chronique de géographie économique ». Je reçois de plus en plus de lettres d'étudiants de maîtrise ou de doctorat qui me demandent conseil ou me rendent visite – certains viennent du Canada ou des États-Unis. Ce rôle persiste jusqu'aux années 1990 au Canada, jusqu'à aujourd'hui dans d'autres pays, en Afrique, en Amérique latine et au Brésil en particulier.

Ma contribution au développement de la discipline est généralement passée sous silence. J'ai beaucoup écrit sur l'histoire de la géographie française. J'y ai parlé de mon rôle, mais en le minorant pour ne pas susciter de jalousie. J'en ai fait autant lors de mes rencontres avec des collègues.

4- Quel a été ma contribution dans les deux tsunamis qui ont bouleversé la géographie depuis la fin des années 1950, celui de la Nouvelle Géographie puis celui du tournant culturel ? Celui de déclencheur ? Évidemment, non – ces coupures sont collectives, pas individuelles. De participant actif ? Oui, et d'abord, en racontant l'histoire de ces grandes vagues et en montrant ce qu'elles apportent. 1- Je brosse un tableau de la genèse de la Nouvelle Géographie dès 1963, alors que son essor est encore ignoré par la plupart. 2- Je découvre la montée des préoccupations culturelles en 1972, à Montréal. Je la signale par des articles, par des débats que l'*Espace géographique* organise à mon initiative de 1973 à 1980, puis par une réflexion de fond. Je signale les nouvelles facettes que le renouveau prend tout à tour – le courant postmoderne, par exemple, dès 1985. Je fais usage de l'expression *tournant culturel* à peine un an après son apparition dans le monde anglophone.

Je dégage ensuite les caractéristiques de chacune de ces deux grandes vagues. La première est marquée par la transformation de la géographie en discipline sociale : elle met l'accent sur les relations « horizontales » que les hommes tissent entre eux – relations que la géographie classique n'ignorait pas, mais qu'elle avait un peu négligées.

Le mouvement qui se dessine à partir de 1970 est plus complexe. Il se présente comme un déferlement de lames inégalement fortes, ce qui en rend l'interprétation difficile ; il faut attendre 1997 pour disposer d'un terme, celui de tournant culturel, qui le définisse – un tournant que les géographes partagent avec les autres sciences sociales, même si notre discipline est la seule qui le conçoive comme culturel.

En analysant, vers 2000, les diverses formes d'enchaînements causaux que mettent en œuvre les géographes, je comprends ce qui oppose les approches qui dominent jusqu'en 1970 et celles qui triomphent par la suite. Les premières expliquent le présent par le passé – ou par le passé quasi présent des boucles de rétroaction. Les secondes s'attachent au rôle des anticipations et à la prégnance des imaginaires dans le façonnement du futur. Cela exige du chercheur une vive curiosité pour les représentations, la sensibilité et l'émotivité des hommes, et pas seulement pour leurs capacités intellectuelles. Cela implique d'autres attitudes à l'égard de ceux qu'on étudie : on n'est plus là pour leur révéler une vérité qu'ils seraient incapables d'atteindre par eux-mêmes, mais pour comprendre comment ils façonnent et transforment le monde.

Nombre de ceux qui pratiquent les sciences sociales françaises hésitent à prendre ce tournant, pourtant fondamental, parce qu'il les prive du monopole, dont ils jouissaient beaucoup, de l'accès à la vérité.

5- Ai-je participé personnellement fait progresser les idées dans chacune des orientations que la géographie a successivement prises ? Oui, dans certains domaines et dans une certaine mesure.

En ce qui concerne la Nouvelle Géographie, je tire à la fois parti de ce qu'offre l'économie spatiale et de ce qu'apporte l'économie générale. Je ne me contente pas d'importer quelques-uns des modèles qu'a développés la première. Je souligne ses apports essentiels : dans la vie économique, la distance rend imparfaits tous les mécanismes économiques, que ce soient ceux du marché ou ceux de la planification, parce que l'information a un coût, ce qui la rend toujours incomplète.

Je vais au-delà de ce que la plupart des collègues empruntent à l'économie générale en prenant à la fois en compte les mécanismes de la microéconomie et ceux de la macroéconomie. Cela me conduit à insister sur le rôle des économies d'échelle et des économies externes par quoi le progrès se traduit en économie. Une dizaine d'années avant Paul Krugman, je montre ainsi pourquoi des pans entiers de la théorie économique, celle des relations internationales en particulier, sont incapables de rendre compte du réel : le progrès n'y est pas pris en compte. Lorsqu'on intègre celui-ci dans le raisonnement, on voit s'éclairer l'opposition entre des aires centrales où s'accumulent les activités les plus diverses et les zones périphériques qui peinent, longtemps, à produire autre chose que des matières premières ou des sources d'énergie.

Je développe une analyse des coûts de commutation, la pièce qui manquait jusqu'alors à la théorie des lieux centraux et qui fait comprendre la logique des villes et les transformations que celles-ci connaissent lorsque les technologies des transports et de la communication s'améliorent – les processus de métropolisation en particulier.

Je propose enfin, ce qu'aucun géographe n'ose faire en France ou dans les pays étrangers : une reconstruction de la géographie humaine et de ses branches sociales et politiques qui s'inspire des concepts-clefs de la Nouvelle Géographie.

Le principe en est simple : pour moderniser et transposer l'idée de genre de vie au monde industriel et urbanisé qui achève de se mettre en place au milieu du XXe siècle, il suffit de décomposer l'agenda des personnes étudiées en unités courtes et homogènes. Selon les heures, les gens changent d'activité et passent d'une collectivité à l'autre : celles qui tournent autour de la famille, celles qui gravitent autour du travail, celles qui naissent à l'occasion des loisirs ou celles qui sont liées aux convictions et aux rites religieux. Ces collectivités se transforment en classes lorsque leurs membres communiquent entre eux (c'est un problème géographique) et prennent ainsi conscience des intérêts qu'ils partagent.

L'autre apport de cette analyse des agendas, c'est de montrer comment chacun se trouve inséré dans des systèmes de relations institutionnalisées qui encadrent un nombre plus ou moins grands de partenaires, tirent parti de la complémentarité de leurs aptitudes, de leurs savoir-faire et de leurs connaissances, et structurent l'espace ; dans leur déploiement, ces systèmes de relations se heurtent à l'obstacle de la distance.

La prise en compte des relations institutionnalisées et de leur sensibilité à l'éloignement, jointe à la distinction du pouvoir, de la domination et de l'influence que propose Max Weber, conduit à une interprétation nouvelle du politique. Elle évite de faire du pouvoir un absolu, une force mystérieuse et omnipotente qui régirait le monde, mais souligne comment il irrigue à la fois la société civile et le système politique, et comment il crée des architectures variées, que les recherches contemporaines sur la gouvernance explorent.

Cette réflexion reste incomprise. Elle va, il faut le dire, à l'encontre des idées dominantes : elle montre que l'*aggiornamento* de la discipline peut se réaliser sans jeter aux orties Vidal de la Blache et la géographie classique ; elle refuse de faire du Capital ou du Pouvoir des forces capables de mener le monde à l'insu de ceux qu'ils dominent.

La géographie que je propose est plus performante que celles alors pratiquées ; elle élargit considérablement les acquis de la Nouvelle Géographie sans rompre avec la tradition française. Elle est plus modeste aussi parce que plus analytique, ce qui évite aux chercheurs d'apparaître comme des gourous. C'est peut-être ce qui explique le refus auquel elle se heurte.

Deuxième série d'apports ensuite, dans le domaine de la culture. Je souligne dès l'abord que celle-ci est constituée par tout ce qui, dans l'homme, n'est pas inné. Je me distingue par là de beaucoup de collègues qui ne retiennent de la culture que ses dimensions intellectuelles ou symboliques. Pourquoi ce choix ? Pour insister dès l'entrée sur la phase première de la socialisation des individus, celle qui développe leur aptitude à communiquer et leur permet d'acquérir les pratiques, les savoir-faire, les connaissances, les attitudes et les croyances que nécessite leur existence – une existence qui est ainsi fondamentalement sociale.

À partir des matériaux qu'ils reçoivent ainsi et de ceux que l'expérience leur apporte, les individus se construisent, s'insèrent dans des réseaux de relations institutionnalisées qui dotent la société de structures, dessinent son architecture et lui permettent de fonctionner. Ils élaborent des imaginaires qu'ils situent dans des au-delàs célestes ou souterrains, dans des en-deçàs inconscients, et qui leurs révèlent les normes collectives auxquelles ils doivent se conformer. Ils institutionnalisent l'espace, où ils distinguent le productif du résidentiel, le privé du public, le quotidien banal du patrimonial, le profane du sacré.

Ce noyau fait comprendre comment la culture assure l'emprise des groupes sur leur environnement et explique la marque qu'ils impriment sur les paysages, les lieux et les territoires où ils évoluent. Elle éclaire tous les moments de la vie, analyse la construction des genres, souligne la place du corps, attire l'attention sur les problèmes de santé, de maladie et sur la mort.

Troisième catégorie d'apports enfin, ceux qui portent sur la conception même de la géographie. Celle-ci comporte deux versants. Elle est faite de l'ensemble des pratiques, des savoir-faire et des connaissances dont les hommes ont toujours et partout besoin pour s'orienter à la surface de la terre, exploiter et habiter leur environnement, tisser des liens entre eux et donner un sens à leur existence. L'homme est un animal géographique aussi bien par les savoirs qu'il accumule que par l'expérience de l'habiter qu'il acquiert, par les péripéties que lui font connaître les voyages et par les imaginaires et les au-delàs qu'il construit.

L'autre versant de la discipline, la géographie scientifique, résulte d'un long travail d'édification. Elle connaît en Grèce un essor précoce dans le domaine de l'orientation, alors que manquent encore les moyens d'analyser scientifiquement les savoirs que les hommes mobilisent pour mettre en valeur les milieux et organiser leurs relations sociales, et que font également défaut les outils qui feraient comprendre combien leur expérience des lieux et de l'espace pèse sur la manière dont ils se projettent dans le futur et contribuent à le modeler.

La géographie humaine comble ce retard en trois étapes : elle prend en compte les savoirs relatifs à l'exploitation du milieu à la fin du XIXe siècle ; elle s'attache à ce qui structure la vie de relation à partir des années 1950 ; elle explore l'expérience géographique de tous et de chacun à partir des années 1970.

Les développements récents de la recherche sur les systèmes d'informations géographiques font comprendre les homologies profondes qui existent entre tous les savoirs géographiques. Ceux-ci reposent sur trois grilles complémentaires : une grille d'orientation qui donne à chacun les moyens de trouver sa route ; une grille de repérage et de localisation, qui socialise la connaissance des lieux en créant des toponymes, et plus tard, en mesurant leurs coordonnées et en les reportant sur la carte ; une grille d'informations géographiques qui autorise le recueil et la conservation des données relatives à chaque lieu, chaque axe ou chaque aire. Les informations exploitables s'accumulent ainsi.

Pense-t-on plus efficacement le monde en géographe aujourd'hui qu'hier ? Oui, car on rend mieux compte des régularités qui naissent de la place de la terre dans le système solaire, de celles qui résultent des processus physico-chimiques et biologiques qui s'y développent, et de celles qui naissent des mécanismes à l'œuvre dans les domaines sociaux, économiques et politiques. Mais cette réponse affirmative doit être nuancée en ce qui concerne l'expérience humaine : qu'est-on capable de faire pour que tous, jeunes ou vieux, hommes ou femmes, s'épanouissent pleinement ? Le passage de la démarche scientifique traditionnelle aux nouvelles façons de travailler est difficile. Un exemple le montre : on se préoccupait naguère de faire fonctionner efficacement les villes ; on se soucie aujourd'hui de les rendre habitables, c'est-à-dire conformes aux aspirations de ceux qui y vivent. Les deux soucis sont légitimes, mais souvent contradictoires : la volonté de trouver à proximité ce qui est nécessaire à l'épanouissement des individus et des groupes alourdit le fonctionnement collectif. On ne sait toujours pas concilier les objectifs qui s'opposent ainsi.

Le problème se pose enfin des lacunes et des biais de l'information que j'ai réunie et mise en œuvre.

Quand on se lance dans un projet ambitieux, et pour limiter les oublis, une vigilance de tous les instants s'impose : on vit comme un chasseur qui aurait le souci constant de ce qui paraît et mobiliserait tous les indices pour repérer les points de vue émergents – mais des informations importantes échappent immanquablement.

Beaucoup considèrent que je n'ai pas prêté suffisamment attention aux méthodes mises en œuvre par les géographes. Ce n'est que partiellement exact : dans le courant des années 1960, j'ai beaucoup réfléchi à ce qui constituait alors un des instruments de recherche essentiels en géographie : la cartographie thématique. J'ai également suivi les développements des méthodes quantitatives, mais ai cessé de le faire lorsque j'ai acquis la conviction que les procédures statistiques de plus en plus sophistiquées facilitaient les opérations jusqu'alors menées et leur conféraient une rigueur qu'elles n'avaient pas, mais qu'elles ne bouleversaient pas la logique même de la recherche. J'ai regretté par la suite de n'avoir poursuivi plus longtemps mon effort, lorsque j'ai compris l'originalité de ce que l'on pouvait tirer des travaux de Thom ou de Mandelbrot.

La question des biais est plus fondamentale. J'ai quelques convictions solides, qui motivent mon inquiétude permanente et les recherches auxquelles elles conduisent, mais les limitent aussi.

J'ai un sens profond de l'égalité des hommes et de leur dignité : tous ne sont-ils pas capables d'agir librement ? Ne sont-ils pas nés pour le faire ? Cela m'interdit de me penser comme un gourou qui révèlerait une vérité cachée au commun des mortels. Mon rôle est d'éclairer des situations et d'expliciter les processus qui y sont à l'œuvre, pas de guider une sous-humanité aveugle.

Comme chacun, je partage des préjugés qui ont cours autour de moi, dans le milieu intellectuel, en France, dans le monde occidental. J'essaie d'en prendre conscience et de m'en libérer, mais je ne crois pas qu'il me soit possible de le faire une fois pour toutes et définitivement. Cela explique la méfiance que j'éprouve à l'égard de tous les discours sur les ruptures épistémologiques et sur les épistémologies critiques.

La recherche en sciences humaines s'inscrit toujours dans une perspective qui découpe, dans le réel, ce qu'il paraît indispensable de comprendre et d'expliquer. Cela implique évidemment qu'il y ait des zones moins éclairées et des angles morts. Je crois au devoir critique qui impose à chaque géographe de s'interroger sur les points de vue, souvent mal explicités, qui sont les siens, pour éviter qu'il reste ainsi des zones d'ombre dans le domaine.

Je refuse en revanche de croire que l'on puisse rompre définitivement et en une fois avec tous les préjugés qui rendent impossibles la découverte du vrai. J'éprouve toujours un certain scepticisme envers ceux qui appliquent aux sciences sociales l'idée de rupture épistémologique, développée initialement dans le domaine de la physique.

Derek Gregory me fait découvrir l'idée de théorie critique à la fin des années 1970. Il l'emprunte à Bernstein et au-delà, à Jürgen Habermas et à l'École de Francfort. Sous une forme plus sophistiquée, il l'applique à son étude de *Geographical Imagination,* l'imaginaire géographique, qu'il publie en 1994. La perspective gagne en popularité lorsque la *French Theory* pénètre aux États-Unis, où l'on se met à pratiquer avec enthousiasme l'approche par l'archéologie du savoir à la manière de Michel Foucault et à procéder à la déconstruction des notions mobilisées par la géographie à la façon de Jacques Derrida. Cela conduit à la définition de règles de l'épistémologiquement correct – une idée qui me choque, car en ce domaine, j'ai des vues anarchistes.

L'idée de science critique (Bassett, 2008 ; Carré *et al.,* 2008) me gêne aussi par la hiérarchie qu'elle établit entre les niveaux de recherche – sciences de la nature, disciplines herméneutique, science critique. On retrouve chez Foucault une hiérarchisation du même type entre les trois disciplines qui explorent l'inconscient économique, individuel et linguistique et le reste des sciences sociales. Cette propension à distribuer de bons ou de mauvais points aux chercheurs gâte pour moi une partie de l'épistémologie. Elle informe une partie des études postcoloniales. Celles-ci me paraissent vaines lorsqu'elles se contentent d'opposer les bons chercheurs (ceux qui ont précocement condamné l'impérialisme) et les autres ; elles me passionnent en revanche lorsqu'elles soulignent la manière dont les cultures se compénètrent, s'opposent et se transforment dans les situations coloniales – ou dans celles qui leur succèdent après la décolonisation.

Je vois aujourd'hui pointer une interprétation de la géographie très différente de celles que j'ai successivement proposées. Elle distingue deux phases : tout ce qui a été produit jusqu'aux alentours de 2000, et ce qui est né depuis. Les géographes ne s'intéressaient jusque-là qu'à un monde d'adultes de sexe masculin et qui avaient un travail. La discipline plaçait la production (à la ferme, à l'usine, au bureau) et la reproduction (à la maison) au centre de ses préoccupations. Elle s'abstenait de parler des moments de joie et de fête comme des catastrophes, des guerres et des massacres. C'est parce que la géographie culturelle s'appuie maintenant sur une théorie critique qu'elle explore d'autres champs, qu'elle parle des genres, évoque les différents moments de la vie et devient plus sensible à l'habiter qu'au produire.

Ces orientations nouvelles me passionnent, mais je ne vois pas en quoi elles résulteraient d'un ultime tournant de la discipline, qui serait le tournant critique.

Qu'en conclure ? Que je vieillis…

PAUL CLAVAL : PUBLICATIONS CITÉES

— 1963, *Géographie générale des marchés,* Paris, Les Belles Lettres.

— 1964, *Essai sur l'évolution de la géographie humaine*, Paris, Les Belles Lettres.

— 1967a, « Qu'est-ce que la géographie ? », *The Geographical Journal,* vol. 133, mars 1967, p. 33-69.

— 1967b, « Géographie et profondeur sociale », *Annales, Économies, Sociétés, Civilisations,* vol. 22, n° 5, sept-oct., p. 1005-1046.

— 1967c, « La division régionale de la Suisse », p. 83-95, *in* Jean-Luc Piveteau (dir.), *La recherche géographique en Suisse,* Paris, Les Belles Lettres.

— 1968a, *Régions, nations, grands espaces. Géographie générale des ensembles territoriaux,* Paris, Genin.

— 1968b, « La théorie des villes », *Revue géographique de l'Est,* vol. 8, n° 1-2, 1968, p. 3-56.

— 1970a, *Les relations internationales*, Paris, SCODEL.

— 1970b, « L'espace en géographie humaine », *Canadian Geographer/Le géographe canadien,* vol. 14, n° 2, juin 1970, p. 110-124.

— 1970c, « Les villes britanniques », *Norois,* vol. 17, n° 67, p. 327-350.

— 1970d, « La géographie urbaine », *Revue de géographie de Montréal,* vol. 24, p. 117-141.

— 1971, « Chronique de géographie économique n° VI : Géographie et anthropologie économique », *Revue géographique de l'Est,* vol. 11, n° 1-2, 1971, p. 39-65.

— 1972, *La pensée géographique. Introduction à son histoire*, Paris, SÉDÈS.

— 1972b, « La grande ville allemande », *Annales de géographie,* vol. 81, n° 447, septembre-octobre, p. 538-554.

— 1973a, *Principes de géographie sociale*, Paris, Genin et Litec.

— 1973b, « Le système urbain et les réseaux d'information », *Revue de géographie de Montréal,* vol. 27, p. 5-15.

— 1973c, « Une théorie unitaire de la ville », *Canadian Geographer/Le géographe canadien,* vol. 17, p. 276-279.

— 1974a, *Éléments de géographie humaine*, Paris, Genin et Litec.

— 1974b, « Architecture sociale et géographie au Québec : un essai d'interprétation historique », *Annales de géographie,* vol. 83, n° 458, juillet-août, p. 394-419.

— 1976a, *Éléments de géographie économique*, Paris, Genin et Litec.

— 1976b, *Essai sur l'évolution de la géographie humaine*, Paris, Les Belles Lettres, 2e éd.

— 1977a, *La Nouvelle Géographie*, Paris, PUF.

— 1977b, « Les réseaux de circulation et l'organisation de l'espace : les fondements théoriques de la région polarisée », *in Transports et voies de communication, colloque de Dijon, 14-15 mars 1976,* Dijon, Association Universitaire de l'Est, p. 355-364.

— 1977c, « Le marxisme et l'espace », *L'Espace géographique,* vol. 6, n° 3, p. 145-164.

— 1978, *Espace et Pouvoir*, Paris, PUF.

— 1979, *Franche-Comté, Haute-Bourgogne*, Paris, Flammarion

— 1980a, *Les mythes fondateurs des sciences sociales*, Paris, PUF.

— 1980b, « Epistemology and the history of geographical thought », *Progress in Human Geography,* vol. 4, 1980, p. 371-384.

— 1981a, *La logique des villes*, Paris, Litec.

— 1981b, « Ritter and the French geography », p. 189-200, *in* Manfred Büttner (hrsg.), *Carl Ritter. Zur Europäisch-Amerikanischen Geographie an der Wende von 18. zum 19. Jahrhundert,* Parberborn, Ferdinand Schöningh.

— 1984-1986, (dir.), *Géographie historique des villes d'Europe occidentale,* Tome I, *Villes et réseaux urbains,* tome 2, *Espaces sociaux et paysages urbains,* Paris, Publications du Département de Géographie de l'Université de Paris-Sorbonne.

— 1984a, *Géographie humaine et économique contemporaine*, Paris, PUF.

— 1984b, « Reflections on the cultural geography of the European city », p. 31-49, *in* John Agnew, John Mercer, David Sopher (eds), *The city in cultural context,* Boston, Allen and Unwin.

— 1985a, « Les idéologies spatiales », *Cahiers de géographie de Québec,* vol. 29, n° 47, septembre 1985, p. 261-269.

— 1985b, « Les idéologies spatiales », *Cahiers de géographie de Québec,* vol. 29, n° 47, septembre 1985, p. 261-269.

— 1987, « La métropolisation de l'économie et de la société nord-américaine », *Historiens et géographes,* n° 312, p. 447-460.

— 1989a, *La conquête de l'espace américain. Du Mayflower au DisneyWorld*, Paris, Flammarion.

— 1989b, « L'avenir de la métropolisation », *Annales de géographie,* vol. 98, n° 550, p. 692-706.

— 1992a, *Géopolitique et géostratégie,* Paris, Nathan-Université.

— 1992b, « La géographie et les chronotopes », p. 103-121, *in* M. Chevalier (ed.), *La littérature dans tous ses espaces,* Paris, CNRS, coll. « Mémoires et documents de géographie », 1993, n° 68, 1992, p. 19-36.

— 1992c, « Géographie et cultures », éditorial, *Géographie et cultures,* vol. 1, n° 1, printemps 1992, p. 3-5.

— 1992d, « Champs et perspectives de la géographie culturelle », *Géographie et cultures,* vol. 1, n° 1, printemps 1992, p. 7-38.

— 1993a, *Initiation à la géographie régionale*, Paris, Nathan-Université, 288 p.

— 1993b, *Géographie de la France*, Paris, PUF.

— 1993c, *La géographie au temps de la chute des murs*, Paris, L'Harmattan.

— 1993d, (dir.), *Autour de Vidal de La Blache. La formation de l'École française de française de Géographie*, Paris, CNRS Éditions. *Cf.* Claval, P., « Le rôle de Demangeon, de Brunhes et de Gallois dans la formation de l'école française 1905-1910 », p. 148-158.

— 1994a, *Géopolitique et géostratégie,* Paris, Nathan-Université, 2e éd.

— 1994b, « Henri Hauser (1866-1947) Professeur de géographie commerciale et industrielle (1918-1933) », p. 642-654, *in Les professeurs du Conservatoire National des Arts et Métiers. Dictionnaire biographique,* Paris, CNAM-INRP, tome I.

— 1994c, « L'épistémologie de la géographie », p. 24-57, *in* P. Desplanques (dir.), *La géographie en collège et en lycée,* Paris, Hachette.

— 1995a, *La géographie culturelle*, Paris, Nathan-Université.

— 1995b, *Histoire de la géographie*, Paris, PUF.

—- 1996a, *Géopolitique et géostratégie*, Paris, Nathan-Université, 2e éd.

— 1996b, *La géographie comme genre de vie. Un itinéraire intellectuel*, Paris, L'Harmattan.

— 1998, *Histoire de la géographie française de 1870 à nos jours*, Paris, Nathan-Université.

— 2001, *Épistémologie de la géographie*, Paris, Nathan-Université. 2e éd., 2007, 3e éd., 2015.

— 2003a, *Dilixue sixingshi (A history of geographical thought)*, Taipei Wuhan.

— 2003b, *Géographie culturelle*, Paris, Armand Colin, 2e éd.

— 2003c, *La géographie du XXIe siècle*, Paris, L'Harmattan.

— 2003d, *La causalité en géographie,* Paris, L'Harmattan.

— 2005a, *Dilixue Sixingshi (A History of Geographical Thought)*, Taipei, Wunan, 2e éd.

— 2005b, *La fabrication du Brésil,* Paris, Belin.

— 2005c, *Chroniques de géographie économique*, Paris, L'Harmattan.

— 2006a, *Géographie régionale. De la région au territoire*, Paris, Armand Colin, Nouvelle éd.

— 2006b, *Géographies et géographes*, Paris, L'Harmattan.

— 2006c, « Le développement durable : stratégies descendantes et stratégies ascendantes », *Géographie, économie, société,* vol. 8, n° 4, p. 415-445.

— 2007, *Épistémologie de la géographie*, A. Colin, Paris, 2e éd.

— 2008, *Religions et idéologies. Une perspective géographique*, Paris, PUPS.

— 2010, *Les espaces de la politique,* Paris, Armand Colin.

— 2011, *Ennoblir et embellir. De l'architecture à l'urbanisme,* Paris, Scrinéo.

— 2012a, *De la Terre aux hommes. La géographie comme vision du monde,* Paris, Armand Colin.

— 2012b, *La géographie culturelle,* Paris, Armand Colin, 3e éd.

Claval, P., Johnston, R. (eds.), 1984, *Geography since the Second World War*, Londres, Croom Helm.

Claval, P., Nardy, J.-P., 1968, *Pour le cinquantenaire de la mort de Paul Vidal de La Blache,* Paris, Les Belles Lettres.

Claval, P., Singaravélou, 1995 (dir.), 1995, *Ethnogéographies,* Paris, L'Harmattan.

Claval, P., Wieber, J.-C., 1970, *La cartographie thématique comme méthode de recherche* (avec J.-C. Wieber), Paris, Les Belles Lettres, 2 vol.

BIBLIOGRAPHIE

Abler, R. A., Adams, J. S., Gould, P., 1971, *Spatial Organization. The Geographer's View of the World,* Englewood Cliffs, Prentice Hall.

Albertini, J.M., *Les rouages de l'économie nationale,* Paris, Économie et humanisme et les éditions ouvrières, 1960

Alonso, W., 1964, *Location and Land Use: toward a General Theory of Land Rent,* Cambridge (Mass.), Harvard University Press.

Ancel, J., 1936, *Géopolitique*, Paris, Delagrave.

Anderson, B., 1983, *Imagined communities,* London, Verso.

Anderson, T. R. Egeland, J. T., 1961, "Spatial aspects of social area analysis", *American Sociological Review,* vol. 26, p. 392-398.

Andrée, K., 1861-1874, *Geographie des Welthandels mit geschichtlichen Erlaüterungen,* Stuttgart, 2 vol.

Bachelard, G., 1934, *Le nouvel esprit scientifique,* Paris, PUF.

Bachelard, G., 1938, *La formation de l'esprit scientifique,* Paris, PUF.

Badie, B., 1992, *L'État importé,* Paris, Fayard.

Badie, B., 1995, *La fin des territoires. Essai sur le désordre international et sur l'utilité sociale du respect*, Paris, Fayard.

Badie, B., 1999, *Un monde sans souveraineté,* Paris, Fayard.

Badie, B., 2002, *De la diplomatie des droits de l'homme,* Paris, Fayard.

Bakhtine, M., 1978, *Esthétique et théorie du roman,* Paris, Gallimard.

Balzac, H. de, 1842, *Albert Savarus,* Paris, *Le Siècle*.

Banton, M. (ed.), 1965, *Political Systems and the Distribution of Power,* Londres, Tavistock.

Barnett, C. 2004, "A critique of the cultural turn", *in* J. Duncan, N. Johnson and R. Schein, (eds), *A Companion to Cultural Geography,* Oxford, Blackwell.

Barre, R., 1955-1956, *Économie politique,* PUF, 2 vol.

Barrère, P., 1956, « Les quartiers de l'agglomération bordelaise », *Revue de géographie des Pyrénées et du Sud-Ouest*, p. 5-40, 161-194 et 269-300.

Bassett, K., "Critical Theory", *in* D. Gregory *et al.* (eds), 2009, *The Dictionary of Human Geography,* Malden et Oxford, Wiley-Blackwell, 5e éd., p. 125-127.

Baulig, H., 1935-1936, *Amérique septentrionale,* Paris, Armand Colin, 2 vol.

Beguin, H., 1979, "Urban hierarchy and the rank-size distribution", *Geographical Analysis,* vol. II, p. 149-164.

Bentham, J., 1791, *Panopticon*, Londres, T. Payne.

Benzecri, J.-P., 1976, *L'analyse des données : l'analyse des correspondances,* Paris, Dunod.

Berdoulay, V., 1981, *La formation de l'école française de géographie,* Paris, Bibliothèque Nationale.

Berdoulay, V., 1988, *Des mots et des lieux. La dynamique du discours géographique,* Paris, CNRS.

Berdoulay, V., Soubeyran, O., 1991, « Lamarck, Darwin et Vidal : aux fondements naturalistes de la géographie », *Annales de Géographie,* vol. 100, p. 617-634.

Bernstein, R. J., 1976, *The Restructuring of Social and Political Theory,* Oxford, Blackwell.

Berque, A., 1990, *Médiance. De milieux en paysage,* Montpellier, Reclus.

Berry, J. N. L. (ed.), 1971, "Comparative factorial ecology", *Economic Geography,* vol. 47, p. 209-367.

Berry, J. N. L., Horton, F., 1970, *Geographic Perspectives on Urban Systems,* Englewood Cliffs, Prentice-Hall.

Berry, J. N. L., Rees, P. H., 1969, "The Factorial Ecology of Calcutta", *American Journal of Sociology,* vol. 74, p. 445-491.

Berry, J. N. L., Smith, K. S. (eds.), 1972, *City Classification Handbook: Methods and Applications,* New York, John Wiley.

Bertalanffy, L. von, 1968, *General Systems Theory,* New York, Braziller.

Blache, J., 1934, *L'Homme et la montagne,* Paris, Gallimard.

Blanchard, R., 1911, *Grenoble. Étude de géographie urbaine,* Paris, A. Colin.

Blanchard, R. 1916, « Annecy. Esquisse de géographie urbaine », *Recueil des Travaux de l'Institut de Géographie alpine,* vol. 4, p. 369-463.

Bohannan, P., Dalton, G. (eds.), 1962, *Markets in Africa*, Evanston, Northwestern University Press.

Bonnemaison, J., 1986, *L'arbre et la pirogue*, tome 1, *in Les fondements d'une identité : territoire, histoire et société dans l'archipel du Vanuatu*, Paris, Orstom.

Bonnemaison, J., 1990-1991, « Vivre dans l'île, une approche de l'îléité océanienne », *L'Espace géographique*, vol. 19-20, p. 119-125.

Boorstin, D., 1981, *Histoire des Américains*, Paris, A. Colin, 3 vol. ; éd. or. am., New York, Random House, 1958-1973.

Boudeville, J. R., 1966, *Problems of Regional Economic Planning*, Edimbourg, Edinburgh University Press.

Boudeville, J. R., 1972, *Aménagement du territoire et polarization*, Paris, M.-Th. Genin et Litec.

Bourdieu, P., Chamboredon, J.-C., Passeron, J.-C., 1968, *Le métier de sociologue*, Paris, Mouton/Bordas.

Braudel, F., 1967-1979, *Civilisation matérielle, économie et capitalisme, XVe-XVIIIe siècle)*, Paris, Armand Colin, 3 vol.

Broc, N., 1974, *La géographie des philosophes. Géographes et voyageurs au XVIIIe siècle*, Paris, Ophrys.

Broc, N., 1994-1995, *Regards sur la géographie française de la Renaissance à nos jours*, Perpignan, Presses de l'Université de Perpignan, 2 vol.

Brun, J., 1969, *Le retour de Dionysos*, Paris, Desclée.

Brunhes J., 1906, « Une géographie nouvelle : la géographie humaine », *Revue des Deux Mondes*, juin, p. 559-560.

Brunhes, J., Girardin, P., 1906, « Les groupes d'habitations du Val-d'Anniviers comme types d'établissements humains », *Annales de géographie*, vol. 15, p. 329-352.

Bunge, W., 1971, *Fitzgerald. Geography of a Revolution*, Cambridge, Shenkman.

Burgess, E. W., 1924, "The growth of the city: an introduction to a research project", *Publications of the American Sociological Society*, vol. 18, p. 85-97.

Caillois, R., 1938, *Le mythe et l'homme*, Paris, Gallimard ; rééd., Idées/Gallimard, 1972 ; Folio/Gallimard, 1987.

Capel, H., 1981, *Filosofia y ciencia en la Geografia contemporanea*, Barcelone, Barcanova.

Carré, L., Alvarenga, M., 2008, « Théorie critique », *DicoPo,* mardi 9 septembre, www.dicopo.fr/spip.php?article107

Carson, R., 1963 [1952], *Printemps silencieux,* Paris, Plon.

Castoriadis, C., 1975, *L'institution imaginaire de la société,* Paris, Seuil.

Chabot., G., 1948, *Géographie des villes,* Paris, A. Colin.

Chastel, A., 1982 [1959], *Art et humanisme à Florence au temps de Laurent le Magnifique. Études sur la Renaissance et l'humanisme platoniciens,* Paris, PUF.

Childe, V. G., 1943, *What happened in History?* Harmondsworth, Penguin Books.

Chisholm, G. G., 1889, *Handbook of Commercial Geography,* London, Longman.

Choay, F., 1980, *La règle et le modèle. Sur la théorie de l'architecture et de l'urbanisme,* Paris, le Seuil.

Cholley, A., 1951, *La géographie (Guide de l'étudiant),* Paris, PUF.

Christaller, W., 1933, *Die zentralen Örte in Süddeutschland,* Iéna, G. Fischer.

Clark, A., 1949, *The Invasion of New Zealand by People, Plants and Animals: the South Island,* New Brunswick, Rutgers University Press.

Clark, C., 1940, *The Conditions of Economic Progress,* Londres, Macmillan.

Clark, C. 1958, « Urban population densities », *Bulletin de l'Institut International de Statistique,* vol. 36, n° 4, p. 60-68.

Clastres, H., 1975, *La Terre sans mal. Le prophétisme tupi-guarani,* Paris, Le Seuil.

Clastres, P., 1974, *La société contre l'État*, Paris, les Editions de Minuit.

Clifford, J., 1988, *The Predicament of Culture. Twentieth Century Ethnography, Literature and Art*, Cambridge (Mass.), Harvard University Press.

Clozier, R., 1942, *Les étapes de la géographie,* Paris, PUF.

Coase, R., 1937, "The nature of the firm", *Economica,* n° 4, p. 386-405.

Cohen, S. B., 1963, *Geography and Politics in a Divided World,* New York, Random House.

Collignon, B., 1996, *Les Inuit. Ce qu'ils savent du territoire*, Paris, L'Harmattan.

Cook, I. Crouch, D., Naylor, S, Ryan, J. R., (eds), 2000, *Cultural Turn/Geographical Turn,* Harlow, Pearson Education Limited.

Cosgrove, D., 1984, *Social Formation and Symbolic Landscape,* Londres, Croom Helm.

Cosgrove, D., 1993, *The Palladian Landscape. Geographical Change and the Cultural Representations in Sixteenth Century Italy*, Philadelphie, The Pennsylvania State University Press.

Crosby, A. W., 1986, *Ecological Imperialism. The Biological Expansion of Europe, 900-1900*, Cambridge, Cambridge University Press.

Crozier, M., 1970, *La société bloquée*, Paris, Le Seuil.

Cusset, F., 2003, *French Theory. Foucault, Derrida, Deleuze & Cie et les mutations de la vie intellectuelle aux États-Unis*, Paris, La Découverte.

Dahl, R., 1963, *Modern Political Analysis*, Englewood Cliffs (nj), Prentice-Hall.

Dalton, G. (ed.), 2007, *Tribal and Peasant Economies,* Garden City (N. Y.), The Natural History Press.

Dardel, E.,1952, *L'Homme et la Terre,* Paris, PUF.

Dauphin-Meunier, A., 1954, *La Cité de Londres,* Paris, Nouvelles Editions Latines.

Davis, W. M., 1909, *Geographical Essays,* Boston, Gin.

Davies, O.A., Whinston, A., 1962, "Externalities, welfare and the theory of games", *Journal of Political Economy,* vol. 70, p. 241-262.

Davies, O.A., Whinston, A., 1964, "The economics of complex systems: the case of municipal zoning", *Kyklos,* vol. 27, p. 419-446.

Debarbieux, B., 1997, « L'exploration des mondes intérieurs », *in* R. Knafou (dir.), *L'État de la géographie,* Paris, Belin, p. 371-384.

Deffontaines, P., 1933, *L'Homme et la forêt,* Paris, Gallimard.

Deffontaines, P., 1957, *L'Homme et l'hiver au Canada,* Paris, Gallimard.

Deffontaines, P., 1948, *Géographie des religions,* Paris, Gallimard.

Deffontaines, P., 1966, « La marque géographique des religions », *in* P. Deffontaines et M. J. Brunhes-Delamarre (ed.), *Géographie générale,* Paris, Gallimard, p. 1717-1725.

de Geer, S., 1927, "The American manufacturing belt", *Geografiska Annaler,* vol. 9, p. 233-259.

Demangeon A., 1905, *La Plaine picarde. Étude de géographie sur les plaines de craie de la France du Nord,* Paris, A. Colin.

Demangeon, A., 1920a, *Le déclin de l'Europe,* Paris, Payot.

Demangeon, A., 1920b, « L'habitation rurale en France. Essai de classification des principaux types », *Annales de géographie,* vol. 29, p. 352-375.

Demangeon, A., 1943, *Problèmes de géographie humaine,* Paris, A. Colin.

Denevan, W. E., 1977, *The Native Population of the Americas,* Madison, University of Wisconsin Press.

Denis P., 1920, *La République argentine,* Paris, A. Colin, 303 p.

Deutsch, K. W., 1963, *The Nerves of Government*, New York, the Free Press.

Diamond, J., 2006, *Effondrements,* Paris, Gallimard ; ed. or. am. *Collapses. How Societies Choose to Fail or to Succeed,* New York, Viking, 2005.

Dobzhansky, T., 1966, *L'Homme en évolution,* Paris, Flammarion.

Dubois, M., 1895, *Systèmes coloniaux, dogmes et faits,* Paris, Plon-Nourrit.

Dubois, M., Kergomard, J.-G., 1897, *Précis de géographie économique,* Paris, Masson.

Dumont, L., 1966, *Homo hierarchicus,* Paris, Gallimard.

Dumont, L., 1977, *Homo aequalis,* Paris, Gallimard.

Dumont, L., 1983, *Essai sur l'individualisme,* Paris, Le Seuil.

Duncan, J., 1980, "The superorganic in American cultural geography", *Annals of the Association of American Geographers,* vol. 70, 2, p. 181-198.

Edgerton, S. Y., Jr., 1975, *The Renaissance Rediscovery of Linear Perspective,* New York, Harper and Row.

Eliade, M., 1963, *Aspects du mythe,* Paris, Gallimard.

Eliade, M., 1965, *Le sacré et le profane,* Paris, Gallimard ; éd. or. allemande, 1957.

Eliot Hurst, M., 1972, *A Geography of Economic Behavior*, Belmont, Duxbury Press.

Elkin, A. P., 1967, *Les Aborigènes australiens,* Paris, Gallimard ; éd. or.anglaise, 1938.

Etiemble, R., 1988, *L'Europe chinoise,* Paris, Gallimard, 2 vol.

Etzioni, A., 1964, *Modern Organizations,* Englewood Cliffs, Prentice-Hall.

Etzioni, A., 1968, *The Active Society. A Theory of Societal and Political Processes*, New York, The Free Press.

Evans-Pritchard, E. E., 1968, *Les Nuer,* Paris, Gallimard ; éd. or. anglaise, 1937.

Fair, M., Williams, E., 1959, *Economics of Transportation,* New York, Harpers.

Febvre, L., 1912, *Philippe II et la Franche-Comté,* Paris, Champion ; rééd., 1970, Paris, Flammarion.

Febvre, L., 1922, *La Terre et l'évolution humaine,* Paris, La Renaissance du Livre ; rééd. Albin Michel, 1970.

Ferretti, F., 2007, *Il Mondo senza la mappa : Élisée Reclus e i geografi anarchici,* Milan, Zero in Condotta.

Forde, D. C., 1934, *Habitat, Economy and Society,* Londres, Methuen.

Fortes, M., Evans-Pritchard, E. E. (eds.), 1940, *African Political Systems*, Londres, Oxford University Press. *Cf.* en particulier, p. 272-296 : Evans-Pritchard, E. E., "The Nuer of Southern Sudan".

Foucault, M., 1966, *Les mots et les choses,* Paris, Gallimard.

Foucault, M., 1976, *Surveiller et punir*, Paris, Gallimard.

Fourastié, J., 1947, *Le grand espoir du XXe siècle,* Paris, PUF.

Franklin, H., 1969, *The European Peasantry. The Final Stage,* Londres, Methuen.

Freeman, W., 1961, *A Hundred Years of Geography,* Londres, Duckworth.

Frémont, A., 1976, *La région, espace vécu,* Paris, PUF.

Fried, M. H., 1967, *The Evolution of Political Society*, New York, Random House.

Friedrich, E., 1904, "Wesen und geographisches Verbreitung der Raubwirtschaft", *Pettermann's Mitteilungen,* n° 3, p. 68-79 et n° 4, p. 92-95.

Geddes, P., 1994, *L'évolution des villes,* Paris, Temenos ; éd. or. ang., 1915.

George, P., 1950a, *Géographie de l'énergie,* Paris, M.-Th. Genin.

George, P., 1950b, « Géographie de la population et démographie », *Population,* n° 2.

Giddens, A., 1987, *La constitution de la société,* Paris, PUF ; éd. or., 1984.

Giraud-Soulavie, J.-L., 1783, *Histoire naturelle de la France méridionale,* Paris.

Goblet, Y.-M., 1934, *Le crépuscule des traités,* Paris, Berger-Levrault.

Godelier, M. 1977, « *Marxisme, rationalisme et sciences humaines* », Paris, Centre d'Études et de Recherches marxistes, 13 p. ronéotées.

Godelier, M., 1984, *L'idéel et le matériel,* Paris, Fayard.

Godlewska, A., 1999, *Geography Unbound. French Geographic Science from Cassini to Humboldt,* Chicago, Chicago University Press.

Goldman, E. F., 1952, *Rendez-vous with Destiny,* New York, Alfred Knopf.

Gottmann, J., 1947, « De la méthode d'analyse en géographie humaine », *Annales de géographie,* vol. 56, p. 1-12.

Gottmann, J., 1952, *La politique des États et leur géographie*, Paris, A. Colin, 228 p.

Gottmann, J., 1961, *Megalopolis. The Urbanized Seaboard of Northeastern United States,* Cambridge (Mass.), MIT Press.

Gottmann J., 1973, *The Significance of Territory*, Charlottesville, The University Press of Virginia.

Gould, P., 1968, "The New Geography: where the Action is", *Harper's Magazine*.

Gould, P., 1985, *The Geographer at Work,* Londres, Routledge and Kegan Paul.

Gould, P., Whyte, R., 1974, *Mental Maps,* Harmondsworth, Penguin Books.

Gourou, P., 1936, *Les paysans du delta tonkinois. Étude de géographie humaine,* Paris, Les Éditions d'Art et d'Histoire, 666 p.

Gourou, P., 1971, *Leçons de géographie tropicale : leçons données au Collège de France de 1947 à 1970,* Paris, Mouton.

Gregory, D., 1978a, *Ideology, Science and Human Geography,* Londres, Hutchinson.

Gregory, D., 1978b, "The discourse of the past: phenomenology, structuralism and historical geography", *Journal of Historical Geography,* vol. 4, p. 161-73.

Gregory, D., 1981, "Human agency and human geography", *Transactions, Institute of British Geographers,* vol. 6, p. 1-18.

Gregory, D., 1994, *Geographical imaginations,* Oxford, Blackwell.

Grémion, P., 1976, *Le pouvoir périphérique. Bureaucrates et notables dans le système politique français*, Paris, Le Seuil.

Guichonnet, P., Raffestin, C., 1974, *Géographie des frontières*, Paris, PUF.

Habermas, J., 1972, *Knowledge and Human Interest,* Londres, Heinemann.

Haeckel, E., 1866, *Generelle Morphologie der Organismen,* Berlin, 2 vol.

Hägerstrand, T., 1968 [1953], *Innovation Diffusion as a Spatial Process,* Chicago, Chicago University Press.

Hägerstrand, T., 1970, "What about People in Regional Science?", *Papers of the Regional Science Association,* vol. 24, p. 7-21.

Haggett, P., 1972, *Geography. A Modern Synthesis,* New York, Harper and Row.

Hahn, E., 1886, *Die Haustiere und ihre Beziehungen zur Wirtschaft des Menschen,* Leipzig, Duncker et Humblot.

Handlin O., Burchard, J. (eds.), 1963, *The Historian and the City,* Cambridge, M.I.T. Press.

Harris, C. D., Ullman, E. L., 1945, "The nature of cities", *Annals of the American Academy of Political and Social Science,* vol. 242, novembre, p. 7-17.

Harris, R. C., 1966, *The Seigneurial System in Early Canada,* Québec, Presses de l'Université Laval.

Hartshorne, R., 1939, *The Nature of Geography,* Lancaster, Association of American Geographers.

Haudricourt, G., Jean-Brunhes Delamarre, M., 1955, *L'Homme et la charrue à travers le monde*, Paris, Gallimard.

Hauser, H., 1911, « Le site et la croissance de Dijon », *in Dijon et la Côte-d'Or en 1911,* 40e Congrès de l'Association Française pour l'Avancement des Sciences, Dijon, 3 vol., vol. 1, p. 37-60.

Haushofer, K., 1928/1986, *Bausteine zur Geopolitik,* Berlin, Wowinkel ; trad. fse, *De la Géopolitique,* Paris, Fayard.

Hermann, W., 1980, *La théorie de Claude Perrault,* Bruxelles, Pierre Mardaga.

Hettner, A., 1927, *Die Geographie, ihre Geschichte, ihr Wesen und ihre Methoden,* Breslau, F. Hirt.

Hobbes, T., 1651, *Leviathan,* Londres ; cité dans la trad. François Tricaud, Paris, Sirey, 1971.

Hobsbaum, E., 1990, *Nations and Nationalisms since 1780. Programme, Myth and Reality,* Cambridge, Cambridge University Press ; trad. fse, 1992.

Hoskins, W. G., 1955, *The Making of the English Landscape,* Londres, Hodder & Stoughton.

Hoyt, H., 1939, *Structure and Growth of Residential Neighborhoods in America,* Washington (D.C.), Federal Housing Administration.

Isard, W., 1956, *Location and Space Economy,* Cambridge (Mass.), The Technology Press of M.I.T. et New York, J. Wiley.

Isard, W., 1960, *Methods of Regional Analysis: an Introduction to Regional Science,* Cambridge (Mass.), MIT Press.

Jackson, P., 1989, *Maps of Meaning,* Londres, Unwin Hyman.

Jacob, C., 1989, *Géographie et culture en Grèce ancienne : essai de lecture de la « Description de la terre habitée » de Denys d'Alexandrie,* Lille, Atelier de Reproduction des Thèses [Microforme].

Jacob C., 1990, *La description de la Terre habitée de Denys d'Alexandrie, ou la Leçon de géographie,* Paris, A. Michel.

Jacob, C., 1991, *Géographie et ethnographie en Grèce ancienne,* Paris, A. Colin.

Jacobs, J., 1961, *The Death and Life of Great American Cities*, New York, Vintage Books.

Johns, E., 1965, *British Townscapes,* Londres, Arnold.

Jones III, J. P., Natter, W. J, 1999, "Space 'and' representation", *in* A. Buttimer, S. D. Brunn, U. Wardenga (eds), *Text and Image. Social Construction of Regional Knowledges,* Leipzig, Institut für Länderkunde, p. 239-247.

Kantorovitch, L. V., 1963, *Calcul économique et utilisation des ressources,* Paris, Dunod.

Kasperson, R. E., Minghi, J. V., 1969, *The Structure of Political Geography*, Chicago, Aldine.

Korzybski, S., 1976, *Une méthode inductive et le peuplement urbain,* Paris, Honoré Champion.

Krugman, P. R., 1980, "Scale economics, product differenciation, and the pattern of trade", *American Economic Review,* vol. 70, p. 950-959.

Krugman, P. R., 1996, *Development, Geography and Economic Theory,* Cambridge (Ma.), MIT Press.

Kuhn, T., 1962, *The Structure of Scientific Revolutions,* Chicago, Chicago University Press. Trad. fse, *La structure des révolutions scientifiques,* Paris, Flammarion, 1972.

Kuper, A., 1999, *Culture. The Anthropologists' Account,* Cambridge [Mass.], Harvard University Press.

Labouret, H, 1931, *Les tribus du rameau Lobi*, Paris, Institut d'Ethnologie.

Lacoste, Y., 1976, *La géographie, ça sert, d'abord, à faire la guerre,* Paris, Maspéro.

Lacoste, Y. (dir.), 1993, *Dictionnaire de géopolitique,* Paris, Flammarion.

Lefebvre, H., 2000/1974, *La production d'espace,* Paris, Anthopos.

Lefort, I., 2012, « Le terrain : l'Arlésienne des géographes », *Annales de géographie*, vol. 120, n° 687-688, p. 468-486.

Le Goff, J., 1981, *La naissance du Purgatoire,* Paris, Gallimard.

Le Lannou, M., 1964, « Les transports maritimes. Réalités et perspectives », *Revue de géographie de Lyon*, n° 3, 34 p.

Leontief, W. W., 1953, "Domestic production and foreign trade: the American Society reexamined", *Proceedings of the American Philosophical Society*, vol. 97, p. 332-349.

Leroi-Gourhan, A. 1964-1965, *Le geste et la parole,* Paris, A. Michel, 2 vol.

Lestringant, F., 1991, *L'atelier du cosmographe, ou l'image du monde à la Renaissance,* Paris, A. Michel.

Levasseur, E., 1889, *La population française,* Paris, Rousseau, 3 vol.

Leyser, P., 1726, *Comentatio de vera geographiae methoda,* Helmstedt.

Lindblom, C. E., 1965, *The Intelligence of Democracy*, New York, The Free Press.

Lindeman, R.L., "The Trophic Dynamic Aspect of Ecology", *Ecology,* vol. 23, 1942, p. 399-418.

Linton, R. , 1968, *De l'homme,* Paris, Minuit ; éd. or. américaine, 1936.

Livingstone, D., 1992, *The Geographical Tradition,* Oxford, Blackwell.

Locke, J., 1690, *Two Treatises on Government,* Londres ; éd. Peter Laslett, Cambridge, Cambridge University Press, 1961.

Lopez Robert S., 1963, "The crossroads within the walls", p. 27-43, *in* O. Handlin/J. Burchard (eds.), *The Historian and the City,* Cambridge, M.I.T. Press.

Lorenz, K., 1970, *Essais sur le comportement animal et humain,* Paris, Le Seuil.

Lotka, A., 1925, *Elements of Physical Biology,* Baltimore, Williams and Witkins.

Lynch, K., 1959, *The Image of the City,* Cambridge, Mass., The MIT Press.

Lyotard, J.-F., 1979, *La condition postmoderne. Rapport sur le savoir,* Paris, Ed. de Minuit.

McCarty, H. H., Lindberg, J. B., 1966, *A Preface to Economic Geography,* Englewood Cliffs, Prentice Hall.

McLuhan, M., 1968 [1964], *Pour comprendre les média,* Tours/Paris, Mame/Seuil.

Mackinder, H., 1904, "The geographical pivot of history", *Geographical Journal,* vol. 23, p. 437-444.

Macpherson, C. B., 1961/1971, *The Political Theory of Possessive Individualism,* London, Oxford University Press ; trad. fse, *La théorie politique de l'individualisme possessif,* Paris, Gallimard.

Mahan, A. T., 1890/1899, *The Influence of Sea Power upon History, 1660-1783.* Boston, Little Brown.

Mair, L., 1962, *Primitive Government*, Harmondsworth, Penguin Books.

Malinowski, B., 1963, *Les Argonautes du Pacifique occidental,* Paris, Gallimard ; éd. or. anglaise, 1924.

Mandelbrot, B., 1975, *Les objets fractals,* Paris, Flammarion.

Mann, C. C., 2005, *1491. New Revelations of the Americas before Columbus ;* trad. fse, *1491. Nouvelles révélations sur les Amériques avant Christophe Colomb,* Paris, A. Michel, 2007.

Mann, C. C., 2011, *1493: Uncovering the new world Colombus created,* New York, Vintage Book.

Mann, M., 1986, *The Sources of Social Power,* vol. 1, *A History of Power from the Beginning to A. D. 1760,* Cambridge, Cambridge University Press.

Manuel, F. E., Manuel, F. P., 1979, *Utopian thought in the Western World,* Oxford, Blackwell.

Maquet, J., 1970, *Pouvoir et société en Afrique,* Paris, Hachette.

Marshall, A., 1890, *Principles of Economy,* Londres, Macmillan.

Marx, K., 1969/1852, *Le 18 Brumaire de Louis-Napoléon Bonaparte*, Paris, Éditions sociales.

Maurette, F., 1921, *Les grands marchés de matières premières,* Paris, A. Colin.

Mauss, M., 1923-1924, « Essai sur le don. Forme et raison de l'échange dans les sociétés archaïques », *Année sociologique*, 2e série. Repris aux p. 143-279 *in* M. Mauss, *Sociologie et anthropologie*, Paris, PUF, 1968.

Meadows D. H. *et al., Halte à la croissance,* Paris, Fayard, 1973.

Meier, R. L., 1965, *A Communication Theory of Urban Growth,* Cambridge, M.I.T. Press.

Meyer, P., 2013, *Thématique : les fractures territoriales de la France, émission,* 10 mars, France-Culture

Mendras, H., 1967, *La fin des paysans,* Paris, SEDEIS.

Merle, M., 1976, *Sociologie des relations internationales*, Paris, Dalloz, 2e éd.

Mesnard, P., 1969, *L'essor de la philosophie politique au XVIe siècle,* Paris, Vrin.

Meynier, A., 1958, *Les paysages agraires,* Paris, A. Colin.

Michelet, J., 1833, *Tableau de la France ;* réédition Paris, Hermès-Pierre Waleffe, 1966.

Middleton, J., Tait, D. (eds.), 1958, *Tribes without Rulers*, Londres, Routledge & Kegan Paul.

Miller, P., 1956, *Errand into the Wilderness,* Cambridge, Bellknap Press.

Mills, W., 1956, *The Power Elite*, New York, Oxford University Press.

Moles, A. A., 1967, *Socio-dynamique de la culture,* Paris/La Haye, Mouton.

Monbeig, P., 1952, *Planteurs et pionniers de São Paulo,* Paris, Armand Colin, 376 p.

More, T., 1512, *Utopia.* Translated and edited by Robert M. Adams, New York, Norton, 1975.

Morrill, R. L., 1970, *The Spatial Organization of Society,* Belmont, Wadsworth.

Mumford, L. 1922, *The Story of Utopias,* New York, Boni et Liveright.

Mumford, L., 1964, *La cité à travers l'histoire,* Paris, Seuil ; éd. or. américaine, 1961.

Murdie, R. A., 1969, *Factorial Ecology of Metropolitan Toronto, 1951-1961; an Essay on the Social Geography of the City,* Chicago, Department of Geography, Research Paper n° 116.

Muscarà, L., 2003 [2005], "The long road to Megalopolis", *Ekistics,* vol. 70, n° 418-419, p. 23-35.

Muscarà, L., 2005, *La Strada di Gottmann. Tra universalismi della storia e particolarismi delle geografia,* Rome, Nexta.

Nash, R., 1967, *Wilderness and the American Mind,* New Haven, Yale University Press.

Newling, B. E., 1969, "The spatial variation of urban population densities", *Geographical Review,* vol. 59, p. 242-252.

Newman, O., 1973, *Defensible Space. Crime Prevention through Urban Design*, New York, Collier Books.

Odum, E. P., 1953, *Fundamentals of Ecology,* Philadelphie, W. B. Sauders.

Ohlin, B., 1933, *Interregional and International Trade,* Cambridge (Mass.), Harvard University Press.

Ó Tuathail, G., 1996, *Critical Geopolitics,* London, Routledge.

Packard, V., 1958, *La persuasion clandestine,* Paris, Calmann-Lévy.

Packard, V., 1960, *Les obsédés du standing,* Paris, Calmann-Lévy.

Palsky, G.,1996, *Des chiffres et des cartes. La cartographie quantitative au XIXe siècle*, Paris, CTHS.

Park, R. E., 1960, *Human Communities. The City and Human Ecology,* Glencoe, the Free Press.

Parker, G., 1988, *The Military Revolution. Military Innnovation and the Rise of the West, 1500-1800,* Cambridge, Cambridge University Press.

Peake, J. H. E., Fleure, 1926-1956, *Corridors of Time,* Oxford, Clarendon Press.

Penoyre, J., Ryan, M., 1958, *The Observer's Book of Architecture,* Londres, Frederick Warne.

Perroux, F., 1955, « La notion de pôle de croissance », *Économie appliquée,* vol. 8, p. 307 sqq.

Piketty, T., 2013, *Le capital au XXIe siècle,* Paris, Le Seuil.

Pitte, J. R., 1983, *Histoire du paysage français,* Paris, Tallandier, 2 vol.

Piveteau, J. L., 1995, *Temps du territoire,* Carouge-Genève, Éditions Zoé.

Planhol, X. de, 1957, *Le monde islamique. Essai de géographie religieuse*, Paris, PUF.

Playfair, J., 1802, *Illustrations of the Huttonian Theory of the Earth*, Londres.

Polanyi, K., 1944, *The Great Transformation. The Political and Economic Origins of our Time*, Boston, Beacon Press.

Polanyi, K., Arensberg, C., Pearson, H. (eds.), 1957, *Trade and Markets in the Early Empires*, Glencoe, The Free Press.

Polo, M., 1955, *Le livre de Marco Polo ou le devisement du Monde,* Paris, A. Michel ; éd. t'Sertevens.

Ponsard, C., 1955, *Économie et espace,* Paris, SEDES.

Prévost, J., 1937, *Usonie,* Paris, Gallimard.

Pumain, D., Sanders, L., Saint-Julien, Th., 1989, *Villes et auto-organisation,* Paris, Economica.

Quesnay, F., 1759-1760, *Le tableau économique,* Paris, Hérissant.

Raffestin, C., 1980, *Pour une géographie du pouvoir,* Paris, Editions techniques.

Ratzel, F., 1881-1891, *Anthropogeographie, oder Grundzüge der Anwendung der Erdkunde auf die Geschichte,* Stuttgart, Engleborn.

Ratzel, F., 1885-1988, *Völkerkunde,* Leipzig, Bibl. Inst., 3 vol.

Ratzel, F., 1897, *Politische Geographie*, Munich/Leipzig, R. Oldenburg.

Rawls, J., 1972, *A Theory of Justice,* Londres, Oxford University Press.

Reclus, É., 1868-1869, *La Terre. Description des phénomènes de la vie du globe,* Paris, Hachette, 2 vol.

Reclus, É., 1876-1894, *Nouvelle géographie universelle. La Terre et les hommes,* Paris, Hachette, 19 vol.

Reclus, É., 1905-1908, *L'Homme et la Terre,* Paris, Librairie Universelle, 6 tomes.

Redfield, R., 1940, "The folk society and culture", *American Journal of Sociology,* vol. 45, p. 731-742.

Remy, J., 1966, *La ville, phénomène économique,* Bruxelles, Éditions Vie Ouvrière.

Renfrew, C., 1990 [1987], *L'énigme indo-européenne. Archéologie et langage,* Paris, Flammarion.

Ricardo, D., 1817, *The Principles of Political Economy and Taxation,* Londres.

Ritter, C., 1974, *Introduction à la géographie générale comparée,* trad. de D. Nicolas-Obadia, introduction et notes de G. Nicolas-Obadia.

Rivière, P., 1973, *Moi, Pierre Rivière ayant égorgé ma mère, ma sœur et mon frère... un cas de parricide au XIXe siècle,* Paris, Gallimard.

Rochefort, M., 1960, *L'organisation urbaine de l'Alsace,* Paris, les Belles Lettres.

Roger, A., 1978, *Nus et paysages. Essais sur les fonctions de l'art*, Paris, Aubier.

Rousseau, J.-J., 1762, *Le contrat social,* éd. Halbwachs, Paris, Aubier, 1943.

Rousseau, J.-J., 1764, *Émile, ou de l'éducation,* Amsterdam, J. Néaulme.

Samuelson, P. A., 1948, "International trade and the equalization of factor price", *Economic Journal,* vol. 48, p. 163-184.

Samuelson, P. A., 1957, *L'économique,* Paris, A. Colin ; éd. or. américaine, *Economics. An Introductory Analysis,* New York, McGraw-Hill, 1948.

Sanguin, A.-L., 1977, *La géographie politique*, Paris, PUF.

Sassen, S., 2014, *Expulsions. Brutality and Complexity in the Global Economy,* Cambridge (Mass.), The Bellknap Press of Harvard University Press.

Sauer, C. O, 1952, *Agricultural Origins and Dispersals*, New York, American Geographical Society.

Sauer, C. O., 1963, *Land and life. A Selection from the Writings of Carl Ortwin Sauer,* éd. by John Leighly, Berkeley, University of California Press.

Sautter, G., 1968, « La région traditionnelle en Afrique tropicale », p. 65-107 *in Régionalisation et développement,* Paris, CNRS.

Sautter, G., 1979, « Le paysage comme connivence », *Hérodote,* n° 16, 1979, p. 40-67.

Schumpeter, J. A., 1954, *History of Economic Analysis,* New York, Oxford University Press.

Shevky, E., Williams, M., 1949, *The Social Areas of Los Angeles,* Berkeley, University of California Press.

Shevky, E., Bell, W., 1955, *Social Area Analysis: Theory, Illustrative Application and Computational Procedures,* Stanford, Stanford University Press.

Simmel, G. 1903, "Die Grosstadte und das Geistesleben", *Jahrbuch der Gehestiftung zu Dresden,* t. IX.

Sion, J., 1908, *Les paysans de la Normandie orientale,* Paris, A. Colin.

Smith, A., 1776, *An Inquiry into the Nature and Causes of the Wealth of Nations,* Londres, George Routledge.

Smith, H. N., 1967, *Terres vierges,* coll. « Vent d'Ouest », Paris, Seghers ; éd. or. am., 1950.

Sochava, V. B., 1963, « Définition de quelques notions et termes de géographie physique », *Dokl. Inst. Geogr. Sibérie et Exrême-Orient,* Irkoutsk, vol. 3, p. 127-151 (en russe).

Soja, E. W. 1971, *The Political Organization of Space*, Washington, Association of American Geographers.

Sorre, M., 1942, *Les fondements biologiques de la géographie humaine. Pour une géographie de l'Homme,* Paris, A. Colin.

Sorre, M., 1948, « La notion de genre de vie et sa valeur actuelle », *Annales de géographie,* vol. 67, p. 97-108.

Sorre, M., 1953, « La notion de genre de vie et son évolution », *in Les fondements de la géographie humaine,* tome III, *L'habitat. Conclusion générale*, p. 11-37.

Tansley, A. G., 1935, "The use and abuse of vegetational concepts and terms", *Ecology,* vol. 16, n° 3, p. 284-307.

Taylor, P., 1985, *Political Geography. World-Economy, Nation-State and Locality,* Londres/New York, Longman.

Taylor, P., 1996, *The Way the Modern World Works. World Hegemony to World Impasse,* New York, Wiley.

Thom, R., 1974, *Stabilité structurelle et morphogénèse,* Paris, InterEditions.

Tinbergen, N., 1967, *La vie sociale des animaux. Introduction à la sociologie animale,* Paris, Payot.

Tissier, J. L., 2000, « Le voyage, filigrane du *Tableau de la géographie de la France* », p. 21-33, *in* M.-C. Robic, (dir.), *Le tableau de la géographie de la France de Paul Vidal de la Blache. Dans le labyrinthe des formes,* Paris, CTHS.

Tönnies, F., 1887, *Gemeinschaft und Gesellschaft* ; trad. française, *Communauté et société*, Paris, PUF, 1944.

Tricart, J., 1954, *Cours de géographie humaine,* fasc. 2 : *L'habitat urbain,* Paris, CDU.

Tuan, Y.-F., 1974, *Topophilia,* Englewood Cliffs, Prentice Hall.

Tuan, Y.-F., 1976, "Humanistic Geography", *Annals of the Association of the American Geographers,* vol. 66, p. 615-632.

Ullman, E. L., 1953, "Amenities as a factor of regional growth", *Geographical Review,* vol. 54, p. 119-132.

Ullman, E. L., 1954, "Geography as spatial interaction", *Interegional Linkages,* Berkeley, p. 63-71.

Ullman, E. L., 1958, "Regional development and the geography of concentration", *Papers and Proceedings of the Regional Science Association,* vol. 4, p. 179-188.

Vallaux, C., 1925, *Les sciences géographiques,* Paris, Presses Universitaires de France.

Vance, J. E. Jr, 1962, "Emerging patterns of commercial structure in American cities", *Lund Studies in Geography,* Ser. B. Human Geography, p. 485-518.

Vance, J. E. Jr., 1964, *Geography and Urban Evolution in the San Francisco Bay Area,* Berkeley, University of California, 89 p.

Vance, J. E. Jr., 1966-1967, "Housing the worker. I. The employment linkage as a force in urban structure", *Economic Geography,* vol. 42, p. 294-325; "II. Determinative and contingent ties in nineteenth century Birmingham", vol. 43, p. 95-127.

Vance, J. E. Jr., 1970, *The Merchant's World. A Geography of Wholesaling,* Englevood Cliffs, Prentice-Hall.

van Paasen, C., 1957, *The Classical Tradition in Geography,* Groningue, J.B. Wolters.

Veblen, T., 1899, *The Theory of the Leisure Class,* New York ; rééd., New York, The Modern Library, 1934.

Vidal de la Blache, P., 1873, *La péninsule européenne. L'Océan et la Méditerranée,* Paris et Nancy, Berger-Levrault, 28 p.

Vidal de la Blache, P., 1886, "Des rapports entre les populations et le climat sur les bords européens de la Méditerranée", *Revue de Géographie,* vol. 10, p. 410-419.

Vidal de la Blache, P., 1896, « Le principe de la géographie générale », *Annales de Géographie.,* vol. 5, p. 129-142.

Vidal de la Blache, P., 1903, *Tableau de la géographie de la France,* Paris, A. Colin.

Vidal de la Blache, P. 1910, « Les régions françaises », *Revue de Paris,* 15 décembre, p. 821-841.

Vidal de la Blache, P., 1921, *Principes de géographie humaine,* Paris, A. Colin.

von Thünen, J.-H., 1826-1842-1850, *Der isoliert Staat in Beziehung auf Landwirtschaft und Nationökonomie,* Hambourg, Perthes, Rostock, Leopold.

Wallerstein, I., 1974-1980-1988, *The Modern World System,* New York, Academic Press, 3 vol.

Weber, A., 1909, *Über den Standort der Industrien,* Tübingen, J. C. B. Mohr.

Weber, M., 1921-1922, *Wirtschaft und Gesellschaft,* Tübingen, Mohr-Siebeck. *Économie et société*, Paris, Plon, 1971, p. *Cf.* chap. III : Les types de domination, p. 219-307.

Weber, M., 1958, *The city,* Glencoe, the Free Press repris des p. 514-601 de : *Wirtschaft und Gesellschaft,* Tubingen, J.C.B. Mohr, 1925 ; éd. originale allemande, 1921.

Weber, M., 2013, *La domination,* Paris, Gallimard.

Westly B., MacLean Jr, M., 1957, "A conceal model for communication research", *Journalism Quaterly,* vol. 34, p. 31-38.

Williams, R., 1958, *Culture and Society,* Londres, Chatto and Windus.

Williams, R., 1981, *Culture,* Londres, Fontana.

Williamson, O., 1975, *Markets and Hierarchies,* New York, The Free Press.

Wirth, L., 1938, "Urbanism as a way of life", *American Journal of Sociology,* vol. 44, p. 1-24.

Wolman, A., 1965, "The metabolism of cities", *Scientific American, vol.* 213, n° 3, sept., p. 178-190.

COLLECTION « Géographie et cultures »
Publication du Laboratoire *Espaces nature et culture*
(ENeC – UMR 8185)

Jean-Robert Pitte, André-Louis Sanguin (dir.), *Géographie et liberté. Mélanges en hommage à Paul Claval*, 1999, 758 p.
Sylvie Guichard-Anguis, Anne-Marie Frérot, Antoine Da Lage (dir.), *Natures, miroirs des hommes ?*, 2014, 333 p.
Felipe Ferreira, *L'invention du carnaval au XIXe siècle : Paris, Nice, Rio de Janeiro*, 2014, 276 p.

Série « Fondements de la géographie culturelle »
Cynthia Ghorra-Gobin (dir.), *Penser la ville de demain*, 1994, 266 p.
Paul Claval, Singaravélou (dir.), *Ethnogéographies*, 1995, 370 p.
Marc Brosseau, *Des romans-géographes. Essai,* 1996, 246 p.
Françoise Péron, Jean Rieucau (dir.), *La maritimité aujourd'hui,* 1996, 236 p.
Robert Dulau, Jean-Robert Pitte, (dir.), *Géographie des odeurs,* 1998, 231 p.
Fabien Chaumard, *Le commerce du livre en France. Entre économie et culture*, 1998, 221 p.
Joël Bonnemaison, Luc Cambrézy, Laurence Quinty-Bourgeois (dir.), *Les territoires de l'identité*, 1999, 583 p. (2 tomes)
Pernette Grandjean (dir.), *Construction identitaire et espace*, 2009, 202 p.

Série « Histoire et épistémologie de la géographie »
Paul Claval, André-Louis Sanguin (dir.), *La géographie française à l'époque classique,* 1996, 345 p.
Jean-François Staszak (dir.), *Les discours du géographe,* 1997, 284 p.
Jean-Pierre Augustin, Vincent Berdoulay (dir.), *Modernité et tradition au Canada*, 1997, 220 p.
Vincent Berdoulay, Paul Claval (dir.), *Aux débuts de l'urbanisme français*, 2001, 256 p.
Jean-René Trochet, Philippe Boulanger (dir.), *Où en est la géographie historique ?*, 2004, 346 p.
Thierry Sanjuan (dir.), *Carnets de terrain. Pratique géographique et aires culturelles*, 2008, 243 p.

Série « Culture et politique »
André-Louis Sanguin (dir.), *Les minorités ethniques en Europe*, 1993, 369 p.
Henri Goetschy, André-Louis Sanguin (dir.), *Langues régionales et relations transfrontalières en Europe,* 1995, 318 p.
Georges Prévelakis (dir.), *La géographie des diasporas,* 1996, 444 p.
Emmanuel Saadia, *Systèmes électoraux et territorialité en Israël,* 1997, 114 p.
Anne Gaugue, *Les États africains et leurs musées. La Mise en scène de la nation,* 1997, 230 p.

Paul Claval, André-Louis Sanguin (dir.), *Métropolisation et politique*, 1997, 316 p.
André-Louis Sanguin (dir.), *Vivre dans une île. Une géopolitique des insularités*, 1997, 390 p.
Thomas Lothar Weiss, *Migrants nigérians. La diaspora dans le Sud-Ouest du Cameroun,* 1998, 271 p.
Jérôme Monnet (dir.), *Ville et pouvoir en Amérique : les formes de l'autorité*, 1999, 190 p.
André-Louis Sanguin (dir.), *Mare Nostrum, dynamiques et mutations géopolitiques de la Méditerranée,* 2000, 320 p.
Yann Richard, André-Louis Sanguin (dir.), *L'Europe de l'Est quinze ans après la chute du mur. Des États baltes à l'ex-Yougoslavie*, 2004, 330 p.
Hélène Velasco-Graciet, Christian Bouquet (dir.), *Tropisme des frontières. Approche pluridisciplinaire. t. 1,* 2006, 290 p. ; *Regards géopolitiques sur les frontières*, t. 2, 2006, 231 p.
François Taglioni, Jean-Marie Théodat (dir.), *Coopération et intégration. Perspectives panaméricaines*, 2008, 275 p.
François Moullé, Sabine Duhamel (dir.), *Frontière et santé. Genèses et maillages des réseaux transfrontaliers*, 2010, 286 p.
Amaël Cattaruzza, *Territoire et nationalisme au Monténégro. Les voies de l'indépendance*, 2010, 310 p.
Delon Madavan, Gaëlle Dequirez, Éric Meyer (dir.), *Les communautés tamoules et le conflit sri lankais*, 2011, 214 p.

Série « Études culturelles et régionales »
Jean-Christophe Huet, *Les villages perchés des Dogon du Mali*, 1994, 191 p.
Béatrice Collignon, *Les Inuit. Ce qu'ils savent du territoire,* 1996, 254 p.
Thierry Sanjuan, *À l'Ombre de Hong Kong. Le delta de la rivière des Perles*, 1997, 313 p.
Laurent Vermeersch, *La ville américaine et ses paysages portuaires,* 1998, 206 p.
Robert Dulau, *Habiter en pays tamoul*, 1999, 300 p.
Myriam Houssay-Holzschuch, *Ville blanche, vies noires : Le Cap, ville Sud-Africaine,* 1999, 276 p.
Federico Fernández Christlieb, *Mexico, ville néoclassique. Les espaces et les idées de l'aménagement urbain (1783-1911)*, 2002, 249 p.
Yann Richard, *La Biélorussie. Une géographie historique*, 2002, 310 p.
Jacques-Guy Petit, André-Louis Sanguin (dir.), *Les fleuves de la France atlantique. Identités, espaces, représentations, mémoires,* 2003, 221 p.
Vincent Marcilhac et Vincent Moriniaux (dir.), *Les établissements de restauration dans le monde*, 2012, 367 p.

L'HARMATTAN ITALIA
Via Degli Artisti 15; 10124 Torino

L'HARMATTAN HONGRIE
Könyvesbolt ; Kossuth L. u. 14-16
1053 Budapest

L'HARMATTAN KINSHASA
185, avenue Nyangwe
Commune de Lingwala
Kinshasa, R.D. Congo
(00243) 998697603 ou (00243) 999229662

L'HARMATTAN CONGO
67, av. E. P. Lumumba
Bât. – Congo Pharmacie (Bib. Nat.)
BP2874 Brazzaville
harmattan.congo@yahoo.fr

L'HARMATTAN GUINÉE
Almamya Rue KA 028, en face
du restaurant Le Cèdre
OKB agency BP 3470 Conakry
(00224) 657 20 85 08 / 664 28 91 96
harmattanguinee@yahoo.fr

L'HARMATTAN MALI
Rue 73, Porte 536, Niamakoro,
Cité Unicef, Bamako
Tél. 00 (223) 20205724 / +(223) 76378082
poudiougopaul@yahoo.fr
pp.harmattan@gmail.com

L'HARMATTAN CAMEROUN
BP 11486
Face à la SNI, immeuble Don Bosco
Yaoundé
(00237) 99 76 61 66
harmattancam@yahoo.fr

L'HARMATTAN CÔTE D'IVOIRE
Résidence Karl / cité des arts
Abidjan-Cocody 03 BP 1588 Abidjan 03
(00225) 05 77 87 31
etien_nda@yahoo.fr

L'HARMATTAN BURKINA
Penou Achille Some
Ouagadougou
(+226) 70 26 88 27

L'HARMATTAN SÉNÉGAL
10 VDN en face Mermoz, après le pont de Fann
BP 45034 Dakar Fann
33 825 98 58 / 33 860 9858
senharmattan@gmail.com / senlibraire@gmail.com
www.harmattansenegal.com

L'HARMATTAN BÉNIN
ISOR-BENIN
01 BP 359 COTONOU-RP
Quartier Gbèdjromèdé,
Rue Agbélenco, Lot 1247 I
Tél : 00 229 21 32 53 79
christian_dablaka123@yahoo.fr

655268 - Mai 2016
Achevé d'imprimer par
1livre.com
du rêve à la réalité !

www.ingramcontent.com/pod-product-compliance
Lightning Source LLC
LaVergne TN
LVHW011311061026
849535LV00005B/1514

* 9 7 8 2 3 4 3 0 7 0 4 6 9 *